"十二五"职业教育国家规划教材
经全国职业教育教材审定委员会审定

分析仪器维护

第三版

穆华荣　主编

FENXI YIQI WEIHU

U0267991

化学工业出版社
·北京·

全书包括光学分析仪器的维护、电化学分析仪器的维护、色谱分析仪器的维护、称量仪器的维护、其他分析仪器的维护及分析仪器附加设备的维护等内容，在适当介绍仪器的分类、结构和工作原理的基础上，重点介绍了仪器的使用、维护和常见故障的排除。书中设有学习指南、技能训练及技能鉴定表，以了解学习的基本要求、基本目标。

　　本书为高职高专院校工业分析与检验专业教材，同时可供其他相关专业学生或企事业单位从事分析检验、质量监督工作的技术人员参考。

图书在版编目（CIP）数据

分析仪器维护/穆华荣主编. —3 版. —北京：化学工业出版社，2015.6（2019.5 重印）

"十二五"职业教育国家规划教材

ISBN 978-7-122-23481-0

Ⅰ.①分…　Ⅱ.①穆…　Ⅲ.①分析仪器-维修-高等职业教育-教材　Ⅳ.①TH830.7

中国版本图书馆 CIP 数据核字（2015）第 064296 号

责任编辑：王文峡　　　　　　　　　　　　　装帧设计：刘亚婷
责任校对：陶燕华

出版发行：化学工业出版社（北京市东城区青年湖南街 13 号　邮政编码 100011）
印　　刷：三河市延风印装有限公司
装　　订：三河市宇新装订厂
787mm×1092mm　1/16　印张 14¼　字数 350 千字　2019 年 5 月北京第 3 版第 3 次印刷

购书咨询：010-64518888　　售后服务：010-64518899
网　　址：http://www.cip.com.cn
凡购买本书，如有缺损质量问题，本社销售中心负责调换。

定　　价：42.00 元　　　　　　　　　　　　　　　　版权所有　违者必究

前　言

本书于 2000 年出版第一版，2006 年完成了第二版修订。一直以来承蒙广大师生和从业人员的厚爱和关注，已多次重印，同时也收到了不少中肯的意见和建议。2014 年本书第三版又通过了"十二五"职业教育国家规划教材的立项。

本书第三版主要有以下一些特点。

1. 保持了全书的原有风格，设有学习指南、技能训练及技能鉴定表，以对学习该章内容的基本要求、基本目标有一个概括了解。

2. 适当增加了一些分析仪器的使用。

本书修订时注重高职高专"必需、够用"的培养要求，对内容加以整合，可作为高职高专院校工业分析与检验专业教材，也可供其他相关专业学生或企事业单位从事分析检验、质量监督工作的技术人员参考。

本书由穆华荣执笔修订。修订工作期间得到了邬宪伟、袁红兰、刘德生、顾明华、王建梅、王炳强、丁邦东、于晓萍、陈兴利、李继睿、杨迅、陈红兰、李广超、陈炳和、徐科、孙丽亚、丁敬敏、李弘、有关方面的支持和帮助，笔者谨致诚挚的谢忱。

由于笔者水平有限，加之时间仓促，此次修订仍会有不尽如人意之处，书中不妥之处在所难免，恳请读者批评指正。

编　者
2015 年 1 月

第二版前言

本书第一版自出版以来，分析仪器设备发展迅速，承蒙兄弟院校师生的惠顾，提出了不少建议和要求。为了适应新形势下的教学要求，特对本书进行修订。

本书第二版主要有以下一些特点。

1. 保持了第一版全书的原有风格，设有学习指南、技能训练及技能鉴定表，以对学习该章内容的基本要求、基本目标有一个概括了解。

2. 在原书光学分析仪器的维护、电化学分析仪器的维护、色谱分析仪器的维护、其他分析仪器的维护及分析仪器附加设备的维护基础上，增设了称量仪器的维护一章，另外光学分析仪器的维护一章中增加了发射光谱仪的内容，以满足各行业的不同需求。

3. 适当增加或更新了一些新型号分析仪器的介绍，以体现分析仪器的新进展。

本书修订时注重高职高专"必需、够用"的培养要求，对内容加以整合，可作为高职高专院校工业分析与检验专业教材，也可供其他相关专业学生或企事业单位从事分析检验、质量监督工作的技术人员参考。

本书修订工作期间得到了有关方面的支持和帮助，笔者谨致诚挚的谢忱。

由于笔者水平有限，加之时间仓促，此次修订仍会有不尽如人意之处，书中不妥之处在所难免，恳请读者批评指正。

编　者
2006 年 4 月

第一版前言

本书是根据"工业分析专业 CBE 模式教学大纲"和 1998 年 10 月在上海召开的全国工业分析专业教材编审会议上制订的《分析仪器维护》教材编写大纲编写的。

本书在编写过程中，力求做到实用、配套、简练，以目前全国各行业分析岗位常用分析仪器为主要介绍对象，适当介绍一些新型仪器，以使内容有一定的超前性。教材重点介绍仪器的维护、维修，适当介绍仪器的分类、组成和结构，以期学生通过本教材的学习，能够在未来的工作岗位上更好地使用仪器，排除仪器的常见故障。

本教材包括绪论、光学分析仪器的维护、电化学分析仪器的维护、色谱分析仪器的维护、其他分析仪器的维护及分析仪器附加设备的维护六章，共十五个专项能力，其中带有"＊"部分为高职内容。技能训练中，仪器的检定方法参照现行国家标准进行编写。本书初稿于 1999 年 6 月在贵阳召开了审稿会，参加审稿的有新疆化工学校孟世瑞、河南化工学校蒋清民、云南化工学校周道君、徐州化工学校李广超等，根据大家所提意见，笔者对初稿进行了修改。在修改过程中，吉林化工学校李刚、上海化工学校陈兴利提出了许多宝贵建议。新疆化工学校刘德生担任主审。

本书在编写过程中，得到了上海分析仪器厂、北京分析仪器厂、南京分析仪器厂、芜湖光学仪器厂（中国）、北京中惠普技术公司等单位的大力支持，扬州化工学校工业分析专业丁邦东同志和部分学生也给予了热情帮助，在此表示衷心感谢。

本书适用于工业分析专业，也可供相关专业或有关企事业单位的分析人员参考。

限于笔者的水平，加之时间仓促，书中不妥之处，殷切地希望本教材的读者给予批评指正。

编　者
1999 年 12 月

目　录

第一章　绪　论

本教材主要包括对光学分析仪器、电化学分析仪器、色谱分析仪器、称量仪器等以及与这些分析仪器密切相关的附加设备进行维护保养及一般故障的排除所必需的能力和知识。熟悉本教材的学习指南，可以尽快地了解教材内容，明确各章（节）的重点、应达到的能力目标以及相应的考核体系。希望通过每章（节）的技能训练和练习思考，能使读者在掌握对某一种仪器进行维护保养或维修技能的同时，能够与仪器的结构原理密切地联系起来，从而使对仪器进行维护保养甚至排除一般故障的能力得到加强。

分析仪器是研究和检测物质的化学成分、结构和某些物理特性的仪器。随着仪器分析方法的广泛应用和发展，使得各种分析仪器在工业、农业、科研、环境监测、医疗卫生以及资源勘探等几乎所有的国民经济的部门得到越来越多的应用。

数十年来，分析仪器得到了迅速的发展，不仅各种新产品推向市场的周期逐渐缩短，而且一些新的分析仪器不断制造成功，这就使得现有分析仪器的型号、种类繁多，并且涉及的原理亦不相同。根据其原理一般可将分析仪器分为八类，如表 1-1 所示。

表 1-1　分析仪器的分类

仪 器 类 别	仪 器 品 种
电化学式仪器	酸度计(离子计)、电位滴定仪、电导仪、库仑仪、极谱仪等
热学式仪器	热导式分析仪(SO_2测定仪、CO测定仪等)、热化学式分析仪(酒精测定仪、CO测定仪等)、差热式分析仪(差热分析仪等)
磁式仪器	热磁式分析仪、核磁共振波谱仪、电子顺磁共振波谱仪等
光学式仪器	吸收式光谱分析仪(分光光度计)、发射光谱分析仪、荧光计、磷光计等
机械仪器	X 射线式分析仪器、放射性同位素分析仪器、电子探针等
离子和电子光学式仪器	质谱仪、电子显微镜、电子能谱仪
色谱仪器	气相色谱仪、液相色谱仪
物理特性仪器	黏度计、密度计、水分仪、浊度仪、气敏式分析仪器等

上述分析仪器尽管品种、型号繁多，但万变不离其宗，通常由样品的采集与处理系统、组分的解析与分离系统、检测与传感系统、信号处理与显示系统、数据处理及数据库五大基本部分组成。如图 1-1 所示。

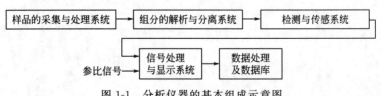

图 1-1　分析仪器的基本组成示意图

由于生产的发展、技术的进步及人类生活的改善，使得人们对分析仪器的要求越来越高，这就是分析仪器得以不断发展的动力，从而满足人们在生产实践或认识自然过程中的迫切需求。随着人们对自然认识的不断深入，新技术、新材料的广泛应用，大大推动了分析仪器的改进、功能的完善。可以预见，一个分析仪器蓬勃发展的时期已经到来。目前，分析仪器的发展主要呈下列趋势。

(1) 微机化　计算机技术作为 20 世纪最伟大的发明之一，由于其向分析仪器领域的全面渗透，使分析仪器的面貌发生了巨大的变化。特别是微型处理芯片的制造成功，使越来越多的分析仪器内部带有计算机系统，计算机已成为分析仪器必不可少的一部分。计算机技术的广泛应用，使分析仪器在数据处理能力、数字图像处理功能等方面有了很大的提高。

(2) 自动化　越来越多的分析仪器采取人机对话方式，以键盘及显示屏代替控制钮及数据显示器等。由分析工作者以计算机程序的方式直接输入操作指令，同时控制仪器并快速处理数据，并以不同方式输出结果。分析工作中不可缺少的制样、进样等过程在计算机控制下也可以自动进行。在一些较先进的生产单位，人工操作方式将越来越少。

(3) 智能化　计算机技术的发展和应用，将使分析仪器更趋智能化。许多分析仪器具有工作状态的自检、工作条件的设定及仪器的安全启动等功能，从送样的数量、温度的过程监控、异常状态的报警、数据的采集和处理、计算，一直到动态 CRT 显示和最终曲线报表等均可实现智能化，并能对分析的结果进行理解、推理、判断和分析的指导工作。

(4) 微型化　分析仪器在逐渐实现微机化、自动化、智能化的同时，为了方便野外等离线分析工作，加快了分析仪器的小型化、微型化的进程，出现了不少便携式、微型化的分析仪器，而功能却更加完善，测定灵敏度更高。

第二章　光学分析仪器的维护

**学习指南**

本章介绍可见-紫外分光光度计、原子吸收分光光度计、红外光谱仪及原子发射光谱仪等光学分析仪器的维护保养及常见故障的排除方法。对于原子吸收分光光度计、原子发射光谱仪等大型光学分析仪器还涉及安装调试的知识，重点内容是对仪器正确地维护保养。通过本章的学习，在充分了解仪器结构、原理的基础上，培养对仪器进行安装、调试和利用相关工具、仪器及设备正确地维护光学分析仪器的能力，并在此基础上能够对一些常见故障进行分析、排除。在学习本章时应达到如下要求：

1. 了解各种光学分析仪器的分类、原理及常见型号仪器的结构组成。
2. 在熟悉仪器结构组成的基础上，学习对仪器进行安装、调试的方法。
3. 通过使用万用表、低频示波器等仪器、设备，能够正确地对仪器进行维护保养。
4. 能够对一些常见故障现象进行分析，了解故障产生的原因，并进而加以排除。
5. 对维修后和使用中的光学分析仪器能按照有关国家标准对其性能进行检定。

第一节　可见-紫外分光光度计

分光光度计又称吸收光谱仪，是利用产生的单色光通过样品时被吸收形成吸收光谱并加以测量的仪器。它包括分子吸收分光光度计和原子吸收分光光度计等类型，其中分子吸收分光光度计根据所测光谱区域的不同，又可分为可见、紫外、红外分光光度计等。此处主要介绍可见-紫外分光光度计，即通常所说的分光光度计。

一、分光光度计的结构、原理及维护

目前，各种商品牌号的分光光度计种类很多，但就其结构来讲，分光光度计实际上是由分光计和光度计组成，具体包括光源、单色器（分光元件）、吸收池、检测器和测量信号显示系统（记录装置）五个部分。其工作原理如图 2-1 所示。

光源 → 单色器 → 吸收池 → 检测器 → 信号显示、记录装置

图 2-1　分光光度计工作原理图

光源产生的复合光通过单色器时被分解为单色光，当一定波长的单色光通过吸收池中被测溶液时，一部分被溶液所吸收，其余的透过溶液到达检测器并被转换为电信号，从而被显示或记录下来。

1. 721 型分光光度计

（1）仪器的结构　721 型分光光度计外形如图 2-2 所示，它是目前国内企事业单位最常见、应用较广的一种可见分光光度计，主要由光源

图 2-2　721 型分光光度计外形图

系统、分光系统、测量系统和接收显示系统四部分组成。该仪器的内部结构和结构方框图见图2-3和图2-4。

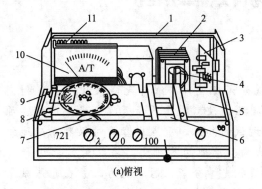
(a)俯视

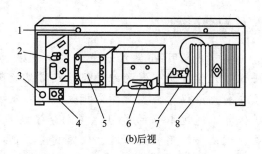
(b)后视

1—光源灯室；2—电源变压器；3—稳压电路控制板；
4—滤波电解电容；5—光电管部分；6—比色部分；
7—波长选择摩擦轮机构；8—单色器部件；
9—"0"粗调节电位器；10—读数电表；
11—稳压电源大功率调整管（3DD15）

1—上盖板固定螺钉；2—稳压电路控制板；3—保险
丝座；4—电源输入插座；5—电源变压器；6—光源
灯（12V25W）；7—稳压电源大功率整流管；
8—稳压电源大功率调整管3DD102（3DD15）

图2-3　721型分光光度计内部结构示意图

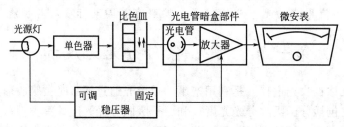

图2-4　721型分光光度计结构方框图

① 光源系统。光源灯采用12V25W的白炽钨丝灯，安装在仪器的单色器右后端一固定的灯架上，能进行一定范围的上、下、左、右移动，以使得灯丝部分产生的光辐射正确地射入单色器内，如图2-5所示。光源电压由仪器内的稳压装置供给。

② 分光系统。分光系统由单色器部件及入、出射光调节部件等组成。

单色器部件（如图2-6所示）包括了狭缝部分、棱镜转动部分、准直镜、凸轮与波长刻度盘等几个部分，图2-7是单色器的内部结构示意图。

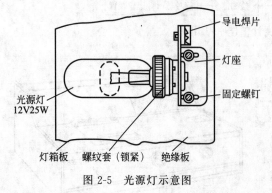

图2-5　光源灯示意图

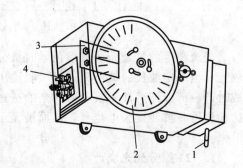

图2-6　单色器部件
1—进光反射镜调节杆；2—波长刻度盘；
3—刻度指示片；4—波长校正调节螺杆

为了减少谱线通过棱镜后呈弯曲形状对单色性的影响，因此将狭缝的二片刀口常制成弧形，以便近似地吻合谱线的弯曲度，而使谱线得到适当的校直，保证了仪器有一定幅度的单色性。狭缝的形状和安装如图 2-8 所示。

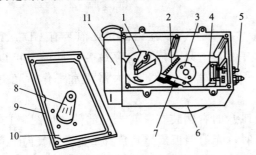 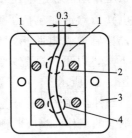

图 2-7 单色器内部结构示意图

1—色散棱镜；2—拉长弹簧；3—波长凸轮；4—反射
镜部件（准直镜）；5—波长校正调节螺杆；6—波长刻
度盘；7—杠杆部件；8—干燥剂筒部件；9—密封圈；
10—盖板；11—入、出射光调节部件

图 2-8 狭缝部件

1—光缝片；2—出光孔；
3—固定板；4—进光孔

棱镜安装在一个圆形活动板上，使活动的转轴由上下两个滚珠轴承定位，并支持它的转动。圆形活动板的一端固定了一个杠杆，前端有一只小的滚珠轴承，紧紧靠在凸轮边缘上，凸轮轴的上端安装了一块波长刻度盘，按照波长刻度盘上的指示刻度，凸轮跟着旋转一定的角度，凸轮的边缘推移了杠杆的位置，因而使棱镜也偏转了一定的角度，出狭缝的光波波长就得到了选择。

准直镜是一块长方形玻璃凹面镜，装在镜座上，后部装有三套精密的细牙螺纹调节螺钉，用来调整出射光，聚焦于狭缝，以使出射于狭缝时光的波长与波长刻度盘上所指示的相对应。如图 2-9 所示。

在单色器部件暗盒盖上，装置了一只硅胶筒，可装干燥硅胶，以保护单色器部件，防止受潮而损坏光学元件，影响波长精度。硅胶筒可以从仪器底部旋下及时更换干燥硅胶（见图 2-7）。

入射光、出射光调节部件：入射光在进入狭缝以前，先用一只聚光透镜将光源成像在狭缝上，聚光透镜的焦距可以通过镜筒部件进行适当地调整，入射光的反射镜可以用一只螺杆进行反射角的调整，以使得光束能正确地投射入狭缝，如图 2-10 所示。

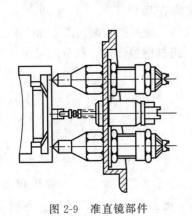

图 2-9 准直镜部件

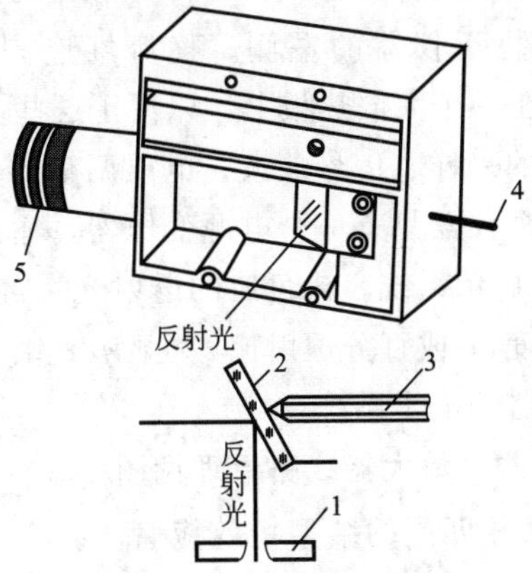

图 2-10 入射光与出射光调节部件

1—狭缝；2—反光镜；3—调节螺杆；
4—反射角调节螺杆；5—聚光镜筒

反射光

反射光

5

在单色器出孔处采用了一块圆形透镜，使光束通过狭缝以后，能进入比色皿前再一次聚光，这一措施使得光束进入比色皿时是很集中的，不会产生比色皿框架有挡光的现象。

③ 测量系统。测量系统包括光电管暗盒部件、光门部件以及对光电管、放大器及光源灯等起稳压作用的稳定电压装置部件。

光电管暗盒部件包括了整个微电流放大器部分。暗盒内的光孔前装有 GD-7 型光电管和一块晶体管放大电路板，光电管暗盒内还有一只干燥筒，存放变色硅酸，可以从仪器底部拆下来，以更换硅胶，保证光电管暗盒内始终干燥，放大器正常工作。光电管暗盒部件如图 2-11 所示。

光门部件：在光电管暗盒外部，比色皿盒的右侧装有一套光门部件（见图 2-12），用以控制光电管的工作。当吸收池暗盒盖打开时，光门挡板依靠其自身重量及弹簧向下垂落遮住透光孔，光束就被阻挡而不能进入光电管阴极面；当吸收池暗盒盖关闭，即顶杆向下压紧时，顶住光门挡板上端，在杠杆作用下，使光门挡板打开，从而使光电管对光束进行检测。

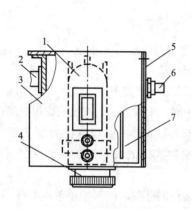

图 2-11　光电管暗盒部件

1—光电管；2—七芯插座；3—暗盒；4—干燥器筒；

5—暗盒盖板；6—灵敏度开关；7—电路板

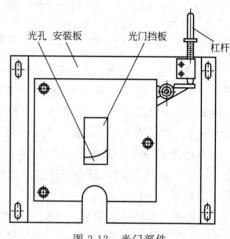

图 2-12　光门部件

稳定电压装置部件分成两个部分，大功率整流管、晶体三极管（大功率调整管）及高容量电容器等装于仪器的左侧。整流堆连同散热片一起装在底板上，一只大功率晶体管 3DD15A 装在一个大散热板上，以便于这些电子元件的散热，使其能长时间地正常工作。稳压电源部分的采样、信号放大、电压调整的一部分以及一组辅助稳压电源部分同装于一块电路板上。整个仪器只有一个电源变压器，输出 15～17V，0～15V 及 6V 三挡电压。

④ 接收显示系统。比色皿的透射光束经光电管转变为光电流，通过放大器放大后用微安表以吸光度 A 或百分透射比 $\tau\%$ 显示其结果。

（2）仪器的电子系统

① 放大器。放大器线路原理见图 2-13。以结型场效应管 V_1（3DJ6F）作为输入级，选取另一个与 V_1 相匹配的结型场效应管 V_2 作为恒流源，因此该级实际上是一个源极跟随器。由于两管特性匹配，偏置对称，所以 V_2 能有效地消除 V_1 栅至源电压失调漂移。在放大器的线路中采用运算放大器 A_2（5G23B）作为灵敏度变换级，以克服 GD-7 型光电管在近紫或近红波段的光谱灵敏度较低的缺陷。由于运算放大器具有高增益低漂移的特点，而 A_2 又与

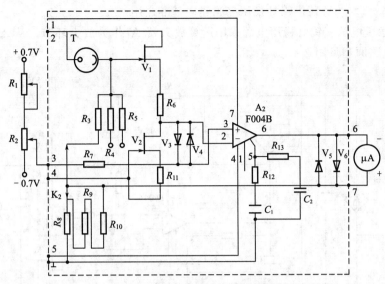

图 2-13 微电流放大器线路原理图

V_1 一起构成闭环深度负反馈，所以使放大器的稳定性大为提高。

图 2-13 中，R_3、R_4 和 R_5 为输入级偏置电阻，V_3 和 V_4 为运算放大器的输入保护管。R_7 为平衡电阻。R_1 和 R_2 分别为放大器的粗、细调零电位器。细调 R_1 在面板上，粗调 R_2 在左侧盖板内。该调零机构能综合补偿整个放大器的失调和光电管的暗电流。微安表内阻和 R_8、R_9、R_{10} 共同构成反馈回路。转换 K_2 可逐挡提高灵敏度。R_{12}、R_{13}、C_1、C_2 是为防振和消除干扰用的。V_5 和 V_6 的作用是保护微安表。

整个放大器装在一个干燥、密闭、屏蔽良好的铁盒内。

② 放大器稳压电源。放大器稳压电源是一个普通的串联调整式稳压电源，其线路原理见图 2-14。

稳压电源中，±12V 电压供运算放大器用，±8V 供放大器输入级用，±0.7V 供调零

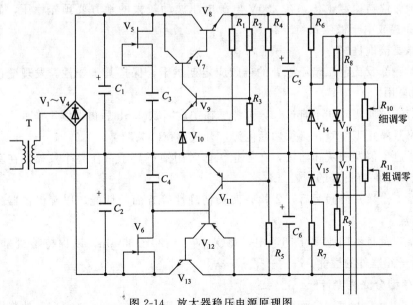

图 2-14 放大器稳压电源原理图

电位器用。此外，+8V 还供钨灯稳压电源建立基准之用。

③ 钨灯稳压电源。钨灯稳压电源采用运算放大器 A_1 作为放大环节，从 $3.7 \sim 11.5V$ 连续可调，其线路原理见图 2-15。

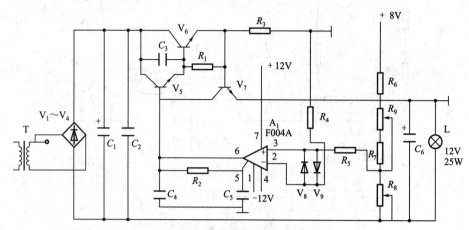

图 2-15　钨灯稳压电源线路原理图

输入 220V 交流电后，在电源变压器的次级绕组上感应出的交流电经 $V_1 \sim V_4$ 桥式整流，整流后的直流电经 C_1 滤波再输入由 $V_5 \sim V_7$ 和 A_1 构成的稳压电路中。经过稳压电路后的直流电压经 C_6 滤波，供给钨灯工作之用。

通过调节 R_8 即可改变电源的基准电压。R_8 为一多圈电位器，即面板上调 100% 的旋钮。它在仪器中的作用实际上是通过连续调节钨灯的亮度来控制能量。此外，由于钨灯通常在较低的电压下工作，因此可更加有效地延长其寿命并降低整机温升。

（3）721 型分光光度计的维护

① 仪器应安放在干燥的房间内，放置在坚固平稳的工作台上，室内照明不宜太强。温度高时不能用电扇直接向仪器吹风，防止光源灯丝发光不稳定。

② 为确保仪器稳定工作，在 220V 电源电压波动较大的地方要预先稳压，最好备一台 220V 磁饱和式或电子稳压式稳压器。

③ 仪器要接地良好。

④ 仪器底部及比色皿暗箱等处的硅胶应定期烘干，保持其干燥性，发现变色应立即换新或烘干后再用。

⑤ 仪器连续使用时间不宜过长，可考虑在中途间歇 0.5h 后再继续工作。

⑥ 当仪器停止工作时，必须切断电源，开关放在"关"。

⑦ 为了避免仪器积灰和沾污，在停止工作时用塑料套子罩住整个仪器，在套子内应放置防潮硅胶，以保持仪器的干燥。

⑧ 仪器工作数月或搬运后，要检查波长精确性等方面的性能，以确保仪器的使用和测定的精确程度。

⑨ 仪器若暂时不用则要定期通电，每次不少于 $20 \sim 30min$，以保持整机呈干燥状态，并且维持电子元器件的性能。

2. 751G 型分光光度计

（1）仪器的结构　751G 型分光光度计是一台测定波长在 $200 \sim 1000nm$ 的紫外-可见分光

光度计，可测定待测物质在紫外区、可见区及近红外区的吸收光谱。该仪器主要由光源、单色器和试样室等部分组成。仪器外形及各部分作用见图2-16。

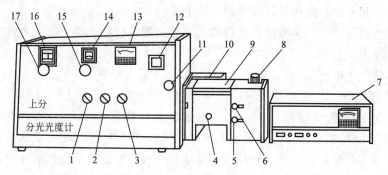

图 2-16　751G 型分光光度计外形图

1—选择开关；2—灵敏度钮；3—暗电流调节钮；4—试样选择钮；5—光电管选择钮；6—光门钮；
7—光源电源；8—干燥器筒；9—试样室盖；10—光源室；11—缝宽选择钮；12—狭缝宽度；13—"0" 位
计（电表）；14—测量读数盘；15—测量选择钮；16—波长刻度盘；17—波长选择钮

① 光源。可见光源采用 6V36W 线状钨丝灯，其光谱范围为 320～5000nm，工作温度为 2500K。为了延长其使用寿命，通常在灯泡内充入氮、氩、氖、氙等不活泼气体，以减少钨的蒸发；采用低的供电电压也可达此目的，一般采用 6V 的晶体管稳压器供电。

紫外光源采用氢弧灯或氘灯，灯丝电压为 4V，工作电流为 300mA，正常工作时管压降为 70～90V，外壳为石英玻璃，管座有三根引出线，其中二根为灯丝，一根红色的为高压接线。氢弧灯是一种热阴极的弧光放电灯，石英玻璃的灯管内充入高纯度的氢气。工作时阴极预热几分钟后，断开加热电源，同时在阳极加上高压，窗口便辐射出 180～400nm 的紫外区连续光谱。

② 单色器。单色器由狭缝、准直镜、棱镜等部件组成。

狭缝包括入射狭缝和出射狭缝，安置在同一狭缝机构上，可同时启、闭。狭缝宽度是利用一菱形弹簧支架支持两片狭缝刀片来控制的；通过蜗轮蜗杆带动一个偏心双面凸轮使狭缝作横向移动（狭缝中心是固定不变的），以开启、调节狭缝的宽度；狭缝宽度从 0～2mm 可连续的变化，应根据具体情况选择其大小。

准直镜安装在单色器左端的内侧，通过三个精密调节螺钉来调节焦距和调整波长的正确位置。

棱镜安装在单色器内的上部，通过连杆与精密锥形螺旋式波长凸轮相连，只要旋动波长选择钮，即可通过波长凸轮改变棱镜转动角度，使射出狭缝的单色光的波长发生改变。同时，相应地在波长刻度盘上读出不同的波长值。

③ 试样室。试样室内可以放置四只相同规格的比色皿，并备有弹簧夹形件，使比色皿不致歪斜。拉动手柄，可使比色皿依次进入光路中进行测量。

滤光片架内装有反光镜，使从光源来的光线经反光镜成 45°左右射入进光狭缝，必要时可以调节滤光片滑板下方小孔内的调节螺钉，以改变入射角度。为了减少杂散光对测量结果的影响，在滤光片滑板上开有三个圆孔，其中一个圆孔无滤光片，另外两个圆孔分别装有 365nm 和 580nm 的滤光片，可根据具体需要选定。

光电管暗盒内装有红敏（GD-6）和紫敏（GD-5）两只光电管及微电流放大器。两只光电管装在一块拖板上，拉动相连手柄，就可有选择性地把某一光电管移至光路中，以适应不同波长的需要。

在光电管与比色皿之间设置一暗电流控制闸门，暗电流闸门是一个开孔的拖板，推进手柄，光孔就被阻挡；拉出手柄，可使光进入光电管，光线就不断照射到光电管的阴极上，相应的三个触点起到电路转换作用，以便调节暗电流。

光电管暗盒是密封的，装有防潮硅胶筒，可经常更换硅胶。整个暗盒由四个特殊的螺钉固定在比色皿座上。

（2）仪器的电子系统

① 钨灯稳压电源。当仪器使用钨灯作光源时，为保证仪器在工作时的稳定性，要求钨灯灯丝的温度和光通量保持恒定，因此，用稳定性好的稳压电源对钨灯供电是必要的。751G 型分光光度计的钨灯稳压电源是一个串联调整式稳压电源，该电源带有辅助电源及限流过载保护环节。其保护环节、比较环节和基准部分都放在硅集成稳压器件内，因此大大简化了线路的焊装元件，保证了线路的灵敏度和稳定性。其原理方框图如图 2-17 所示。

② 氢弧灯稳流器。751G 型分光光度计对氢弧灯发光稳定性要求较高，因此必须采用能保证输出稳定电流的稳流器来供电。全晶体管式稳流器主要由整流滤波环节、电流取样、放大器（基准电压比较放大器）、调整环节、灯丝电压控制预热系统、高压触发环节和辅助电源等部分组成，其结构方框图见图 2-18。

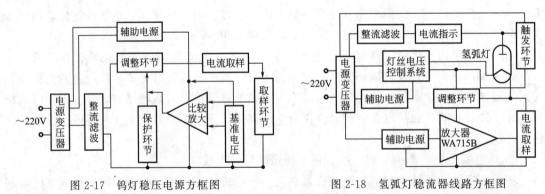

图 2-17 钨灯稳压电源方框图　　　　图 2-18 氢弧灯稳流器线路方框图

为了引燃氢灯，需要先接通灯丝电源，对氢灯进行一定时间的预热。预热结束后，在整流滤波的高压激发下，氢灯即启辉进入正常工作状态，管压降约 80V 左右。此时，为了延长氢灯使用寿命，减少不必要的电力消耗，必须切断灯丝电源。

此外，为了显示氢灯启辉动作的进行情况，辅助电路中还设置了指示灯 Q_{401} 和电流表 M_{401}，以观察氢灯是否已引燃和是否有工作电流。

③ 微电流放大器。微电流放大器的作用是将光能转换成电能。751G 型分光光度计采用场效应管式微电流放大器，由输入电路、电压放大级、阻抗变换级、反馈网络和补偿电路组成。其线路原理如图 2-19 所示。

④ 微电流放大器稳压电源。供给微电流放大器工作的正、负电源是两个完全相同的电路，其中一个稳压电源的正输出端与另一个稳压电源的负输出端连在一起再接地，两个稳压电源合起来输出 ±12V 电压，供给微电流放大器作工作电压。其线路原理如图 2-20 所示。

（3）751G 型分光光度计的维护

① 为确保仪器稳定工作，在电压变动较大的地方，220V 电源要预先稳压，最好另备一台磁饱和式或电子稳压式（功率不小于 0.5kW）稳压器。

② 仪器要有良好的接地。一切裸露的零件，其对地电位不得超过 24V（测电笔的氖管

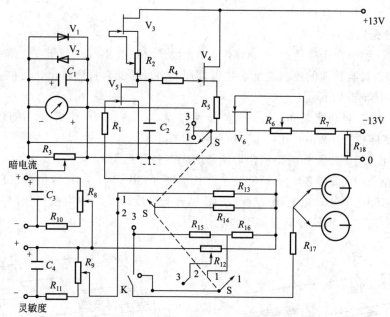

图 2-19　场效应管式微电流放大器线路原理图

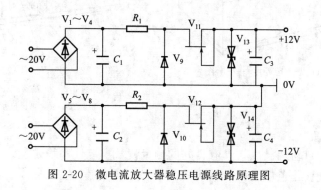

图 2-20　微电流放大器稳压电源线路原理图

不得发亮）。

③ 当仪器工作不正常，如无输出、指示灯不亮或电表指针不动时，要先检查保险丝是否熔断，然后再检查线路。

④ 仪器要特别注意干燥，放大器暗盒、单色器暗盒及试样室等处的干燥剂要经常更换，如发现变色应立即换新，或加以烘干再用。若放大器或光电管暗盒受潮严重，可用电吹风将其吹干，但必须在关闭电源的情况下，拆开盖板，用电吹风将热风沿着盒边吹进盒内，以驱赶潮气，切忌温度过高或以热风直接对着电子元器件加热。

⑤ 仪器停止工作时，必须切断电源，将各种选择开头放在"关"，狭缝旋转到 0.01mm 的刻度左右，波长旋在 625nm，透射比旋钮放在 100%。

⑥ 为了避免仪器积尘和沾污，仪器停止使用时，应用罩子将整个仪器罩住，并在罩内放置数包防潮硅胶，以保证仪器的干燥。

⑦ 仪器经长期使用或搬动后，要经常进行波长精确性的检查。

⑧ 易损耗元件及光源灯（钨灯、氢弧灯）使用一定时间后，出现衰老和损坏，应调换新的；当仪器工作多年或发现光源和光学系统正常而光电流明显下降，则需更换相同型号的光电管。

⑨ 仪器若暂时不用则要定期通电，每次不少于 20～30min，以保持整机呈干燥状态，

并且维持电子元器件的性能。

3. 其他分光光度计

（1）7230G 型分光光度计　7230G 型分光光度计（见图 2-21）是新一代带微电脑的智能化分光光度计，具有较强的控制功能和数据处理能力，并配有打印输出，可供各种物质进行定量的分析。其特点如下。

① 自动调零、自动调满度、自动建立线性方程，τ、A、c 自动切换，浓度直读。

② 比色室能放置 100mm 比色皿，并配有托架。

③ 具有自动调节的波长调整机构，调整时无需打开机壳。

④ 灯电源采用固定电压，灵敏度在全波长范围（330～900nm）内由微机自动控制。

（2）UV-754C 型分光光度计　UV-754C 型分光光度计是一种由微机控制的普及型智能化仪器（见图 2-22），该仪器具有如下特点。

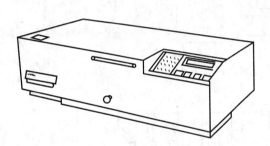

图 2-21　7230G 型分光光度计外形图

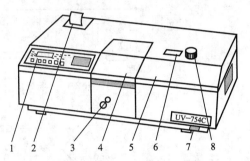

图 2-22　UV-754C 型分光光度计外形图
1—操作键；2—小盖板；3—拉杆；4—样品室盖；
5—主机盖板；6—波长显示窗口；7—电源开关；
8—波长旋钮

① 自动调零、自动调满度，具有良好的测量读数重复性和稳定性。

② 采用平面光栅作色散元件，具有较高的波长准确度（±2nm）；波长在 200～850nm 范围内连续可调。

③ 微机控制打印输出、高精度的浓度回归方程定量计算公式。

（3）756MC 型分光光度计　756MC 型紫外-可见分光光度计（见图 2-23）是以精密光学技术和最新电子学技术为基础而研制成的高性能、多功能的智能型仪器，其波长范围为 200～800nm。该仪器具有自动扫描、线性回归、波长程序、动力学测定、光谱存储等多种优良的定性定量分析功能，其特点如下。

① 采用多功能微机技术，进行数据处理及自动控制，具有独特的自动调"0"、调"100"功能，可直接消除比色皿配对误差。

② 采用单光束结构，使用高性能"闪耀全息光栅"的低杂散光的高分辨率的单色器，具有超群的测量读数准确性、重现性和稳定性。

③ 具有全波段扫描、分波段扫描、动力学时间扫描、浓度直读、线性回归以及 GOTOλ 等各种高级功能。

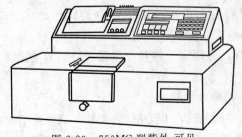

图 2-23　756MC 型紫外-可见
分光光度计外形图

④ 采用丰富多彩的四色绘图仪，进行数据打

印、光谱重复扫描、定波长时间扫描。

⑤ 具有 RS-232 接口，可外接计算机作数据处理器，为二次开发提供方便。

⑥ 可靠的断电保护措施可记忆扫描图谱、回归方程等，实现了开机直接进入测试状态，以满足急用。

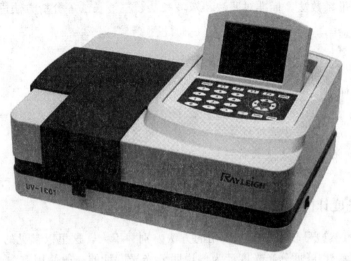

图 2-24　UV-1801 型紫外-可见分光光度计

（4）UV-1801 型紫外-可见分光光度计　UV-1801 型是通用型具有扫描功能的紫外-可见分光光度计（见图 2-24），其特点如下：

① 宽广的波长范围，可满足各个领域对波长范围的要求。

② 5nm、2nm、1nm 三种光谱带宽出厂根据用户要求定制安装，可满足《中华人民共和国药典》对药品检测的严格要求。

③ 手动宽大四连池，可满足各种应用对宽大比色皿的特殊要求，最大样品池可大 100mm。

④ 改良优化的光路设计、大规模集成电路的设计，进口光源和接收器造就了高性能和高可靠性。

⑤ 丰富的测量方法，具有波长扫描、时间扫描、多波长测定、定量分析、双波长、三波长，DNA 蛋白质测量等多种测量方法，可满足不同测量的要求。

⑥ 测量数据可通过打印机输出，具 USB 接口。

⑦ 可断电保存测量参数和数据，方便用户使用。

⑧ 可通过 PC 控制实现更精确和灵活的测量要求（选）。

（5）UV-2100 型紫外-可见分光光度计 UV-2100 型紫外-可见分光光度计（见图 2-25）为双光束全自动扫描型紫外/可见分光光度计，可进行光谱扫描、定波长测量、动力学测量及定量分析等。该仪器具有如下特点。

① 可扫描 190～900nm 内任意波长范围的样品光谱特性，波长最小采样间隔为 0.04nm，

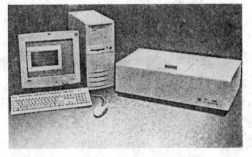

图 2-25　UV-2100 型紫外-可见分光
光度计外形图

扫描速度分为快、中、慢三种。

② 可对光谱曲线进行求导、峰谷检测、曲线平滑、图谱扩展、图谱叠加及图谱的运算。

③ 可同时设置 10 个波长点进行定波长测量，还可根据需要进行扩展。

④ 在动力学测量中，波长点、采样间隔可以自选，可进行活性计算。

⑤ 可应用标准系数法、标准对照法、双波长法、三波长法等分析方法进行定量分析。

思考题

1. 分光光度计主要有哪些类型？

2. 分光光度计一般由哪些部分组成？各部分的作用是什么？

3. 常见的分光光度计是怎样达到选择光波长目的的？

4. 721 型、751G 型分光光度计各由哪些部分组成，如何进行维护？

5. 751G 型分光光度计为延长钨丝灯的使用寿命，采取了哪些措施？

6. 若放大器或光电管暗盒受潮严重，应如何进行处理？

二、分光光度计的使用

分光光度计虽然型号较多，但其使用的方法差别并不大，这里以常见的 721 型分光光度计及 UV-1801 型紫外-可见分光光度计为例说明分光光度计的一般使用方法。

1. 721 型分光光度计

(1) 使用方法

① 将仪器电源开关 6 接通，指示灯亮，开启比色皿暗盒盖 7 （光门自动关闭），调节 "0" 透射比（即透光度）调节旋钮 2，使微安表指针处于透射比（即透光度）"0" 位，预热 20min。

② 调节波长选择钮 1，选择单色光波长，并选择合适的灵敏度挡，再用 "0" 透射比（即透光度）调节旋钮复核电表透光度 "0" 位。

③ 将参比溶液和待测溶液装入比色皿，依次放于比色皿座中，盖上比色皿槽暗盒盖（自动开启光门），使光电管受光，将参比溶液推入光路，顺时针旋转 "100％" 透射比（即透光度）调节旋钮 3，使电表指针处于透射比（即透光度）"100％" 处。

④ 按上述方式连续几次调整透射比（即透光度）"0" 及 "100％"，直至不变，即可进行测量工作。

⑤ 将待测溶液依次推入光路，读取吸光度 A 值。

(2) 使用注意事项

① 连续测定时间太长，光电管会疲劳，造成吸光度读数漂移，此时应将仪器稍停，再连续使用。

② 使用参比溶液通过调节旋钮 3 调节透射比（即透光度）为 "100％" 时，应先将此光量调节器调到最小（反时针旋到底），然后合上比色皿槽暗盒盖，再慢慢开大光量。

③ 仪器灵敏度挡的选择原则：保证能使参比溶液较好地调到 "100％" 透射比（即透光度）的情况下，尽可能采用灵敏度较低挡，这样仪器将有更高的稳定性。改变灵敏度后要重新校正 "0" 和 "100％" 透射比（即透光度）。灵敏度有五挡，各挡的灵敏度范围是：第一挡×1 倍；第二挡×10 倍；第三挡×100 倍；第四挡×200 倍；第五挡×400 倍。一般选择在第一挡。

④ 如果大幅度改变测试波长时，在调整"0"和"100％"透射比（即透光度）后稍等片刻（钨灯在急剧改变亮度后需要一段热平衡时间），当指针稳定后重新调整"0"和"100％"透射比（即透光度）即可进行测量。

2. UV-1801 型紫外-可见分光光度计

对于现代紫外-可见分光光度计来说，其功能通常以"软件"的形式显现。UV-1801 紫外-可见分光光度计的一般使用方法如下。

（1）打开仪器主机右侧电源开关稍等约十几秒钟，在仪器的屏幕上出现一个提示"请按键"，说明仪器可以进行自检或连接计算机自检。

（2）仪器操作

仪器所有操作不连接计算机

a. 仪器操作不连接计算机　按仪器面板键盘上除"PESET"的其他任意键，仪器进行自检（大约时间 2min）。按任意键进入仪器操作主菜单。

b. 光度测量　按数字键 1 进入"波长扫描"，按数字键 2 进入"光度测量"，按数字键 3 进入"定量分析"……，依次按数字键 6 进入"系统设置"；按仪器面板上参数设置键"F1"进入"参数设置"；按面板上"F2"进行比色皿套性测量。

c. 仪器所有操作连接计算机　打开计算机桌面上的"UVSoftware"，点击"设置"选择端口、输入仪器编号（序列号）进行计算机和仪器的测试连接。点击计算机屏幕左下方"初始化"按钮，仪器将进行反控自检。

（3）紫外-可见分光光度计的联机操作

① 光谱扫描

a. 单击工具栏菜单上的"光谱扫描"，便进入光谱扫描测量方式。所有图谱标签页用来显示所有图谱，其他测量图谱均用新增标签页来显示。

b. 进行参数设置　单击工具栏菜单上的"参数"进行参数设置。

数据测量方式：可以进行吸光度、透过率、能量、反射需要定制的反射架四种测量。

波长范围：扫描光谱的范围，设置波长最小值不得小于 190nm，波长最大值不得大于 1100nm。

光度范围：扫描结果显示范围，设置不合适，测量完毕可以通过在图谱上按鼠标右键定制坐标进行更改。

取样间隔：扫描取样间隔。

扫描速度：分为快、中、慢，速度越快，扫描图谱的细节部分显示比较粗糙，建议做精度要求比较的扫描采用中速或者慢速。

参比测量方式：单次，在测量完毕之后，不更改任何参数，按"测量"继续测量，则直接测量样品，不需要测量参比；重复，在测量完毕之后，不更改任何参数，按"测量"继续测量，则需要测量参比之后才能测量样品。

扫描方式：单次，则只扫描一次；重复扫描，按照设定时间间隔和设定的扫描次数进行重复扫描。

保存方式：自动保存，在用户测量完毕系统自动保存把数据保存到用户设置的文件，如果是重复扫描保存文件，则系统自动在文件名后以加 _1，_2，…，表示依次扫描的文件；手动保存，系统在扫描完毕提示用户是否保存；不保存，测量完毕系统不提示也不自动保存，如果用户需要保存测量数据则按界面的保存按钮进行保存。

重叠：选择它将把多次测量的图谱自动叠加在所有图谱区域所有图谱标签页上进行显示，不选择在测量完毕后在所有图谱标签页右键选择图谱叠加按钮手动选择图谱进行叠加。

数据文件：自动保存文件路径以及文件名。

样品名称：测量样品名称。

c. 测量　单击工具栏菜单上的"测量"，开始进行测量，提示请将参比拉入光路，将参比液放入样品池内，根据提示拉入参比，按确定按钮。

参比测量完成，提示将样品拉入光路。根据提示，将参比液取出，放入样品液，点击OK按钮。

测量完成，提示扫描完成，点击OK，此时界面出现测量结果和相应的图谱。重复性测量，可以手动进行，在单次扫描完毕后，按工具栏菜单上的"测量"开始测量；也可以自动进行重复性测量，其他参数设置同单次扫描测量，在参数设置中的扫描方式选择重复测量，并设定每次测量间隔时间和重复测量次数。

② 光度测量

a. 单击工具栏菜单上的"光度测量"便进入光度测量方式。

b. 进行参数设置　单击工具栏菜单上的"参数"进行参数设置。在此可选择测量方式：进入常规设置，用以设置以下参数，吸光度和透过率，选择小数点位数和参比测量方式，可对波长设置进行修改，对于波长设置。

c. 测量　单击工具栏菜单上的"测量"，开始进行测量，提示请将参比拉入光路，将参比液放入样品池内，根据提示，拉入参比，按确定按钮。参比测量完成，提示将样品拉入光路，根据提示，将参比液取出，放入样品液，点击OK按钮。测量完成，此时界面出现测量结果。

d. 附加功能　仪器还具有数据保存和导入、复制表格数据、报告打印、波长定位等附加功能。

③ 动力学测量

a. 单击工具栏菜单上的"动力学测量"，便进入动力学测量方式。

b. 进行参数设置　单击工具栏菜单上的"参数"，进行参数设置。

c. 测量　单击工具栏菜单上的"测量"，开始进行测量，提示请将参比拉入光路，将参比液放入样品池内，根据提示，拉入参比，点击OK按钮。

参比测量完成，提示将样品拉入光路，根据提示，将参比液取出放入样品液，点击OK按钮。

测量完成，提示扫描完成，按OK按钮，此时界面出现测量结果和相应的图谱并提示测量完成。

重复性测量同光谱扫描，请参照光谱扫描设置。

d. 附加功能　仪器还设置有图谱调整、游标、峰谷检测、光谱变换、四则运算、数据保存和导入、复制表格数据或者图谱、报告打印、波长定位等附加功能。

④ 定量分析

a. 单击工具栏菜单上的"定量分析"，便进入定量分析测量方式。

b. 进行参数设置　单击工具栏菜单上的"参数"，进行参数设置。参数设置可对波长测量方法（包括单波长法，双波长系数倍率法，双波长等吸收点法，三波长法）、测量波长进行设置，并可选择参比测量方式，以及计算公式，测量方法（浓度法 和系数法，系数法需要在系数设置中输入曲线拟合系数），零点插入，选择它，拟合曲线将过零点；

c. 建立标准曲线（浓度法）　选择标样测量，标样栏上方"标样"将变成"标样——正在使用"；单击工具栏菜单上的"测量"，开始进行测量，提示请将参比拉入光路，将参比液放入样品池内，根据提示，拉入参比，点击确定按钮。

参比测量完成，提示将样品拉入光路，根据提示，将参比液取出，放入标样样品液，点击确定按钮。

标样测量完毕，在浓度栏内输入对应标样的浓度值，按"拟合"，进行曲线拟合。界面上显示出以上测量参数所建立的曲线，并且显示拟合的相关系数和建立的曲线方程。

如果拟合曲线因为个别参比测量结果不理想，可以在标样栏内点击右键，选择需要删除的标样，选择删除，系统提示选择是否删除该条数据，选择是，按确定删除该条数据；然后重新测量标样和拟合曲线；

d. 测量浓度　将未知样放入样品池内，鼠标光标点击界面右下方的未知样处，使"未知样"变成"未知样——正在使用"，单击工具栏菜单上的"测量"，根据提示，放入未知样样品液，点击 OK 按钮。

e. 系数法　在测量方法一栏选择系数法，输入已知曲线的系数，其他参数设置方法同浓度法，按确定按钮确认以后，在测量界面会根据设定的曲线方程画出曲线；参数设置完毕，将未知样放入样品池内，鼠标光标点击界面右下方的未知样处，使"未知样"变成"未知样——正在使用"，单击工具栏菜单上的"测量"，开始进行测量；其他测量步骤同浓度法。

f. 附加功能　仪器附设有数据保存和导入、复制表格数据或者拟合曲线、报告打印、波长定位等功能。

⑤ DNA 和蛋白质测量

a. 单击工具栏菜单上的"DNA/蛋白质"，便进入 DNA/蛋白质测量方式。

b. 进行参数设置　单击工具栏菜单上的"参数"，进行参数设置。通常蛋白质测量方法有 A230/A260 和 A280/A260 两种方法（也可以自定义方法进行测量，设定相应波长和系数），选择相应的方法，系数已经设定好，不需要设定。设置其他参数（浓度单位，结果小数显示位数，参比测量方式，重复测量，文件保存等参数）；

c. 测量　单击工具栏菜单上的"测量"，开始进行测量，按提示将放入样品池内的参比液拉入光路，点击 OK 按钮。

参比测量完成，提示将样品拉入光路，根据提示，将参比液取出，放入样品液，点击 OK 按钮。

测量完成，提示扫描完成，按 OK 按钮，此时界面出现测量结果。

d. 附加功能　仪器附加功能有数据保存和导入、报告打印、复制表格数据、波长定位等。

⑥ 仪器相关操作

a. 设置换灯点　选择菜单仪器—设置换灯点，进入换灯点设置界面，输入换灯点，按确定按钮确认，设置完毕窗体自动关闭。

b. 波长定位　选择菜单仪器—波长定位，进入换灯点设置界面，在波长栏输入定位的波长，按确定按钮；等波长走到指定的波长位置系统自动关闭此窗体。

c. 开/关氙灯　选择菜单仪器——开/关氙灯，进入氙灯开关界面，开氙灯，选择开，按确定按钮；关氙灯，选择关，按确定按钮！

d. 比色皿校正　选择菜单仪器——比色皿校正，进入比色皿校正界面，系统默认是比色皿关，需要进行比色皿校正选择开，将会出现"比色皿校正"的参数设置界面，设置需要校正的比色皿个数（除参比），以及在哪个或哪些波长下校正。

⑦ 测试报告设置及打印　单击工具栏菜单上的"报告"，可编辑报表打印相关内容。编辑好相关内容，按确定按钮。

三、分光光度计常见故障的排除

分光光度计经较长时间使用后，仪器的性能指标可能会有所变化，甚至发生一些故障，此时就需要对仪器进行调校或修理。

1. 仪器的调校

（1）721 型分光光度计

① 光源灯的调整。先将光量调节器（即面板上 100% 旋钮），按顺时针方向旋至光亮最强处，把波长盘调节至 580nm，在比色皿暗箱通光孔处放一张白色卡片纸，然后把仪器接上电源，使光源灯的灯丝部分正确垂直地对准灯架上圆形通光孔，使光束垂直地射向反射镜（将光源灯架上的两只螺钉略松一点，灯丝位置即可上、下、左、右地移动到正确的位置）。使光束反射到进光狭缝，进入单色器内色散，调节光源灯的正确位置，观察白色卡片纸上的单色光，色黄、光强、边缘无光晕或杂色现象即可以固紧灯架上的两只螺钉，如又有稍微变动，可用手扳动灯架，使光斑最亮。

② 仪器单色光的调整。在调整波长时，可以采用干涉滤光片或者用镨钕滤光片（推荐镨钕滤光片），529nm 吸收峰来校对仪器波长准确性。

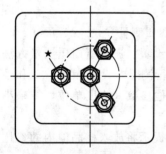

图 2-26　波长调节螺孔处

【注意】在调整波长时只能轻微旋动左边（星形）的一只螺杆，其余两只螺杆不要任意旋动，这两只主要是来调单色光在光孔的上下位置的，如图 2-26 所示。

③ 仪器光电管暗电流的调整。光电管暗电流的调整是靠仪器面板上和底板上的两只电位器来达到的。R_1 是细调，在面板上；R_2 是粗调，在底板上靠仪器左侧有一小长方形盖板，要调节时先取下此板，即可找到粗调电位器。

（2）751G 型分光光度计

① 光源灯的调节

a. 钨灯的调节。首先将波长刻度盘旋转到可见光部分（如 580nm 附近范围内），狭缝刻度调节至 2mm，将灯罩上反射镜转动手柄扳在"钨灯"位置，然后接通钨灯开关，将滤光片滑块放在空挡上，用一片白纸插入比色皿座内的暗电流闸门前面，此时在白纸上可观察到单色光，正常情况下是一个明亮完整的长方形的均匀光斑。如果不是这样的情况，则可将光源灯罩移去，旋松位置固定螺钉（见图 2-27），移动前后左右位置，使观察到的光斑达到均匀完整、亮度最强为止，然后将该螺钉重新紧固，再调节钨灯固定板上的三只螺母，控制灯丝的高度，以进一步改善光斑的质量。必要时可以调节滤光片滑块下方小孔内的调节螺钉，以改变入射光角度，使光斑质量得到改善。如图 2-28 所示。

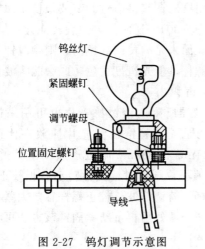

图 2-27 钨灯调节示意图

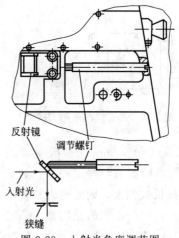

图 2-28 入射光角度调节图

b. 氢弧灯的调节。将反射镜手柄转向"氢弧灯"位置，接通氢弧灯开关，然后将滤光片滑块放在空挡上，取一片白纸插入比色皿座内暗电流闸门的前面。通常在正常情况下在白纸上可见到一个较暗的均匀的长方形光斑。由于氢弧灯的光点相当小，而且可见光强度较弱，所以被照的面积要相当完整，就必须作相应的仔细调整。其方法是：首先旋松上下调节螺钉，将氢弧灯上下垂直移动同时左右稍微转动，即可达到调节的目的。如图 2-29 所示。

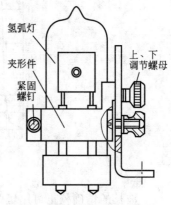

图 2-29 氢弧灯调节示意图

② 仪器的零点及其灵敏度的调整。在仪器尚未接通电源时，电表的指针必须位于标尺左端的刻度线上，否则就需调节电表盖上的螺钉，使指针指在机械零位上。

开启主机及 H-W 电源（先选钨灯），将选择开关转至"×1"挡，然后将仪器上的光门拉杆处于"推入暗"位置，调节暗电流，使电表指针为零。预热 10～20min 后，将灵敏度控制器旋钮放在合适位置（一般按顺时针方向旋三圈左右），再把透射比刻度放在 100%，使波长刻度放在 625nm 上（该波长对于红敏或紫敏光电管同时适用）。打开暗电流闸门，调节狭缝使电表指针回到零。再将透射比刻度自 100% 移到 99%，这时仪表指针偏转应接近于 3 小格，说明能取得正常的测量灵敏度。

③ 波长校正。仪器的波长是否正确，与测量结果的准确性有着密切的关系。仪器上的波长调节装置和棱镜旋转机构是连动的，因此可以选取各种波长。在固定波长刻度盘的某一波长情况下，就可通过改变球面准直镜角度的办法来调节波长的精度。

校准波长精度可用仪器所附的镨钕滤光片或利用仪器本身的氢弧灯作为校准光源，因为氢弧灯本身有两根合适的强线，即 656.3nm 和 486.1nm 可作为校准光谱线。校准方法如下。

a. 开启主机及钨灯电源，将狭缝开到 2mm，波长转到 580nm，此时在白纸上应看到黄色光斑。

b. 如果波长相差很大（10nm 以上），光斑颜色是绿色或红色，则要调整准直镜角度，

从此孔内放入旋具
对准调节螺杆扁槽内

图 2-30　准直镜角度的调整

准直镜角度的调整是通过调节波长校正螺杆进行的（见图 2-30），逆时针方向旋转使光斑呈黄色；如果光斑原来是橘黄或红色的，则顺时针方向旋转调整螺杆，使光斑呈黄色。此法能将波长误差调到 10nm 以内。

c. 仪器所附的镨钕滤光片也可用来校正波长。其方法是：将镨钕滤光片插放在比色皿盒内，用 741nm 和 808nm 二根吸收峰线，在波长 741nm 和 808nm 附近逐点测出其透射比，观察它的吸收峰是否与规定相符，如果实测波长数偏小，则顺时针稍微转动波长校正螺杆；如果实测波长数偏大，则要逆时针转动波长校正螺杆。若调节波长校正螺杆感觉太紧不易控制，可将校正螺杆上面的紧固螺母略松开一点，待波长调好后再重新紧固。该方法可将波长误差调到 3nm 以内。镨钕滤光片的光谱曲线见图 2-31。

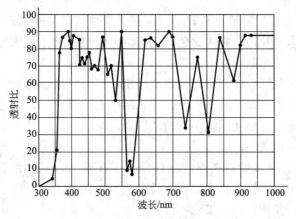

图 2-31　镨钕滤光片光谱曲线图

d. 波长的精确校正可用氢弧灯来进行。其方法如下。

ⅰ. 开启氢弧灯电源，预热 10min 以上，然后将选择开关转至"×0.1"挡，透射比放在 100%，灵敏度旋钮顺时针旋转三圈，用红敏光电管，波长放在 650nm。

ⅱ. 调节暗电流使"0"位计指针在 0 左右，拉开暗电流闸门，调节狭缝使"0"位计指示在 0 左右。

ⅲ. 将波长旋钮从 650～660nm 缓慢转动，若电表指针偏左到底则将狭缝适当关小，使电表指针回到 0。再缓慢转动波长旋转，电表指针又偏转向左，继续关小狭缝，使电表指针又回到 0，如此下去，直到旋转波长，电表指针向左偏转最大但不到底，如再增大波长，则电表指针就要向右回偏了，读出电表指针向左达最大偏转时的波长数，该波长数与 656.3nm 的差值即为波长误差。此时可微微旋转波长校正螺杆，再仔细按上述方法试验，就可以得到精确的波长值。

为了保证波长的精确度，还可再转到波长 486.1nm 处，用紫敏光电管，再按上述方法核对一下，如果在 486.1nm 处波长误差在精度范围内此处就不需校正了。

总而言之，利用氢弧灯在 656.3nm 和 486.1nm 处的两条光谱线来校正仪器波长精度，其结果应使仪器在整个波长范围的精度符合仪器的技术性能指标。

另外，波长的校正有时要与光源灯调节互相配合进行。

2. 常见故障的排除

（1）721型分光光度计常见故障及排除方法　见表2-1。

表 2-1　721 型分光光度计常见故障及排除方法

故　　障	故 障 原 因	排 除 方 法
1. 接通电源后,指示灯及光源灯都不亮,电流表无偏转	(1)保险丝熔断 (2)电源开关接触不良或已损坏 (3)电源变压器初级线圈已断	更换一只同规格的保险丝 修理或更换电源开关 重新绕制或更换新变压器
2. 仪器接通电源后,指示灯不亮	(1)指示灯泡与灯座之间受振动而接触不良 (2)指示灯已坏 (3)电源变压器次级线圈中一组6V输出线已断	卸下灯罩,旋紧指示灯 卸下灯罩,更换新灯泡 重新焊接或绕制变压器
3. 光源灯不亮	(1)光源灯泡已坏 (2)稳压电源输出导线脱焊,使灯泡上无电压 (3)稳压电源的保护线路因输出端短路过载而使输出端关闭 (4)稳压电源印刷电路板因仪器搬动,使与其插座松脱或接触不良 (5)稳压线路中大功率管类的元件损坏	更换同规格新灯泡 找出脱线处重新焊接 按线路图进行检查,寻找出故障并排除之 将印刷电路板向下插紧,使之接触良好 按线路图寻找并拆除更换
4. 光源不稳,有闪烁现象	灯丝接触不良	观察灯丝匝间是否有闪光,若有,更换相同规格新灯泡
5. 光源灯暗、亮不能控制	图2-15中的调整管5G23A或2kΩ多圈电位器(R_8)坏	检查电源输入的交流电压是否为17V,有负载时是否为19V,稳压后输出的可调直流电压是否为3.7~11.5V,如不对,可更换相应的元件
6. 波长调节旋钮过紧,波长读数盘转不动	(1)轴与轴套卡死 (2)由于转轴与轴套座有毛刺卡住,致使波长盘卡死	拆去轴上的卡圈,修去毛刺,用细砂纸轻轻磨光,使轴与轴套配合良好 拆下凸轮转轴(轴套座不必拆下),修去转轴毛刺,再用细砂纸精修,加一点润滑油,装上垫圈,按原样装好
7. 旋动波长调节旋钮,波长盘已动,但出射光无变化	(1)橡胶摩擦轮打滑 (2)波长读数盘上紧固螺母松脱(这主要是转轴与套座卡住的缘故)	① 由于橡胶摩擦轮的轴套孔是偏正的,所以使转轴上下移动。可先松开螺母,将其调到适当位置后再拧紧 ② 橡胶轮使用日久,会磨光打滑,可用刀子轻轻刮一下橡皮口,使其增加摩擦力 取出并检查转轴与套座的配合情况,修去毛刺,使之配合良好后,再紧固波长读数盘的螺母(仍需重新检查光斑是否正常,否则要重新调节光准)
8. 波长在580nm处,出射光不是黄色,而是其他颜色	波长不准(波长指示值与实际出射光谱不符)	通过调节准直镜的波长,调节螺杆校正,如仍不行,则需按单色器光路调节部分进行调节,并重新校准波长
9. 仪器在未接通电源时,读数电表指针不在"0"位	仪器机械零点变动	调节电表机械零位,使指针回复"0"位
10. 电流表指针无偏转(不动)	(1)电流表活动线圈不通(电表线圈内阻2kΩ) (2)仪器内部放大系统导线有脱焊或断线情况	将电表取下修理或更换新的电表,型号规格:16C14型、100μA 按线路图查出脱焊断线处,重焊或接上断线
11. 光电管暗盒前光门未打开时,电表指针偏转到右面100%处,无法调回"0"位	由于光电管暗盒内硅胶受潮所致	取下硅胶筒,更换或烘干硅胶,并用电吹风向硅胶筒送入适量的干燥热风,使光电管暗盒去潮,即可达到调"0"效果

故　障	故障原因	排除方法
12. 由低到高变换灵敏度挡,电表"0"位相差过大(超过15格,即15%),但随仪器稳定时间的加长而又有好转	硅胶受潮而致使光电管暗盒受潮	取下硅胶筒,更换或烘干硅胶,并用电吹风向硅胶筒送入适量的干燥热风,使光电管暗盒去潮,即可达到调"0"效果
13. 电表指针从"0"到"100%"均左、右摇摆不定,并且光门开启时比关闭时晃动更厉害	(1)稳压电源失灵	按线路分别检测各部分元件的工作状态,找出损坏的元件,以同规格型号的新元件更换
	(2)仪器光源灯附近有较严重的气浪波动	可将仪器移置于室内气流流速很小的地方
	(3)仪器光电管暗盒内受潮	更换硅胶,吹干光电管暗盒
14. 电表指针在仪器使用过程中"0"点经常变化	(1)每次关闭光电管暗盒前的光门,电表的指针均位移于"0"位,用手指轻轻弹击电表盖能使指针回到"0"处,证明电表变差过大	将电表取下进行电表轴尖的研磨修理
	(2)调"0"电位器使用较久而接触不良	更换一只新的阻值为150Ω的调零电位器
	光电管暗盒前的光门口或硅胶处有漏光,这光随周围物体的运动而变化	用纸板或黑布遮光以寻找出漏光处而排除故障
15. 仪器在测定过程中100%处经常变化	(1)光源不稳定	检修稳压电源部分,更换已损坏的元件;除去光电管暗盒中的潮气或更换光电管
	(2)光电管暗盒前的光门没有全部开启,原因是机箱变形而光门顶杆的长度不够,而未能使光门全部顶开	对仪器机箱进行校正或更换一根新的长度足够的光门顶杆
	(3)比色槽定位不精密、松动而引起每次移位不一致,使重现性差	重新校正比色槽定位部件的安装
	(4)比色皿在比色槽框架内安放的位置不一致,有松动移位的可能,或比色皿玻璃表面有溶液泛出,影响透光	用擦镜纸或柔软绸布将比色皿重新擦拭干净,然后将比色皿沿靠近出光孔比色槽框架的一边安放,上面用定位夹定位
	(5)光源灯玻壳部分和金属灯头部分松动	更换新灯泡
16. 光源灯玻壳发白或发黑	光源灯质量变坏	更换新灯泡
17. 旋转100%旋钮时,仪器电流表指针无变化或乱动	(1)若灯泡光亮度不随电位器的调节而变化,则是多圈电位器坏或旋钮与多圈电位器轴松脱	若多圈电位器损坏,可更换同规格的新电位器;如旋钮与轴松脱,则要重新装好
	(2)电表指针被卡住	修理电表
	(3)多圈电位器接触不良或结构松脱	更换多圈电位器
18. 光源灯亮但无单色光	(1)进光处反射镜脱位	调整反射角度
	(2)准直镜脱位	打开仪器底部单色器部件盖,按仪器结构介绍的方法进行修复
	(3)棱镜固定松动	送生产厂修复
19. 仪器接通电源后,电流表指针大幅度偏向"0"位以下,调零电位器不能调节复"0"位	(1)七芯插头、插座接线脱落	将脱落处重新接好
	(2)放大器电路系统中存在脱焊现象或元件损坏之处	按线路图对放大器进行检查,找出脱焊处重新焊好,若有元件损坏,则更换新件
	(3)调零电位器已损坏	更换新的电位器
20. 进行比色测定时,仪器准确性差	由于仪器在运输或搬动中,受振动而使单色光波长偏移	按波长校正方法对波长进行校正
21. 进行比色测定时,仪器灵敏度低	(1)光源灯泡发黑,质量变差	更换新灯泡
	(2)光学元件受污染	用无水乙醇-乙醚混合液清洗光学元件

（2）751G 型分光光度计常见故障及排除方法　　见表 2-2。

表 2-2　751G 型分光光度计常见故障及排除方法

故　　障	故　障　原　因	排　除　方　法
1. 指零电表指针无反应	（1）放大器稳压电源无输出（稳压电源坏或保险丝熔断）	修理稳压电源或更换保险丝
	（2）20 芯连接线脱焊	将脱焊处重新焊好
	（3）指零电表线圈损坏	用万用表电阻挡轻触主机插座 13、14 脚，电表指针若无反应，则是动圈断路，可更换一只 $100\mu A$ 同型号电流表
	（4）电表指针停在不正确位置，有卡住现象	将选择开关放在"关"的位置，借助电表上机械零点的转动，重新调节指针在零点位置
2. 电表指针偏向右边，用"暗电流调节"不能调至中间位置	（1）稳压电源有故障	检修稳压电源
	（2）放大器故障	检修放大器
	（3）选择开关接触不良或导线断开	重修焊接好
3. 电表指针偏向左边，用"暗电流调节"不能调至中间位置	（1）暗电流补偿电源损坏或接触不良	经检修，若暗电流补偿电源损坏，可对其进行修理；若接触不良，可进行清洗并重新焊接
	（2）暗电流补偿电位器损坏	更换电位器
	（3）稳压电源故障	逐级测量电压，修理稳压电源
	（4）高阻值电阻表面严重受潮	打开暗盒盖，用脱脂棉球蘸乙醚擦洗电阻表面，再用电吹风烘干，若阻值已改变，则需要更换电阻
	（5）放大器故障	修理放大器
	（6）光电管表面受潮或暗电流过大	若光电管表面受潮，可用无水乙醇擦除表面水分，并晾干；若光电管暗电流过大，则只能更换光电管
4. 指针调至中间位置时，指针左右来回摆动，不稳定	（1）稳压电源或放大器有故障	修理稳压电源或放大器
	（2）高阻值电阻受潮	清洗表面并吹干，若阻值已改变，则进行更换
	（3）光电管选择开关或光闸门开关接触不良	用脱脂棉球蘸乙醚溶剂清洗开关接触点，调整开关弹簧片并加硅油使之接触良好。若仍无效，更换新开关
	（4）外界电源波动过大	加装稳压器（$\geq 1kV \cdot A$）
	（5）光电管损坏，性能不稳定	更换光电管
	（6）光源灯发射不稳定	按更换光源灯，修理稳压或稳流电源，更换光电管⋯⋯的顺序查找原因，排除故障
5. 指针调至中间位置后持续向左或向右移动	（1）整机接地不良	应在实验室外单独接地，可用金属棒埋入地下 2m 深左右，再用较粗的金属线引入主机作地线
	（2）光电管暗盒受潮	先用蘸无水乙醇的棉球擦净，再吹干
	（3）放大器故障	修理放大器
	（4）光电管衰老	降低光电管电压，如衰老严重则需更换光电管
6. 指针调至中间位置时，指针剧烈抖动	（1）直流电源纹波电压过高	修理稳压电源，使电压降至正常值
	（2）光电管工作电压过高	调节图 2-19 中的电位器 R_{18} 至电位器中心抽头对地电压约 8V 左右
7. 调节狭缝至最大处，才能将电表指针调回到中间位置	（1）波长的选择与光源不符	选用合适的波长，波长在 320nm 以上时使用钨灯，在 320nm 以下时使用氢弧灯
	（2）光源反射镜或准直镜被玷污	不能用任何纱布、绸布或棉球擦洗，只能用干净的洗耳球吹或用其他压缩气体吹，如表面脱落则需重新镀铝
	（3）光源发射能量减弱	其现象主要是氢弧灯发光不在中间位置，并有散光现象；钨灯表面发黑，引起光能量的散射和吸收。这只能更换新的光源灯，并重新校正

故　　障	故障原因	排除方法
8. 开启光闸门,调节狭缝至最大处,仍不能将电表指针调回至中间位置	(1)氢弧灯稳流电源或钨灯稳压电源损坏,无输出电流或电压 (2)光源灯损坏 (3)光源灯反射镜未对准光路	修理稳流或稳压电源 更换光源灯 调整光路,使反射镜对准光路
9. 开启光闸门,调节狭缝至最小处,仍不能将电表指针调回到中间位置	狭缝调节失灵、闭合不严或盛放比色皿的暗箱漏光	将光源灯关闭,若电表指针向相反方向偏转,则是狭缝闭合不严,否则就是漏光。若狭缝闭合不严,则要进行调节,若是漏光,其主要原因是暗箱在装配时固定螺钉未旋紧,可在接缝处贴上黑色纸条遮光
10. 仅一只光电管能补偿暗电流	另一光电管接触不良或已损坏	使之接触良好或更换同型号光电管,应注意:检查光电管滑板上接触情况时不能用手触碰绝缘板和电阻
11. 电表指针先位于中间,之后又迅速偏转	2kΩ电阻损坏	更换电阻
12. 暗电流校"0"后,开启光闸门不能以灵敏度调节旋钮和改变狭缝宽度的办法将电表指针调零	(1)光源灯性能不良 (2)狭缝失灵 (3)比色皿暗箱漏光 (4)灵敏度调节电位器损坏	更换新灯 检修、调校狭缝 在漏光处贴黑纸条遮光 更换同规格电位器
13. 仅在大的狭缝宽度或灵敏度旋钮附近才能调节零点至平衡	(1)光源灯调节不良 (2)滤光片滑板位置不正确 (3)暗电流闸门未完全开启 (4)反光镜被玷污 (5)光电管损坏 (6)狭缝未开启 (7)反光镜位置不对	重新调节光源灯 纠正滑板位置 查找原因使之开启完全 用洗耳球吹去灰尘 更换好的光电管 检修、调校狭缝 纠正反射镜位置
14. 安上一个光电管,电表指针产生不稳定的摇摆,对另一光电管却又静止不动	(1)某一光电管接触不良 (2)某一光电管损坏 (3)光电管座壳中的绝缘被污染	将光电管的滑板来回移动数次,以改善接触 更换新的光电管 用乙醚擦洗被玷污处
15. 两个光电管中的任何一个,使平衡电表指针产生不稳定摆动	(1)插头松动或光电管接地不良 (2)光电管暗盒中有潮气 (3)光电管暗盒漏光 (4)绝缘板表面有漏电现象 (5)钨灯损坏或导线焊接不良	检查插头和接地情况并排除 更换光电管暗盒中的硅胶,若潮气严重,则需吹干 找出漏光处,用黑蜡封好 用乙醚擦净2kΩ电阻表面 更换钨灯或重新焊接
16. 溶液测定时,不服从比耳定律,吸光值读数偏低	(1)单色光不纯(由于棱镜和石英窗口受潮以及狭缝过大而引起) (2)波长与波长指示值不符 (3)校正电阻 R_1、R_2 变值(主要是 R_2 升值)	棱镜及窗口可用棉球蘸少许无水乙醇轻擦,然后吹干,绝不能用粗糙的布等擦洗;狭缝过大是因光源能量减弱所致,可用换光源灯的方法解决 用氢弧灯的 656.3nm 和 486.1nm 两条谱线对波长进行校正 更换图2-19中的校正电阻 R_1 和 R_2

思考题

1. 721 型分光光度计的光源灯、单色光波长及光电管暗电流如何进行调整？

2. 721 型分光光度计一般故障有哪些？有什么现象？产生的可能原因有哪些？如何排除？

3. 751G 型分光光度计的光源灯、单色光波长、零点及灵敏度如何进行调整？

4. 紫外-可见分光光度计波长校正的方法一般有哪几种？如何进行校正？这些方法的校正精度有何不同？

5. 751G 型分光光度计一般故障有哪些？有什么现象？产生的可能原因有哪些？如何排除？

四、技能训练——分光光度计的检定

1. 说明

分光光度计应定期对其性能（技术指标）进行检定，检定项目一般包括稳定度、波长准确度和重复性、透射比准确度与重复性、光谱带宽、$\tau\text{-}A$ 换挡偏差、吸收池的配套性等，其方法步骤应根据有关国家标准进行，检定周期为一年，但当条件改变，如更换或修理影响仪器主要性能的零配件或单色器、检测器等，或对测量结果有怀疑时，则应随时进行检定。

2. 技能训练

（1）可见分光光度计波长准确度与重复性的检定（JJG 178）

① 技术要求。本法适用于波长范围为 360～800nm 或以此为主要谱区的可见分光光度计（如 721 型）的检定，检定结果应符合表 2-3 的要求。

表 2-3　可见分光光度计的分型分类技术要求

项　目		稳定度/%			波长准确度/nm					波长重复性/nm	透射比准确度/%	透射比重复性/%	杂散辐射率/%	光谱带宽/nm	$\tau\text{-}A$ 换挡偏差/A
		零点	光电流	电压变动	(330) 360 ～ 500	500 ～ 600	600 ～ 700	700 ～ 800	800 ～ 1000						
光栅型	1	±0.1	±0.3	±0.5			±1.0			相应波长准确度绝对值的一半	±0.8	0.2	0.3	6	±0.003
	2	±0.2	±0.8	±1.0			±2.0				±1.5	0.3	0.8	12	±0.005
	3	±0.5	±1.5	±1.5			±3.0				±2.5	0.5	2.0	20	±0.008
棱镜型		±0.5	±1.5	±1.5	±3.0	±5.0	±6.0	±8.0	±10		±2.5	0.5	4.0		±0.008

注：数显仪器（在指标外）允许末位数变动±1。

② 检定步骤（以 721 型分光光度计为例）。按照 721 型分光光度计的光谱范围（360～800nm）选择相隔合理的干涉滤光片（不少于 3 片），将各滤光片分别垂直置于样品室内的适当位置，并使入射光通过滤光片的有效孔径内，从同一波长方向逐点测出滤光片的波长-透射比示值，求出相应的峰值波长 λ_i，连续测量 3 次。

③ 数据处理。波长准确度按下式计算：

$$\Delta\lambda = \frac{1}{3}\sum_{i=1}^{3}(\lambda_i - \lambda_s)$$

式中　λ_i——各次波长测量值，nm；

　　　λ_s——相应波长标准值，nm。

波长重复性按下式计算：

$$\delta_\lambda = \max\left|\lambda_i - \frac{1}{3}\sum_{i=1}^{3}\lambda_i\right|$$

④ 检定结果

λ_s	λ_i			$\frac{1}{3}\sum_{i=1}^{3}\lambda_i$	$\Delta\lambda$	δ_λ
	1	2	3			

（2）紫外分光光度计透射比准确度与重复性的检定（JJG 375）

① 技术要求。本法适用于波长范围为 190～850nm 或以上述区域为主要谱区的单光束紫外-可见分光光度计（简称紫外分光光度计，如 751G 型等）的检定，仪器的透射比准确度与重复性检定结果应符合以下要求。

a. 棱镜型新仪器透射比准确度不超过±0.5%；使用中和修理后的仪器不超过±0.7%，但在 313nm 波长处允许放宽至±0.9%。

b. 仪器透射比重复性应不大于相应透射比准确度绝对值的一半。

② 检定步骤（以 751G 型分光光度计为例）

a. 紫外区。用（质量分数）为 0.06000/1000 重铬酸钾的 0.001mol/L 高氯酸标准溶液和规格为 10.0mm 的标准石英吸收池（其配套误差为 0.2%），以 0.001mol/L 高氯酸溶液为参比液，分别在 235nm、257nm、313nm、350nm 波长处测量其透射比，连续测量 3 次。

b. 可见区。用透射比标称值分别为 10%、20%、30% 的一组光谱中性滤光片，分别在波长 440nm、546nm、635nm 处，以空气为参比，测量其透射比，连续测量 3 次。

③ 数据处理。透射比准确度按下式计算：

$$\Delta\tau = \frac{1}{3}\sum_{i=1}^{3}(\tau_i - \tau_s)$$

式中　τ_i——第 i 次透射比测量值；

　　　τ_s——透射比标准值。

透射比重复性按下式计算

$$\delta_\tau = \max \left| \tau_i - \frac{1}{3} \sum_{i=1}^{3} \tau_i \right|$$

式中，τ_i 为取透射比标称值 30% 的滤光片在 546nm 波长处的测量值。

重铬酸钾标准溶液在相应波长下不同温度时的透射比值如表 2-4 所示。

表 2-4　重铬酸钾标准溶液在相应波长下不同温度时的透射比

温度/℃	235nm	257nm	313nm	350nm
10	18.0	13.5	51.2	22.6
15	18.0	13.6	51.3	22.7
20	18.1	13.7	51.3	22.8
25	18.2	13.7	51.3	22.9
30	18.3	13.8	51.4	22.9

④ 检定结果

波长/nm	测量值/%			平均值	$\Delta\tau$	δ_τ
235						
257						
313						
350						
440						
546						
635						

思考题

1. 怎样检定可见分光光度计的波长准确度与重复性？

2. 怎样检定单光束紫外-可见分光光度计的透射比准确度与重复性？

技能鉴定表（一）

项　　目	鉴定范围	鉴定内容	鉴定比重	备　注
	知识要求		100	
基本知识	分光光度计相关基本知识	1. 万用电表测量知识 2. 无线电电路图识图知识 3. 分光光度计相关的机械知识 4. 光学(色散、衍射、干涉等)知识 5. 光电效应原理	20	
专业知识	分光光度计的维护保养	1. 分光光度计实验室要求 2. 分光光度计的维护和使用注意点	30	
	分光光度计的维修	1. 无线电电子学知识 2. 无线电元器件知识 3. 无线电线路分析知识 4. 光学元件知识 5. 分光光度计性能调试方法	40	
相关知识	分光光度计维护、维修相关知识	1. 几何光学(聚焦、反射等) 2. 照明电路知识	10	

续表

项　目	鉴定范围	鉴定内容	鉴定比重	备　注
	技能要求		100	
操作技能	分光光度计的调校	光源灯、单色器、光电管等部分的调校	20	
	分光光度计维修操作技能	1. 光源故障排除 2. 单色器故障排除 3. 检测器故障排除	30	
	分光光度计的性能检定	1. 波长准确性与重复性检定 2. 透射比准确度与重复性检定 3. 吸收池配套性的检定	30	
工具的使用、维护	工具的正确使用及维护	正确使用工具,并做好维护、保管工作	10	
安全及其他	安全操作	安全用电 安全机械操作	10	

第二节　原子吸收分光光度计

原子吸收分光光度计又称原子吸收光谱仪,是通过测量无机元素的基态原子对特征辐射的共振吸收,推断出样品中元素含量的仪器。按光束数目它可分为单光束型和双光束型;按波道数则可划分为单道型和多道型。目前,常见的几乎全部属于单道型(单光束或双光束)原子吸收分光光度计。

一、原子吸收分光光度计的结构与原理

1. 原子吸收分光光度计的结构与原理

原子吸收分光光度计是 20 余年来发展最迅速的仪器之一,仪器更新换代的周期大为缩短,其原因一方面是它具有应用范围广、分析干扰小、灵敏度高、选择性好、分析速度快、准确度高、重复性好等特点;另一方面,由于计算机技术迅速、全面的应用,原子吸收分光光度计呈现出微机化、智能化的趋势。原子吸收分光光度计主要由光源、原子化系统、光学系统、电学系统四个基本部分组成。其工作原理如图 2-32 所示。

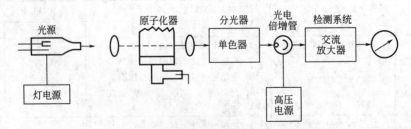

图 2-32　原子吸收分光光度计工作原理示意图

(1) 光源　原子吸收分光光度计采用锐线光源,其作用是发射被测元素的谱线宽度很窄的特征辐射。最常用的光源有空心阴极灯与无极放电灯。

① 空心阴极灯。空心阴极灯的结构如图 2-33 所示,它是由一个用被测元素的纯金属或其合金制成的圆柱形空心阴极与一个用高熔点金属钨或钛、锆或钽制造的阳极所组成的。阴极与阳极封闭在充有数百帕压力惰性气体氖或氩的玻璃套管内,正对阴极口的套管前端是能

透过相应元素共振辐射的石英玻璃窗口。阴极套在陶瓷或玻璃屏蔽管中，以避免阴极外侧放电发光，云母屏蔽片使放电集中于阴极内侧，同时还能起到阴极定位的作用。

空心阴极灯工作前应进行预热，灯电流大小要适宜，并需用稳流电源供电。

近年来，又研制成了多元素空心阴极灯和高强度空心阴极灯，但前者由于存在灵敏度较低，使用时容易产生干扰等弊端，使得在实际工作中应用不多；后者由于制造工艺复杂、寿命短，限制了其推广的速度。

② 无极放电灯。无极放电灯是在一个封闭的长约 3～8cm、直径 5～10mm 的石英管内，充有几百帕压力的惰性气体（一般为氩）与几毫克的被测元素的纯金属或其卤化物，做成放电管。石英放电管放在射频或微波高频（2500MHz 左右）电场中，借助于高频火花引发放电，在几瓦至 200W 的输出功率下激发。随着放电的进行，放电管温度升高，使金属或其卤化物蒸发与解离，再与被激发的载气（惰性气体）原子碰撞而激发，从而发射出被测元素的原子特征的共振辐射。

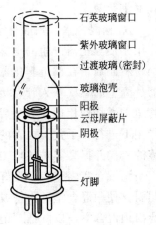

图 2-33　空心阴极灯

目前制造的无极放电灯仅限于本身或其化合物具有较高蒸气压的元素，如 K、Zn、Hg 等。

（2）原子化系统　原子化系统又称原子化器，其作用是提供能量，使被测元素从其化合物中解离出基态原子，从而实现对特征辐射的吸收。常用的原子化器有预混合火焰原子化器、石墨炉电热原子化器、氢化物发生原子化器和冷原子发生原子化器（或称化学原子化器）等。

① 预混合火焰原子化器。预混合火焰原子化器由雾化器、预混合室与燃烧器三部分组成。典型的预混合火焰原子化器如图 2-34 所示。

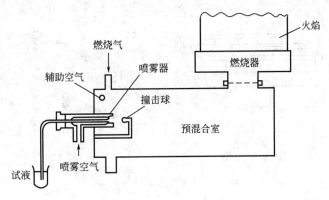

图 2-34　预混合火焰原子化器示意图

a. 雾化器。又称喷雾器，是火焰原子化器的核心部件，其作用是借助于压缩空气或其他气体把试样溶液雾化成细小的颗粒（气溶胶）。雾化器常采用同心圆同轴管结构。它是由一只喷嘴与一吸样管组成，前者用铂或铂铱合金制作，后者用不锈钢或聚四氟乙烯制造。雾化器应具有雾化效率高、雾珠颗粒细和喷雾稳定等特点。

为了使雾状颗粒进一步细化，常在雾化器前几毫米处放置一个撞击球，撞击球的大小、形状，以及它和喷嘴的相对位置对雾珠的细化影响很大，需要仔细调整其位置，以便得到最佳的细化效果。

b. 预混合室。预混合室又称雾室，是连接雾化器和燃烧器中间的一段圆筒形腔体，其作用是使雾化器产生的细雾微粒与燃气和助燃气充分混合，常用不锈钢或聚四氟乙烯等耐腐蚀材料制成。在靠近雾化器一端预混合室的底部有废液排泄管，同时燃料气体经安装在雾化器外壳上的燃气输入管直接送入预混合室内。在远离雾化器一端预混合室的上部有圆形过滤管道与燃烧器相通。雾化后的雾珠和燃料气体在预混合室混合后到达燃烧器，从而在火焰的作用下进行原子化。也有的仪器在预混合室中设扰流器叶片，以增加雾珠与预混合室管壁湿雾的交换并提高雾珠的均匀程度。

预混合室内壁应有良好的粗糙度，并将其内壁向着废液排泄管的方向加工成一定角度的倾斜，使预混合室的内壁成圆锥形，这样可促使未雾化的溶液（废液）较顺利地从废液管排泄出预混合室，以降低"记忆"效应。

仪器在使用过程中，预混合室应呈相对密闭的状态，以避免"回火"，甚至爆炸的危险。通常采取两条措施，第一，废液排泄管采取水封式。"水封"的作用是既可将废液顺利地排放出去，又能防止燃料气体通过排泄管逸出空间。否则会造成火焰不稳定，读数指针摆动，甚至"回火"；第二，在预混合室的后部设置有聚四氟乙烯制成的防爆垫（安全塞）。当回火发生时，预混合室内的可燃混合气体燃烧而急剧膨胀，当预混合室内压强增大到一定程度时，防爆垫能承受的压力将克服它与预混合室之间的弹性配合力而自动脱离，使预混合室呈开放状态，从而起到了安全防爆作用。

c. 燃烧器。燃烧器是燃气和助燃气混合后点火燃烧产生高温使试样原子化的装置。常用不锈钢、金属钛等耐高温、耐腐蚀的材料制成。一个良好的燃烧器，应具有原子化效率高、火焰稳定、噪声小等特点，以保证有较高的吸收灵敏度和重现性。

目前广泛应用的是缝式燃烧器，它有单缝燃烧器［见图 2-35(a)］、三缝燃烧器［见图 2-35(b)］等多种结构形式，其中以单缝燃烧器用得最多。

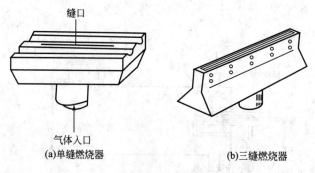

图 2-35　缝式燃烧器示意图

预混合火焰原子化器只适用于低燃烧速度的火焰，故不能用于以纯氧作助燃气的高燃烧速度的火焰。

② 石墨炉电热原子化器。火焰原子化器虽然应用非常广泛，但它存在测定灵敏度低、火焰温度的稳定性、均匀性较差等缺点。为了克服这些缺点，近年来发展起无火焰原子化的方法。其中应用最多、发展最快的是石墨炉电热原子化器，典型的石墨炉原子化器如图 2-36所示。

石墨炉原子化器是一种电阻加热器，石墨管作为吸收池与电阻发热体，夹在两电极之间，通电后石墨炉开始升温，最高温度可达3000℃以上，故电极与炉体的基座需用冷却水通过金属夹套进行冷却，使炉体的温度控制在60~80℃。在炉体的保护气管路中通保护气氩气或高纯氮气，以避免炽热的石墨成分与大气中的氧接触，防止石墨管被烧蚀，同时保护已原子化了的原子不再被氧化，并将热处理过程中蒸发出来的共存组分携带出光路。现在多用热解涂层石墨管，即在石墨管表面沉积一层致密坚硬的、抗渗透与耐氧化的热解石墨层，这样可以改善其使用性能，并能延长其使用寿命。

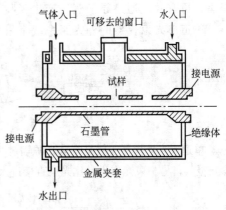

图2-36 石墨炉原子化器示意图

③ 氢化物发生原子化器。氢化物发生原子化器是利用含砷、硒、碲、铋、锑、锡、铅等元素的被测试样先在氢化物发生器中与强还原剂发生还原反应，形成该元素的气态氢化物。以氩气或高纯氮气为载气，将生成的氢化物导入置于火焰中的石英管内，或直接导入氩-氢火焰中，使其原子化。由于这些元素的氢化物均不稳定，因而在不是很高的温度（<900℃）下即可分解形成自由基态原子，从而进行吸收测定。

氢化物发生原子化器形式多样，主要由氢化物发生器、吸收池及其他一些部件所组成。最常用的强还原剂是$NaBH_4$、KBH_4以及$SnCl_2$等。

④ 冷原子发生原子化器。冷原子发生原子化器主要用于汞的测定。由于通常不需加温即可在室温下进行原子化，故又叫冷原子发生原子化法。它实际上就是一个汞原子发生器，测定时，先将试样中的汞转化为二价汞离子Hg^{2+}，再在酸性条件下用二氯化锡将Hg^{2+}还原为金属汞蒸气，以空气为载气，将产生的汞蒸气导入处于光路中的石英管中，吸收由汞灯发出的特征波长辐射，从而对汞进行测定。其装置如图2-37所示。

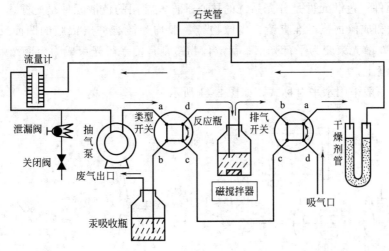

图2-37 测汞装置示意图

（3）光学系统 原子吸收分光光度计的光学系统一般包括外光路系统和内光路系统（分光系统）两大部分。

① 外光路系统。外光路系统的作用是使从光源发射出来的元素特征辐射经外光路系统

聚焦，可有效地通过原子蒸气产生吸收，然后尽可能多地进入分光系统。

单道单光束仪器的外光路系统常采用如下聚焦成像的形式，如图 2-38 所示。

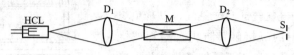

图 2-38　单光束仪器的外光路系统

单道双光束仪器一般是将从光源辐射的谱线经斩光器分割成两束光，其中一束光经过原子化区参与吸收，另一束光作为参比光束直接进入单色器，最后由检测器进行测量。如图 2-39 所示。

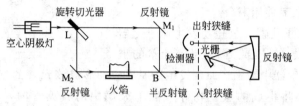

图 2-39　单道双光束仪器示意图

带有氘灯自动校正背景仪器的外光路（如 AA-855 型）如图 2-40 所示。

由图 2-40 可知，元素灯与氘灯发射出来的光经半反射镜 B 后，由透镜 L_1 聚焦到原子化区，然后再经透镜 L_2、反射镜 M_1 和 M_2 反射，光束交替进入单色器，最后由检测器对这两种光束信号进行运算，完成背景扣除任务。

② 分光系统（内光路系统）。分光系统又称单色器，其作用是将欲测的特征谱线与其他谱线分开。分光系统一般由入、出射狭缝、色散元件、准直镜及成像物镜等组成。

a. 狭缝。单色器有入射狭缝和出射狭缝，一般具有相同的宽度尺寸，并采用分挡可调的固定狭缝宽度。

b. 色散元件。色散元件是分光系统的核心部件，常用的色散元件是光栅。

c. 准直镜和成像物镜。准直镜、成像物镜一般均为镀有一层铝膜的凹面反射镜。准直镜的作用是使发散光束变为平行光束；而成像物镜则是使平行光束成为会聚光束，并使光谱成像于出射狭缝上。

分光系统一般采用水平对称式，如图 2-41 所示。

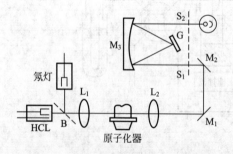

图 2-40　AA-855 型仪器光路示意图

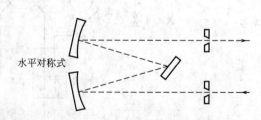

图 2-41　分光系统光路结构示意图

（4）电学系统　原子吸收分光光度计的电学系统主要包括电源装置、光电转换装置、信号放大装置及信号处理装置等。由于各仪器相关部分的电子线路及原理不尽相同，所以这里仅以 WFD-Y_2 型原子吸收分光光度计为例给出其电学系统方框图（见图 2-42）。

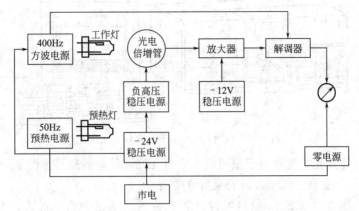

图 2-42　WFD-Y$_2$型仪器电学系统方框图

① 电源装置。

a. 灯电源。空心阴极灯的供电电源普遍使用方波电源或具有一定频率和占空比的脉冲电源，采用稳压或稳流方式来稳定空心阴极灯的输出。

b. 负高压电源。原子吸收分光光度计广泛使用光电倍增管作为检测器，光电倍增管需要一个稳定性高而纹波小的负高压电源，因为负高压对光电倍增管的放大倍数是非常敏感的。一般多采用晶体直流变换器获得稳定直流高压。

② 信号放大及处理装置。由光电倍增管阳极输出的信号经前置放大器放大，进行阻抗变换，使之能与光电倍增管输出阻抗相匹配，再经交流放大器滤去火焰发射及光电倍增管暗电流产生的直流信号，将交流信号放大，然后通过解调器滤去与调制光源波形、频率不同的噪声电平，同时又能检出有用的波形、频率完全相同的信号，这样的信号再经过对数变换，转换为线性信号，以便于浓度直读与标尺扩展等。输出的信号经过进一步放大，最后用检流计指示出来，或用记录仪记录，或在 CRT 上显示。现代化的仪器还设有自动调零、自动曲线校直、背景校正、数据统计处理及数据库等多种多样的功能，整个仪器的操作由计算机控制与管理。

2. 常见的原子吸收分光光度计

原子吸收分光光度计型号很多，国产的如 WFD-Y$_2$ 型、WFX-1 型、361MC 型、AA-320型、WYX-402 型、WFX-110A/120A/130A 型等，国外如美国 P-E 公司、日本岛津、日立公司、澳大利亚的 GBC 公司等也各自生产多种型号的产品。下面仅介绍几种典型的国产仪器的简单情况。

（1）WFX-1（C，D）型原子吸收分光光度计　WFX-1（C，D）型原子吸收分光光度计是一种单道单光束普及型仪器，工作波长范围为 190~860nm，采用方波脉冲供电方式。仪器功能齐全，具有对数转换、浓度直读、曲线校直、自动调零、数字显示等功能，留有配接记录仪或电子计算机的接口；测定灵敏度高；样品室比较宽畅，可安装氢化物发生器。其中，WFX-1D 型还可配置石墨炉原子化系统，以满足各种样品测定的需要。该仪器如图 2-43 所示。

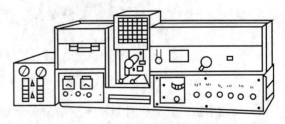

图 2-43　WFX-1D 型原子吸收
分光光度计外形图

（2）AA-320 型原子吸收分光光度计

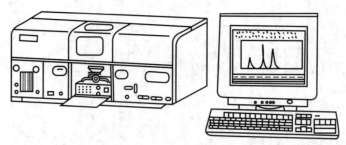

图 2-44 AA-320（CRT）型原子吸收分光光度计外形图

AA-320 型原子吸收分光光度计属于单道双光束分光光度计，其外形如图 2-44 所示。该仪器具有稳定性好、精密度高、气路系统安全可靠等特点。

AA-320 型仪器通过 R-S232 接口配置计算机后就组成了一台 AA-320CRT 型仪器，其计算机系统具有如下优点。

① 配置非常灵活，火焰分析软件有 AAF、AAFC1.0 中、英文版本可供挑选。

② 用人机对话方式的页面操作，只有仪器条件、样品测量和文件管理三个页面。修改、选项采用下拉选单方式在同一页面完成。

③ 较强的文件管理功能。AAFC1.0 能生成三种文件，可以储存到软盘中也可以从软盘中装载到系统中。可显示并打印："条件报告"，包括仪器条件和测量条件；"测量"中的所有测量结果；样品浓度报告。可将一批样品（多至 100 个）测得的元素（多至 8 种元素）浓度汇总列表，可作永久性保存，以便将来查阅调用。

④ 提供线性法、非线性法和线性加标法、非线性加标法，对多达 5 个标准作出校正。在定标完成后能交替绘出线性与非线性二组校正曲线，供判定选择。

⑤ 内置统计学程序，可以运算平均值、标准偏差、相对标准偏差和相关系数，从而监测和改善仪器的测定精度。

⑥ 通过打印机，可打印出标准曲线、原子吸收峰图、谱线轮廓图及数据。

（3）361MC 型原子吸收分光光度计　361MC 型原子吸收分光光度计（如图 2-45 所示）是新一代智能化仪器，其强大的微机数据处理功能可使操作瞬间完成。主要特性如下。

图 2-45　361MC 型原子吸收分光光度计外形图

① 功能丰富。计算机自动扣除空白值、灵敏度漂移及基线漂移，自动计算平均值及偏差，自动进行工作曲线方程计算并读出浓度值，自动打印分析报告，还能进行火焰发射光度法、氢化物发生原子吸收法及在线富集流动注射原子吸收法分析。

② 操作简单。在条件设定后，每次仅需按键两下，即能自动读出/打印出吸光度值、浓度值及相对标准偏差。节省了大量手工数据处理的时间。

③ 信号稳定。采用优质光电倍增管及先进的集成电路、单光束光路、强光单色器及高效雾化器，噪声低，精度好。计算机对数变换准确，无温漂，基线稳定性好。

④ 耐腐蚀的原子化系统。雾化室采用优质工程塑料，燃烧头采用长寿命、快速热平衡型钛燃烧头，无需水冷却却能达到长时间测定灵敏度不变化。

⑤ 高效雾化器。使高灵敏度及高重现性得到保证。

⑥ 寻峰精细。特制的波长细调机构能准确地对准波长峰值位置。

⑦ 连续狭缝。独创的连续狭缝机构保证了极高分辨率及最佳光谱带宽的获得。

（4）WFX-110A/120A/130A 型火焰/石墨炉原子吸收分光光度计　WFX-110A/120A/130A 型系列火焰/石墨炉原子吸收分光光度计（如图 2-46 所示），其主要性能如下。

图 2-46　WFX-110A/120A/130A 型火焰/石墨炉原子吸收分光光度计

① 主要特点

a. 创新环保节约　中国自主知识产权、国际领先的富氧火焰分析技术（发明专利：ZL9210560.7），可直接分析 Ba、Al、Mo、Ca、W、Ti、V 等高温元素，火焰温度自 2300～2950℃连续可调，创造火焰原子吸收光谱法分析高温元素的最佳火焰条件，扩展火焰法分析元素范围，使用方便，运行成本经济。替代 $N_2O-C_2H_2$ 火焰法，且无异味、无毒害，保障操作者健康。WFX-110A 型原子吸收分光光度计还具有富氧火焰分析功能。

b. 高灵敏度自动火焰分析　光源系统自动转换，可直接使用高性能空心阴极灯，提高火焰分析的灵敏度；自动调节供电参数与光束位置，自动精调；全自动波长扫描及寻峰。

火焰与石墨炉原子化器自动切换，自动调节火焰/石墨炉原子化器位置，自动点火。

c. 高可靠石墨炉分析　采用 FUZZY-PID 光控与定电压双曲线控温技术，温度自动校准，控温精度≤1％，气动压力锁定技术的石墨炉原子化器升温速度快、分析灵敏度高、温度重现性好，确保石墨炉分析稳定可靠。

d. 背景校正系统　具备氘灯、自吸效应双重背景校正系统。

e. 完善的自动安全保护　火焰分析系统具有燃气泄漏、流量异常、空气欠压、异常熄火报警与自动保护功能，石墨炉分析系统具有载气与保护气压力过低、冷却水不足、原子化过热报警及自动保护功能。

WFX-110A 具备富氧火焰功能，火焰温度在 2300～2950℃之间连续可调。无味、无毒、无污染、无毒害，操作简便。大大降低了分析成本，扩展了火焰原子吸收光谱分析范围。

WFX-110A 和 WFX-120A 具有火焰发射分析功能，方便进行 K、Na 等碱金属元素的火

焰发射分析

　② 技术参数

　　a. 波长范围：190～900nm；

　　b. 波长准确度：优于±0.25nm；

　　c. 分辨率：光谱带宽 0.2nm 时分开锰双线（279.5nm 和 279.8nm）且谷峰能量比＜25%；

　　d. 基线稳定性：≤0.004Abs/30min；

　　e. 双背景校正系统：氘灯背景校正 1A 时≥30 倍；

　　f. 空气-乙炔火焰：特征浓度 Cu≤0.025mg/L/1%，检出限 Cu≤0.006mg/L；

　　g. 光控控温：控温范围为 1500～3000℃，设有温度自校正功能；

　　h. 控温精度：精度≤1%；

　　i. 石墨炉特征量：$Cd≤0.8×10^{-12}g$；$Cu≤5×10^{-12}g$；$Mo≤1×10^{-11}g$；

　　j. 精密度：Cd≤3%；Cu≤3%；Mo≤4%。

思考题

　1. 原子吸收分光光度计如何分类？

　2. 原子吸收分光光度计由哪些主要部分组成？各组成部分的作用是什么？

　3. 火焰原子化器的各部分组成、作用是怎样的？

　4. 原子化器有哪些类型？在火焰原子化器中，为了防止"回火"产生的危险，采取了哪些措施？

　5. 准直镜与成像物镜有何异同？

二、原子吸收分光光度计的安装与调试

1. 原子吸收实验室的要求

原子吸收分光光度计是一种大型精密仪器，安置这种仪器的房间应符合下述要求。

　① 实验室应清洁、宽敞、明亮，环境温度保持在 5～35℃，相对湿度不超过 80%，最好有空调设备。

　② 应远离强电场、强磁场，附近应没有产生高频波的机器，应没有强烈振动或持续的弱振动。

　③ 不存在腐蚀性气体和在测量光谱范围内有吸收的其他气体，室内应严禁吸烟。

　④ 有良好的专供仪器使用的接地线，避免使用公共地线。应注意，自来水管不可作地线使用。

　⑤ 配置稳压电源。若使用石墨炉原子化器，应增设 380V/50Hz 三相交流电源一组，石墨炉的最大功率消耗为 6.8kW。为防止干扰主机，该电源要单独从配电箱引出并能承受最大负荷，采用 380V/15A 四芯插座。

　⑥ 实验室内应有上下水道，做石墨炉分析，要求上水压力不小于 0.15MPa（流量不低于 2.5L/min），如有自动水循环装置，亦可使用。

　⑦ 原子吸收分光光度计工作时需用多种气体，因此，对储存各种气体的钢瓶或气体发生装置，应有妥善的安置。空气、氧化亚氮、氩气、氮气钢瓶可放在实验室内，其他燃气的钢瓶或发生装置均应在通风良好的另外房间单独存放，且禁止火源靠近。氧化性气体与燃气气源严禁同室存放。

⑧ 应安装排风设备，以便及时排出分析过程中产生的有害气体，抽风口应装置在仪器的原子化器上方 20～40cm 处，吸风罩尺寸约 30cm×30cm 左右，排风量大小以一张纸在抽风口处能被轻轻吸住为宜。太大，影响火焰稳定性；太小，排风效果变差。

⑨ 安放仪器的工作台应结实牢固，承重后不变形。台面应平整，上铺防振耐腐蚀的塑料或橡胶板。工作台四周最好都留出空间（至少 60cm），以方便仪器的安装与检修。

⑩ 对于用石墨炉做痕量或超痕量分析的实验室，其室内清洁程度要求更严格，空气应该过滤，地板、墙壁要采用防尘材料，一般室内气压要为正压，以达到超净要求。

2. 仪器的安装（以 WFX-1C、WFX-1D 型为例）

首先查验仪器完好、无明显损伤、各附件齐全后，按图 2-47 所示方式将主机放在工作台上，然后观察底脚是否都落实在台面上。如有悬起不落实的，调整主机底座左侧两金属圆底脚的高低，使仪器安放水平、牢固。

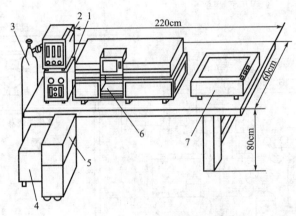

图 2-47　仪器放置方式示意图

1—气体控制箱（火焰法用）；2—气体控制箱（石墨炉法用）；3—氩气钢瓶；
4—空压机；5—石墨炉电源；6—主机；7—记录仪

（1）主机安装与电路连接

① 主机与市电电网的连接。用仪器配带的主机总电源线一端连接主机后部左侧盖板开孔内的一四芯圆形插座，另一端为一三芯 5A 插头，接到实验室通过稳压器的相应插座上，即可使主机连通市电。

② 主机与外接仪表的连接。主机底座右侧窗口内设有与记录仪及外接微机的连接插座，连接要求如图 2-48 所示。

$\phi3.5$ 香蕉插孔用于接记录仪。所配带连线另一端为配套记录仪所配带的三芯插头。

七芯圆形插座用于外接数据处理微机系统。

主机与石墨炉电源的连接是通过连线的一端连接四芯圆形插座，另一端为七芯圆形插头，接到石墨炉电源相应插座上，用于石墨炉电源在原子化程序运行中遥控主机自动调整读数零点。

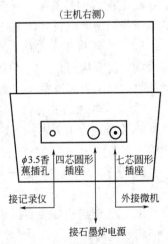

图 2-48　主机与外接仪表的连接

【注意】有下列情况之一，不得贸然给主机通电！！

a. 长期在恶劣条件下存放的仪器；

b. 在运输或搬运过程中受过剧烈撞击的仪器。

如遇以上情况，应先对主机各部分，特别是电子线路的元器件、接插件、联接线经过仔细验看，确认没有短路等情况，再行安装通电。

（2）火焰原子化系统的安装　火焰原子化系统由雾化燃烧器及其供气系统构成。

① 气体管路的连接

a. 火焰原子化系统的气体管路分为燃气与助燃气两路。运行路线如下。

燃气：燃气气源出口→气体控制箱燃气入口→气体控制箱燃气出口→主机后面燃气入口→雾化室燃气入口。

助燃气：助燃气气源出口→气体控制箱助燃气入口→气体控制箱助燃气出口→主机后面助燃气入口→喷雾器气体入口。

具体连接方式如图 2-49 所示。

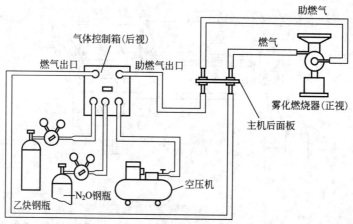

图 2-49　火焰原子化系统气体管路连接

b. 气体运行路线各部分之间以壁厚不小于 1mm 的塑料流体管连接。

② 空气压缩机的安装

a. 若配置的是低噪声空压机，务必事先检查空压机内是否按规定注入润滑油；若配置的空压机振动噪声较大，则必须另室放置。

b. 在空压机接入气路系统前，应先察看：压缩机在通电后，能否正常启动；空压机的压力能否调节达到在一定压力（0.5MPa 左右）下自动启动和在一定压力（0.7MPa）下自动停机；油水分离及空气过滤减压器是否正常。

③ 乙炔气源的安装

a. 安装地点的要求。乙炔气源应放在实验室外通风良好的地方，并用合格的管路将气体引入实验室内。乙炔气源安放处应设有防火警告标志，并备有灭火器。

【注意】乙炔气源附近严禁明火或过热高温物体存在；乙炔气源不应与氧化性气源放在一起。

b. 乙炔钢瓶应安装专用的压力调节器，并使用压力调节器配带的钢瓶主阀门开启工具启闭钢瓶主阀。

钢瓶应竖直安放，并且放置牢固可靠。

④ 氧化亚氮气源的安装

a. 氧化亚氮气源一般均使用钢瓶储放，在使用钢瓶气源时，一定要配置专用压力调节器，不可用其他气体钢瓶的压力调节器取代。这种专用压力调节器装有加热器，用以加热避免调节器管道冻结。

b. 通氧化亚氮气体的管道不应有油污，否则会导致自燃或爆炸，因此使用有油润滑的低噪声空压机作空气源时，为防止气体控制箱和雾化燃烧系统管道内有油污，应在空压机进入气体控制箱的管道入口处再加一油水分离器，进一步去除由空压机带来的油污。

c. 因氧化亚氮是一种窒息剂，为防止气体管路的某些部分由于密封不好而导致气体泄漏发生危险，在使用和储存氧化亚氮气体的场所均应保持良好通风。

⑤ 废液管路连接。在雾化燃烧系统上设有废液嘴，上面接一根长约 1.5m 的塑料管作为废液排除管道。将塑料管在中部绕一直径约为 15cm 的圆环并加以固定，在塑料管内加少量水，使其存留在圆环处，保持适当的液面高度，构成水封，以使雾化燃烧器内部与外界大气隔绝。将废液管下端伸入一个 5～10L 容量的塑料桶内，但不要插入废液桶液面。如图 2-50 所示。

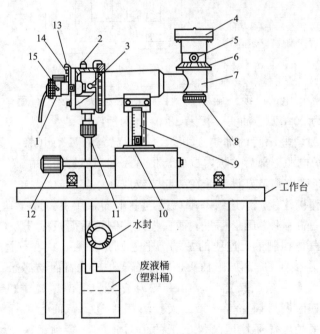

图 2-50　雾化燃烧器及废液管的安装

1—喷雾器；2—燃气进气嘴；3—撞击球；4—燃烧器；5—旋转固定螺钉；6—角度指示盘；
7—雾室；8—防爆垫；9—高度标尺；10—水平位置标尺；11—废液嘴；12—高度及水平
位置调节手柄；13—压片；14—压片紧固钉；15—助燃气进气嘴

【注意】不要把废液管直接插入实验室废水系统。

⑥ 漏气检查。火焰原子化系统气体管路全部安装完毕，在正式操作前，应用涂肥皂水的办法检查各管道接头，观察各器件是否漏气。特别应检查雾化燃烧器的雾化室后部下端的防爆垫是否密封完好，否则点燃火焰时，容易发生回火。

(3) 石墨炉原子化系统的安装　石墨炉原子化系统由石墨炉、石墨炉电源及保护气体控制单元三大部分构成，其间存在着电路、气路以及水路的连接，是仪器正常运行前必须进行的安装工作。现分述如下。

① 石墨炉系统的电路连接。如图 2-51 所示，石墨炉系统内部及外部共有 6 条电路连接。

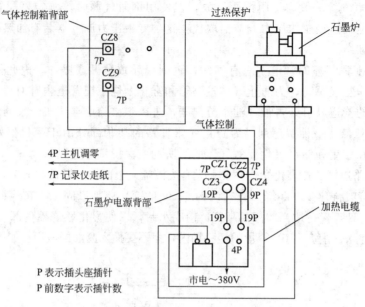

图 2-51　石墨炉系统的电路连接

　　a. 石墨炉电源接市电的电缆一端为大型四芯圆形插头，接入石墨炉电源后面下部右侧的插座上，另一端为 20A 四芯插头，接入 380V 电网插座中。

　　b. 石墨炉与石墨炉电源间的加热大电缆，一端已与石墨炉电源主变压器连接成一体，安装时只要从石墨炉电源下部后盖板内拉出，将另一端用螺钉固定在石墨炉电缆接头上。为防止电磁干扰，两条大电缆最好设法并在一起或绞绕在一起。

　　c. 石墨炉过热保护连线。该连线一端为温度继电器，用螺钉固定在石墨炉的水冷金属护套顶部。连线另一端为七芯圆形插头，插在气体控制箱后面板标号为 CZ9 的插座上。

　　d. 石墨炉保护气体控制单元连线的一端为七芯圆形插头，接在气体控制箱后面板标号为 CZ8 的插座上，另一端为七芯圆形插头，接在石墨炉电源背面上部标号为 CZ2 的插座上。

　　e. 遥控信号连线是一条三叉连线，第一叉为石墨炉电源遥控主机调零信号，接在主机底座右侧窗口的四芯圆形插座上；第二叉接石墨炉电源背面上部标号为 CZ1 的七芯插座上；第三叉是石墨炉电源遥控记录仪走纸的信号连线，接到记录仪背部遥控走纸的七芯插座上。

　　f. 石墨炉电源加热电路与控制电路连线，一端为 19 芯圆形插头，接在石墨炉电源背面下部右侧插座板上部两相应插座上。另一端接在电源背面上部标号分别为 CZ3 和 CZ4 的 19 芯插座上。

　　② 气路连接。石墨炉系统的气体管路连接如图 2-52 所示。

　　石墨炉前面板上的外气路及内气路接头用塑料管分别接到气体控制箱后面板的相应气体输出接头上。气体控制箱后面板的进气接头用塑料管接到氩气钢瓶输出接头上。

　　③ 水路连接。石墨炉前面板上有两个水路接头，一个为进水管路，另一个为出水管路，可分别用塑料管接到实验室的上下水道上。应注意，下水管要固定在下水道入口处，防止塑料管脱出弄湿实验室。如果有循环水系统，可接入石墨炉冷却水系统使用，以节约用水。

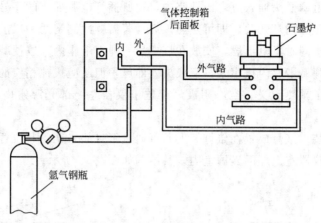

图 2-52　石墨炉系统的气体管路连接

（4）氢化物原子化系统的安装　仪器可选配 HG-8B1 型自动氢化物发生器及石英管炉作为氢化物原子化系统，进行氢化法原子吸收分析。其水、气、电路连接如图 2-53 所示。

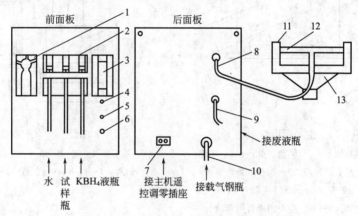

图 2-53　氢化物发生器的水、气、电路连接

1—反应管；2—量液管；3—流量计；4—流量调节孔；5—旋钮 1；6—旋钮 2；
7—插座；8—出气管；9—废液管；10—气源管；11—支架；12—石英管；13—燃烧器

① 液体管路连接。氢化物发生器上共有四条液体管路与外部连接。前面板中部的三支量液管下各接有一根塑料管，从左到右依次接去离子水源、试样瓶和硼氢化钾溶液瓶；后面板右侧中部孔内伸出的是一根废液排出塑料管，将其插入废液瓶内即可。

② 气体管路连接。氢化物发生器有两条气体管路与外部连接，均设在后面板上。右侧上部孔内伸出的一根塑料管是出气管，接到 T 形石英管炉中间的支管上；右侧下部孔伸出的一根塑料管是气源管，连接到作为载气的气体钢瓶出气口处。

③ 电路连接。对于设有遥控调整插座的 WFX-1D 型仪器，将连接电缆的一端接在氢化物发生器后面板左下方的电插座上，另一端接到 WFX-1D 型主机大底座右侧窗口内的四芯圆形插座上。对于 WFX-1C 型仪器，使用这种附件时，则不接此电缆。

④ 石英管炉安装。T 形石英管炉是安放在一个金属支架上，然后将此金属支架装到主机样品室内的火焰原子化系统的燃烧器上即可。

（5）元素灯的安装　将空心阴极灯（元素灯）插入灯插座中，放入空心阴极灯架的弹簧卡座内，然后将灯电源插头插入灯电源插座中，视所插灯电源插座的序号，开启仪器左下方灯电源面板上相同序号的灯开关，即可点燃该灯。若需顺次测定两种以上元素，可将另一支灯用第二副插头灯座同时供电点燃，安放在灯架另一弹簧卡座内，以便减少预热时间。两支灯更换时，只要从弹簧卡座内拔出来，交换放入即可，但不应拔掉相应的插头插座，否则灯供电被切断，失去了预热意义。空心阴极灯架位于仪器左上部光源室内，其结构如图2-54所示。

（6）氘灯的安装　氘灯放置在氘灯架上并可通过氘灯架来调整其位置，从而进行背景校正。氘灯架安放在仪器左上部的光源室内。其结构如图2-55所示。

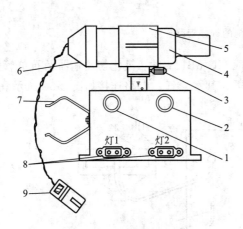

图 2-54　空心阴极灯架

1—前后调节旋钮；2—升降调节旋钮；3—旋转调节钮；4—空心阴极灯；5—工作灯弹簧卡座；6—空心阴极灯插座；7—预热灯弹簧卡座；8—空心阴极灯电源插座；9—空心阴极灯电源插头

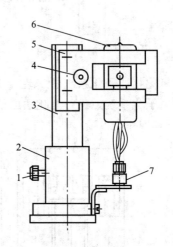

图 2-55　氘灯架

1—紧定螺钉；2—底座；3—立柱；4—滚花螺母；5—灯夹；6—氘灯；7—接线柱

氘灯靠灯夹夹住后，用滚花螺母固紧。松开紧定螺钉，可调节立柱的高度位置，并可使其旋转。氘灯在灯夹内，亦可用手调节其高度和旋转角度。

仪器安装完毕后，应对仪器的波长范围和精度、分辨率、稳定性、特征浓度和检出限等项功能进行调试验收工作，使仪器符合规定的性能指标，若经过简单的调整，不能达到规定的指标，则应寻找原因，以便及时修理，其具体调试方法可参阅有关仪器使用说明书。

思考题

1. 原子吸收分光光度计对实验室有哪些要求？

2. 原子吸收分析中所用燃气源应如何放置？为什么要这样放置？

3. 原子吸收分析中，为什么要先开助燃气，后开燃气？而关机时顺序则相反？

4. 原子吸收分光光度计为什么要设水封？其作用是什么？

5. 氧化亚氮的使用为什么要禁油？实际工作中应采取哪些措施？

6. 如何安装原子吸收分光光度计？

三、原子吸收分光光度计的使用

不同型号的原子吸收分光光度计，虽然其特点及技术指标有所不同，但其使用操作方法差别并不大。

1. WFX-1C 型原子吸收分光光度计的使用方法

仪器各功能部件操作步骤如下。

（1）接通市电。

（2）开启左电器面板上的主机电源总开关。仪器正常时，开关上方的指示灯点亮。

（3）打开仪器左上方光源室活门，选取需用的空心阴极灯，插入灯插座中，并将该插座尾部的插头插入灯架上的插座中。

（4）根据所用插座号码，开启左电器面板上相应的灯电源开关。

（5）慢慢顺时针转动左电器面板上相应的灯电流调节器旋钮，视灯是否正常点燃，并使电流表指针指示适当值。

（6）将点亮的灯放入灯架上弹簧卡座内，调节灯的位置，使光斑对入光路，射到聚光镜 L_2 上。

（7）可根据需要，选择灯的供电调制占空比。

（8）转动狭缝手轮，选择适当宽度值的狭缝。

（9）摇动波长手轮，使波长计数器指示所选波长数。

（10）待光源预热稳定后，将工作选择开关置于"能量"档，开启右电器面板上光电倍增管高压开关。正常时，指示灯点亮。

（11）慢慢顺时针旋转高压调节器旋钮，使能量表针移动。此时仪器上部的数字表与右电器面板上的能量表均指示位于光路中空心阴极灯的发射能量。

（12）仔细调节灯位置，同时观察能量表与数字表。当能量指示值达最大时的灯位置为最佳位置。

（13）在选定波长的位置时，慢慢转动波长手轮，使波长读数在所选波长的附近，由短波向长波移动，同时观察能量表或数字表的指示，在其显示值达最大时的波长位置为最佳位置。此时波长计数器上的读数与所选波长的理论值相差不得超过 $\pm 0.5nm$。

（14）调节高压调节器旋钮，使能量指示在 $70 \sim 90$ 范围内。

（15）将"工作选择"开关置于"吸光"挡，然后按"自动调零"钮。根据测定需要，将"工作选择"开关置于"浓度"挡时，也应按调零钮，然后将标尺放大调节器转到所需的放大倍数值处。

【注意】当工作选择开关置于吸光挡时，数字表显示的数值为吸光度值；当工作选择开关置于浓度挡时，数字表显示为浓度值。也可接通记录仪同时记录下信号大小及形状。

（16）根据分析需要，转动"读数方式"开关，选择读数方式：瞬时值、积分值或峰高值。如选用积分读数，则应转动"积分时间"选择开关，选取所需的积分时间。

（17）置阻尼选择开关于所需挡。

（18）仪器在经上述操作规程后，预热 $15 \sim 30min$。然后可进入测定工作状态。

（19）工作完毕关闭仪器时，应先关断外接记录仪。然后依序，先关光电倍增管高压；后减小空心阴极灯电流至零；再关灯供电开关；最后关闭仪器总电源开关。

火焰法测定的操作步骤如下。

（1）待主机进入工作状态后，首先接通空气压缩机电源，调整其出口压力至 0.4MPa 左右；气体控制箱助燃气压力表指示 0.2MPa。

（2）将"AIR—N_2O"转换阀手柄转向"AIR"，再旋动流量计针形阀，调节空气流量至最大值。

（3）开启燃气气源开关后，转动燃气通断阀手柄至"开"位置（水平位置），再调节燃气出口压力，使控制箱燃气压力表指示为 0.05～0.07MPa；调节燃气流量计针形阀，使燃气流量至适当值。

（4）用点火枪点火。

（5）待火焰燃烧稳定后，吸入空白溶液，调整光电倍增管高压，使能量表指针仍位于 70～90 区域内。然后，按自动调零钮。也可用空气作参比进行调零（即在无任何溶液吸入原子化器时调零）。

（6）依次吸入配制好的溶液，记录其相应吸光度值。

（7）测定完毕，吸入去离子水数分钟冲洗雾化器与预混合室。

（8）继续保持火焰数分钟后，务必先关断燃气气源。待乙炔余气燃烧完毕再关断助燃气气源。

【注意】点燃火焰之前，一定要先通空气，后开乙炔气源；熄灭火焰时，一定要先关闭乙炔气源，再关空气。

2. WFX-120 型原子吸收分光光度计的操作步骤

WFX-120 型原子吸收分光光度计具有自动化程度高，具有自动波长设置、自动波长扫描、自动寻峰、自动对光等功能，并设置火焰熄灭安全保护及报警、空气欠压安全保护及报警、气路箱燃气漏气安全保护及报警等多项安全自动保护功能。具有氘灯背景校正、自吸效应背景校正技术、能广泛应用于工业、地质、农业等科研部门。其使用方法如下。

（1）操作软件的进入　首先打开计算机，系统启动完毕后，打开仪器电源开关；在计算机桌面上双击"BRAIC"图标进入应用程序。

（2）分析方法的设置　在操作软件主窗口界面，单击"操作"菜单，选择"编辑分析方法"，进入"操作说明"对话框。根据不同需要选择分析方式，一般情况下用"火焰原子吸收"，在测定 K、Na 等元素时选择"火焰原子发射"分析方式。在"操作"栏里选择"创建新方法"，然后单击"继续"按钮，进入"创建新分析方法"窗口。"方法编号"显示当前编辑方法的顺序号；单击"分析元素"右侧按钮，可选择待分析元素。单击"确定"进入"方法编辑器"窗口。这里有五个选项卡，分别是"仪器条件"、"测量条件"、"工作曲线参数"、"火焰条件"和"QC"。在"仪器条件"选项卡中，可以设置波长、狭缝、元素灯的类型、灯电流和元素灯的位置以及其他参数。该选项中参数（除元素灯的位置外）在软件的专家系统中已被设定，除特殊说明外一般用默认值即可。元素灯的位置应根据仪器灯架上元素灯的实际位置输入参数。通常条件下，背景校正器应选择"无"。D2 灯电流与 SH 脉冲电流：只有在背景校正器中选择了 D2 灯背景校正、自吸收后才可选择输入 D2 灯电流与 SH 脉冲电流。

在"测量条件"选项卡中，"分析信号"选择"时间平均"（火焰法，石墨炉与氢化物法选用峰高或峰面积）；"测量方式"选择"工作曲线法"或"标准加入法"；"读数延时"设为 1s，否则仪器会死机；"读数时间"设为 1s 或 2s；"阻尼常数"一般选择为 2，可以提高信噪比。

　　在"工作曲线参数"选项卡中，可以选择拟合方程的类型（一次线性或二次），空白测量次数，浓度单位。需要说明的是，选中标准空白，即打上"√"，则输入除零点外的标准曲线浓度值，它表示每次测量标准样品时扣除标准空白；若是去掉"√"，则输入包括零点在内的标准曲线浓度值，即 S1 输入为 0，表示标准曲线强制通过零点。

　　在"火焰条件"选项卡里可以设置火焰类型，燃气与空气燃烧比例和燃烧头的高度。后两项可直接通过仪器的旋钮进行调节。"QC"为质量控制选项卡，为减小测量误差，可以设置校正曲线的浓度和其它参数。设置完毕后又回到上述界面，单击"完成"即可。

　　然后在主窗口单击"文件"菜单，选择"新建"，则出现"选择分析方式"窗口，选择所需分析方式确定后出现"分析任务设计"窗口，单击"选择方法"按钮，如果除测定铜元素外，还需要测定别的元素时，就可以在铜的后一栏中点"选择方法"即可选择下一个元素及灯位置。

　　可选择预先编辑好的分析方法。单击"样品表"，出现"样品表"窗口，在该窗口内可选择样品类型（固体或液体），同时编辑样品的编号、样品名称、称样量（固体）或取样量（液体）、定容体积、测量次数等参数。例如 10 个样品，编辑时只需在第一行内输入，编号必须是数字，且格式为：起始编号＋逗号＋末编号；后面四项输入后，单击"展开"按钮，即可制作好样品表（此操作必须在英文输入法下进行）。若只需要待测液的浓度值，可将称样量或取样量，定容体积输为 1 即可。同时还可以进行样品的添加和清除操作。此样品表还可以保存备用。如果样品需要稀释，可点击"样品稀释"按钮，出现"样品稀释表"，在上面输入稀释倍数，则测定结果直接为稀释前的浓度值。设置完成后单击"确定"回到"分析任务设计窗口"，单击"完成"进入"仪器控制"窗口。

　　在"仪器控制"操作窗口内，"设置"按钮是用来设置本窗口内"主阴极电流"、"辅助阴极电流"、"D2 灯电流"、"波长"、"狭缝"和"灯位置"等各项参数。单击"自动波长"，仪器将移动光栅到指定位置，此时出现"自动波长定位"窗口，待完成后窗口右下方显示"自动寻峰完成，误差×××nm"，波长误差精度应小于 0.25nm，否则应重新调整仪器。单击"自动增益"，调整主光束光电能量处于 100% 左右；然后在"波长精调"栏单击"长"或"短"使其能量值达到最大；同样在"灯位置精调"栏单击"上"或"下"使其能量值达到最大。最后单击"完成"进入"测量"操作窗口。

　　【注意】在"仪器控制"操作窗口中还可以设置预热灯，以及预热灯和工作灯的转换，关闭工作灯等其步骤如下。

　　① 预热灯的设置　提前 15min，首先选择"预热灯的灯位置"然后再点击"设置"，同时查看需要的预热的灯是否亮，如果灯亮说明已经预热成功。

　　② 预热灯与工作灯的转换　当预热灯设置好后，在把灯位置改回"工作灯位置"，然后点"设置"此时工作灯又回到原来的位置。

　　需要指出的是，在测定 K、Na 等元素时，分析方式选择"火焰原子发射"方式，也要用元素灯进行自动波长，最大能量设置；其操作步骤与原子吸收方式相同。另外，然后将毛细管放入空白溶液中调零点，然后把毛细管放入最高浓度的溶液里，调"增益"在 300 左右，然后光栅上的能量在 100% 左右，点击"设置"。即钾设置完成。即可进入测定界面。

　　(3) 样品的测定、结果显示和输出　该操作窗口内有"测量"、"工作曲线"、"数据表"、"信号图"和"结果"五个选项卡。在测定过程中可以随时查看工作曲线、测定结果。在"测量"选项卡中，随时显示被测样品的光谱曲线。单击右上方"调零"，仪器自动调零，然后作标准曲线。标准曲线结果显示在"工作曲线"选项卡中，在右侧显示标准曲线的吸光度值、拟合方程、相关系数、检出线（D. L. $\mu g/mL$）和特征浓度（C_o $\mu g/mL$）。利用"屏蔽"功能可以调整工作曲线的线性方程和相关系数。在"数据表"选项卡中，可以查看标准曲线和被测样品的吸光度值（A_{BS}）、标准偏差（SD）、相对标准偏差（$RSD\%$）以及实际浓度值。如果对某个样品有疑问，可以选中重做，新采集的数据将覆盖原来的数据。也可以删除不要的数据。在"信号图"选项卡，显示被测样品的光谱信号。在"结果"选项卡中，显示被测元素的实际浓度值。测定结果可在"文件"菜单里被保存至本地硬盘，也可以 Excel 文件的格式直接打开（左下方）。

四、原子吸收分光光度计的维护与保养

原子吸收分光光度计的保养与维护可以从光源、原子化系统、光学系统、气路系统等方面进行。

1. 光源

空心阴极灯应在最大允许电流以下范围内使用。不用时不要点灯，否则会缩短灯的寿命；但长期不用的元素灯则需每隔一两个月在额定工作电流下点燃 $15\sim60min$，以免性能下降。

光源调整机构的运动部件要定期加油润滑，防止锈蚀甚至卡死，以保持运动灵活自如。

2. 原子化系统

每次分析操作完毕，特别是分析过高浓度或强酸样品后，要立即喷约数分钟的蒸馏水，以防止雾化筒和燃烧头被玷污或锈蚀。点火后，燃烧器的整个缝隙上方应是一片燃烧均匀呈带状的蓝色火焰。若带状火焰中间出现缺口，呈锯齿状，说明燃烧头缝隙有污物或滴液，这时需要清洗，清洗方法是在接通空气，关闭乙炔的条件下，用滤纸插入燃烧缝隙中仔细擦拭；如效果不佳可取下燃烧头用软毛刷刷洗；如已形成熔珠，可用细的金相砂纸或刀片轻轻磨刮以去除沉积物。应注意不能将缝隙刮毛。

若测过有机试样再作其他测定，往往会产生吸光度信号的噪声和不稳定现象，原因是有机溶液污染了随后测量的水溶性样品，因此，使用有机试样后要立即对燃烧器进行清洗，一般应首先喷容易与有机样品混合的有机溶剂约 $5min$，然后吸丙酮 $5min$，再吸 1% 的硝酸 $5min$，并将废液排放管和废液容器倒空，重新装水。

雾化器应经常清洗，以避免雾化器的毛细管发生局部堵塞。若堵塞一旦发生，会造成溶液提升量下降，吸光度值减小。此时可吸喷纯净的溶剂直至吸光度读数恢复正常为止；若不行，可卸下混合室端盖，取下撞击球和雾化气软管，用雾化气将毛细管吹通，或用清洁的细金属丝小心地通一下毛细管端部，将异物除去。

如果测定以氢氟酸溶解的样品时，应在测试前加热样品并在未干之前加入少量高沸点酸，使氢氟酸充分冒烟跑掉，这样可避免对原子化系统中的玻璃部件产生腐蚀。

若仪器暂时不用，应用硬纸片遮盖住燃烧器缝口，以免积灰。对原子化系统的相关运动部件要经常进行润滑，以保证升降灵活。空气压缩机一定要经常放水、放油，分水器要经常清洗。

3. 光学系统

外光路的光学元件应经常保持干净，一般每年至少清洗一次。如果光学元件（如空心阴极灯窗口、透镜等）上有灰尘沉积，可用擦镜纸擦净；如果光学元件上沾有油污或在测定样

品溶液时溅上污物，可用预先浸在乙醇和乙醚的混合液（1∶1）中洗涤过并干燥了的纱布去擦拭，或用长纤维脱脂棉球蘸清洁的中性肥皂水轻轻擦洗镜面，然后立即用蒸馏水冲掉皂液，再用洗耳球吹去水珠。在清洁过程中，严禁用手去擦及金属硬物或触及镜面。

单色器应始终保持干燥。要经常更换单色器内的干燥剂，以防止光学元件受潮，一般每半个月要更换一次干燥剂。单色器箱体盖板不要打开，严禁用手触摸光栅、准直镜等光学元件的表面。

4. 气路系统

由于气体通路采用聚乙烯塑料管，时间长了容易老化，所以要经常对气体进行检漏，特别是乙炔气的渗漏可能造成事故。严禁在乙炔气路管道中使用紫铜、H62铜及银制零件，并要禁油，测试高浓度铜或银溶液时，应经常用去离子水喷洗。要经常放掉空气压缩机气水分离器的积水，防止水进入助燃气流量计。当仪器测定完毕后，应先关乙炔钢瓶（或乙炔发生装置）输出阀门，等燃烧器上火焰熄灭后再关仪器上的燃气阀，最后再关空气压缩机，以确保安全。

乙炔钢瓶只可直立状态移动或储藏，且应远离热源、火源，避免阳光直射。乙炔钢瓶输出压力应不低于0.05MPa，否则应及时充乙炔气，以免丙酮进入火焰，对测量产生干扰。

废液排放管要避免"双水封"的形成。

思考题

1. 原子吸收分光光度计应从哪几个方面进行维护保养？
2. 火焰若出现锯齿现象，是何原因？如何消除？
3. 雾化器毛细管若发生堵塞，会出现什么现象？如何处理？

五、原子吸收分光光度计常见故障的排除

原子吸收分光光度计结构较复杂，在使用过程中产生各种故障在所难免，分析人员若能对常见故障的现象、产生原因及处理方法有所了解，对仪器的日常维护和正确使用将不无裨益。原子吸收分光光度计常见故障及排除方法如表2-5所示。

表2-5　原子吸收分光光度计常见故障及排除方法

故　障	故障原因	排除方法
1. 仪器总电源指示灯不亮	(1)仪器电源线断路或接触不良	将电源线接好，压紧插头插座，如仍接触不良，则应更换新电源线
	(2)仪器保险丝熔断	更换新保险丝
	(3)保险管接触不良	卡紧保险管使接触良好
	(4)电源输入线路中有断路处	用万用表检查，并用观察法寻找断路处，将其焊好
	(5)仪器中的电路系统有短路处，因而将保险丝熔断，或某点电压突然增高	发生短路现象一般是元件损坏，更换损坏元件；或找到电压增高的原因进行排除
	(6)指示灯泡坏	更换指示灯泡
	(7)灯座接触不良	改善灯座接触状态
2. 指示灯、空心阴极灯均不亮，表头无指示	(1)电源插头松脱	插紧电源插头
	(2)保险丝断	更换保险丝
	(3)电源线断	接好电源线
	(4)高压部分有故障	检查高压部分，找出故障加以排除

故　　障	故障原因	排除方法
3. 空心阴极灯亮,但发光强度无法调节	(1)空心阴极灯坏 (2)灯未坏,但不能调节发光强度	用备用灯检查,确认灯坏,进行更换 根据灯电源电路图进行故障检查,加以排除
4. 空心阴极灯亮,但高压开启后无能量显示	(1)无高压	可将增益开到最大,如无升压变压器产生的吱吱高频叫声,则表明无高压输出。可从高频高压输出端有无短路;负高压部分的低压稳压电源线路有无元件损坏,使得无高压输出;倍压整流管是否损坏;高压多谐振荡器是否工作等方面逐步进行检查,找出故障处加以排除
	(2)空心阴极灯极性接反	将空心阴极灯极性接正确
	(3)狭缝旋钮未置于定位位置,造成狭缝不透光或部分挡光	可转动狭缝手轮检查是否定位,若不定位,将其置于定位位置
	(4)波长不准	应在灵敏波长附近将波长找准
	(5)全波段均无能量	若系光栅转动系统失灵,可将单色器上盖板打开,调整好光栅转动系统;若系光栅球面反射镜脱落,可用 502 号胶粘好,注意别弄脏镜面
5. 仪器输出能量过低	(1)空心阴极灯发光强度较弱	对空心阴极灯作反接处理,如仍无效,则需更换发光强度高的新灯
	(2)外光路透镜污染严重	对外光路进行清洗
	(3)光路不正常	重新调整光路系统
	(4)单色器内光栅、准直镜有灰尘或污染	用洗耳球吹去灰尘,若污染严重,只有更换光学元件
	(5)光电倍增管阴极窗未对准单色器的出射狭缝	进行调整,使其对准出射狭缝
	(6)光电倍增管老化	更换光电倍增管
	(7)电路系统增益降低	检查负高压电源、前置放大器电路或主放大器电路,找出电压不正常的电路,更换损坏元件或重新进行调整
6. 波长指示改变	波长位置改变	根据波长调整方法进行调整,用汞灯检查各谱线,使相差小于 0.1nm,并重新定位狭缝
7. 开机预热 30min 后,进行点火试验,但无吸收	(1)光源选择不正确,这是因为光源灯不良或长期存放造成灯内气体不纯	这类干扰常出现在碱金属或碱土金属元素灯上,可作反接处理
	(2)波长选择不对;某些元素谱线复杂,在主灵敏线附近还存在其他灵敏线、离子线或有充入气体的谱线干扰;或由于波长误差导致波长选择不对	注意选择好波长,以避免干扰谱线。如镍的共振线为 232.0nm,在 232.0nm 附近有一条较强的离子线 231.6nm,如用 231.6nm 测试就无吸收;铬的共振线为 357.1nm,氖气 357.8nm 处也有一条较强谱线,若用后者测试也无吸收
	(3)工作电流选择过大,对于空心阴极较小的元素灯,工作电流大时也没有吸收	降低工作电流
	(4)标准溶液配制不合适	正确配制标准溶液
	(5)燃烧缝不平行于光轴,即元素灯发出的光线不通过火焰就没有吸收。	重新调整燃烧头,使之与光轴平行

故　　障	故障原因	排除方法
8. 灵敏度低	(1)元素灯发射背景太大	选择发射背景合适的元素灯作光源
	(2)元素灯工作电流太大,由于原子的自蚀效应,致使谱线变宽,灵敏度降低	在光源发光强度能够满足需要的情况下,采用尽可能低的工作电流,可提高仪器的灵敏度
	(3)火焰温度选择不当,燃气与助燃气之比选择不适当	一些金属,如铬、铜、锌、镍,它们的原子化需要低温火焰;而对镁、钼等的原子化则需要高温火焰。故要选择合适的燃助比
	(4)火焰高度选择不当	合理选择火焰高度
	(5)雾化器调整不好;或因长期不用,喷嘴被盐或脏东西堵塞使样品提升量减少,这是仪器灵敏度下降的主要原因	助燃气体流量开到最大,用手指堵住喷嘴,使助燃气体吹到畅通为止
	(6)撞击球与喷嘴的相对位置没有调好	调节相对位置至合适。一般调到撞击球与喷嘴相切为宜,其相对位置的确定主要是看喷雾质量如何
	(7)燃烧器与外光路不平行	使光轴通过火焰中心,不要使燃烧缝与光轴有夹角
	(8)光谱通带选择不合适	对于谱线复杂或者共存元素谱线干扰较大的元素,如铁、钴和镍,要选择较窄的光谱通带
	(9)波长选择不合适	在一般情况下,都选择较灵敏的共振线作为分析线(个别元素可采用次灵敏线)
	(10)燃气不纯	采取措施,纯化燃气
	(11)空白溶液被污染,造成火焰状态不好,使空白吸收干扰增大,灵敏度降低	更换空白溶液
	(12)雾化筒和燃烧缝严重锈蚀,雾化样品变成水珠	更换雾化筒,除去燃烧缝的锈蚀
	(13)雾化筒内有油膜或因长期不用而生锈,筒内积水,废液流动不通畅	用丙酮去锈,用乙醚-乙醇混合液清洗去油,最后用水冲洗并吹干
	(14)样品与标液存放时间过长变质、容器的吸附作用或化学反应的结果造成灵敏度降低	将容器清洗干净,重新配制样品和标准溶液
	(15)火焰状态不好,摆动严重或呈锯齿形,使测定结果偏低	清洗燃烧缝,改变燃助比,检查气路内是否有水存在
	(16)燃气漏气或阀门开关不灵造成工作条件改变	将漏气处排除,加润滑油使阀门开关自如
	(17)气源不足	加大气源压力
9. 重现性差,读数有漂移	(1)乙炔流量不稳定	在乙炔管道上加一阀门控制开关,调节好乙炔流量
	(2)燃烧器预热时间不够	增加燃烧器预热时间
	(3)燃烧器缝隙或雾化器毛细管堵塞	清除污物,使之畅通
	(4)废液流动不通畅,雾化筒内积水,严重影响样品进入火焰,使重现性变差(具体表现为火焰骚动厉害,噪声突然增大)	立即停机检查,疏通管道
	(5)废液管道无水封或废液管变形	将废液管道加水封或更换废液管
	(6)燃气压力不够,气源不足,不能保持火焰恒定,使测试结果改变;或管道内有残存盐类堵塞	加大燃气压力,使气源充足。或用滤纸堵住燃烧器缝隙,继续喷雾,增大雾化筒内压力,迫使废液排出,并清洗管道
	(7)雾化器未调好	重调雾化器
	(8)火焰高度选择不当,基态原子数变化异常,使吸收不稳定,导致重现性变差,读数漂移	选择合适的火焰高度

故　　障	故 障 原 因	排 除 方 法
10. 噪声过大	(1)由于火焰的高度吸收,当测定远紫外区域的元素(如As或Se)时,分析噪声可能较大	采用背景校正有时可有所改善
	(2)空心阴极灯能量不足伴随从火焰或溶液组分来的强发射,引起光电倍增管的高度噪声	在允许的最大电流值内,增大灯的工作电流;换用能量大的新灯;试用其他吸收线进行分析;用化学方法去除溶液中能通过火焰产生强发射的干扰组分
	(3)吸喷有机样品试剂(如油或甲基异丁酮)沾污了燃烧器	清洗燃烧器
	(4)灯电流、狭缝、乙炔气和助燃气流量的设置不适当	重新设置至合适
	(5)废液管状态不当,排液异常	更换排液管,重新设置水封
	(6)燃烧器缝隙被污染	清洗缝隙
	(7)雾化器调节不当,雾滴过大	重新调节雾化器
	(8)乙炔钢瓶或空气压缩机输出压力不足	增加气源压力
	(9)检查空气过滤器,尤其发现在火焰中存在过量的钠发射时不纯的乙炔也会有此类发射	采取措施,纯化空气或乙炔气
11. 点火困难	(1)乙炔气压力或流量过小	增加乙炔气的压力或流量
	(2)助燃气流量过大	调节助燃气流量至合适
	(3)当仪器停用较久,空气扩散并充满管道,燃气很少	点火操作若干次,使乙炔气重新充满管道
12. 燃烧器回火	(1)直接点燃 $N_2O-C_2H_2$ 火焰	对 N_2O 加热后再点火
	(2)废液管水封安装不当	重新安装水封
13. 电表回零不好	(1)火焰发光强度不稳定,读数漂移或波动	更换光源灯
	(2)废液排放不通畅,雾化筒内积水,"记忆效应"严重	清除积水,使废液排放畅通
	(3)燃气压力或流量缓慢变化使测定条件改变	调节燃气,使之符合规定条件
	(4)空白污染	排除污染
	(5)毛细管太长	截去多余的毛细管
14. 标准曲线弯曲	(1)光源灯失气,发射背景大	更换光源灯或作反接处理
	(2)光源内部的金属释放氢气太多	更换光源灯
	(3)工作电流过大,由于"自蚀"效应使谱线变宽	减小工作电流
	(4)光谱狭缝宽度选择不当	选择合适的狭缝宽度
	(5)废液流动不畅通	采取措施,使之畅通
	(6)火焰高度选择不当,没有最大吸收	选择适当的火焰高度
	(7)雾化器未调好,喷雾效果不佳	调整好撞击球和喷嘴的相对位置,提高喷雾质量
	(8)测定样品浓度太高,仪器工作在非线性区域	减小试样浓度,使仪器工作在线性区域。
15. 分析结果偏高	(1)溶液中的固体未溶解,造成假吸收	调高火焰温度,使固体颗粒蒸发离解
	(2)由于"背景吸收"造成假吸收	在共振线附近用同样条件再测定一次,把两次测得的结果相减
	(3)空白未校正	做空白校正试验
	(4)标准溶液变质	重新配制标准溶液
	(5)谱线覆盖造成假吸收	降低试样浓度,减少假吸收

续表

故　　障	故　障　原　因	排　除　方　法
16. 分析结果偏低	(1)试样挥发不完全,细雾颗粒大,在火焰中未完全离解	调整撞击球和喷嘴相对位置,提高喷雾质量
	(2)标准溶液变质	重新配制标准溶液
	(3)被测试样浓度太高,仪器工作在非线性部分	减小试样浓度,使仪器工作在线性范围
	(4)试样被污染或存在其他物理化学干扰	消除干扰因素,更换试样

思考题

1. 原子吸收分光光度计的一般故障有哪些? 有什么现象? 产生的可能原因有哪些? 如何排除?

2. 在分析过程中,如发现灵敏度显著降低,可能原因有哪些? 怎样解决?

3. 采用标准曲线法分析样品,若标准曲线不呈一直线,原因何在? 怎样使分析能正常进行?

六、技能训练——火焰原子化法测铜的检出限和精密度的检定 (JJG 694)

1. 技术要求

本法适用于新制造、使用中和修理后的单、双光束原子吸收分光光度计的检定,采用火焰原子化法测定铜的检出限 $[c_{L(k=3)}]$ 和精密度 (RSD) 检定结果应符合:新制造仪器应分别不大于 $0.008\mu g/mL$ 和 1%;使用中和修理后的仪器应分别不大于 $0.02\mu g/mL$ 和 1.5%。检定周期为两年。修理后的仪器应随时进行检定。

2. 检定步骤

(1) 火焰原子化法测铜的检出限的检定　将仪器的各项参数调到最佳工作状态,接着用空白溶液调零,分别对浓度为 $0.50\mu g/mL$、$1.00\mu g/mL$、$3.00\mu g/mL$ 的三份铜标准溶液进行三次重复测定,取三次测定的平均值后,按线性回归法求出工作曲线的斜率,即为仪器测定铜的灵敏度 S。

$$S = dA/dc \quad [1/(\mu g \cdot mL^{-1})]$$

在与上述完全相同的条件下,将标尺扩展 10 倍,对空白溶液 ($0.5mol/L \ HNO_3$) 或浓度三倍于检出限的溶液进行 11 次吸光度测量,并求出其标准偏差 S_A。

根据灵敏度和标准偏差即可求出仪器测铜的检出限。

(2) 火焰原子化法测铜的精密度的检定　将仪器各参数调至最佳工作状态,用空白溶液调零,选择浓度分别为 $0.50\mu g/mL$、$1.00\mu g/mL$、$3.00\mu g/mL$ 三份铜标准溶液中的某一溶液,使吸光度为 $0.1\sim0.3$ 范围,进行七次测定,求出其相对标准偏差 (RSD),即为仪器测铜的精密度。

3. 数据处理

火焰原子化法测铜的检出限按下式计算:

$$c_{L(k=3)} = \frac{3S_A}{S} \ (\mu g/mL)$$

$$S = \sqrt{\frac{\sum_{i=1}^{n} (A_i - \overline{A})^2}{10}}$$

式中　A——11 次测定的平均吸光度值；

　　　A_i——单次测定的标准吸光度值。

火焰原子化法测铜的精密度按下式计算：

$$RSD = \frac{S_A}{\overline{A}} \times 100\%$$

式中　RSD——精密度，%；

　　　$\overline{A}$——某一铜标准溶液所测七次吸光度的平均值。

4. 检定结果

灵敏度 $(S)=$ ＿＿＿＿＿＿＿＿＿；

检出限 $\left[c_{L(k=3)}\right] = 3S_A/S =$ ＿＿＿＿＿＿＿＿ $\mu g/mL$；

精密度 $(RSD) = S_A/\overline{A} \times 100\% =$ ＿＿＿＿＿＿＿＿ %。

思考题

原子吸收分光光度计采用火焰原子化法测铜的检出限和精密度的检定怎样进行？

技能鉴定表（二）

项　　目	鉴定范围	鉴定内容	鉴定比重	备　　注
	知识要求		100	
基本知识	原子吸收分光光度计相关基本知识	1. 万用表测量知识 2. 无线电电路图识图知识 3. 原子吸收分光光度计相关的机械知识 4. 光学知识（色散、衍射、干涉等） 5. 光电效应原理 6. 计算机知识 7. 气体压力控制与调节原理	30	
专业知识	原子吸收分光光度计的维护保养	1. 原子吸收分光光度计的环境要求及安装要求 2. 原子吸收分光光度计的维护和使用注意点	30	
	原子吸收分光光度计的维修	1. 无线电电子学知识及元器件知识 2. 无线电线路分析知识 3. 光学元件及作用原理知识 4. 有关机械、防爆知识	30	
相关知识	仪器维护、维修相关知识	1. 几何光学（反射、聚焦等） 2. 照明电路知识	10	
	技能要求		100	
操作技能	安装与调试验收	1. 仪器安装 2. 仪器性能（如波长范围及精度、分辨率、稳定性、特征浓度及检出限等）的调试验收	30	
	仪器维修操作技能	光源、原子化系统、光学系统、电学系统故障的排除	30	
	仪器性能检定	基线稳定性、精密度和检出限、特征量等性能的检定	25	
工具的使用	工具的正确使用	正确使用工具，并做好维护、保管工作	5	
安全及其他	安全操作	安全用电、安全机械操作、易燃气体的安全使用，特别要注意防爆	10	

第三节 红外光谱仪

红外光谱仪又称红外分光光度计，它是以光源辐射出来的不同波长红外线透过样品并对其强度进行测定，通过扫描产生的红外光谱对样品进行定性或定量分析的仪器，广泛应用于有机物、高聚物以及其他复杂结构的天然及人工合成产物的测定。红外光谱法是鉴定未知物的分子结构组成或确定其化学基团的最有效方法之一。

随着新技术的不断应用，特别是近年来计算机技术的广泛应用，使红外光谱仪得到了迅速的发展。到目前为止，红外光谱仪的发展大致经历了四个阶段。第一代红外光谱仪研制于20世纪40~50年代，主要采用人工晶体棱镜作色散元件的双光束记录式红外光谱仪，仪器的分辨率和测定波长范围都受到限制，使用环境的要求也高；在60年代，越来越多的以光栅代替棱镜作为色散元件，形成了第二代红外光谱仪，仪器不仅具有较高的分辨率，测定的波长范围也大大加宽，可延伸到近红外区至远红外区，对使用的周围环境要求也有所下降；尽管第二代红外光谱仪的性能不断完善，但由于其灵敏度低，扫描速度慢的缺陷而满足不了某些应用的要求，在60年代初，由于电子计算机技术的发展，并越来越多地应用于数据处理上，同时，快速傅里叶变换技术的发展和应用，使基于光相干性原理而设计的干涉型傅里叶变换红外光谱仪（FT-IR）得以问世，但由于其制作技术复杂，价格昂贵，故一度普及速度较为缓慢，近年来，随着电子计算机生产成本的日益降低，傅里叶变换红外光谱仪也逐渐"走入寻常百姓家"。另外，70年代中期出现的计算机化光栅式红外光谱仪（CDS），给第二代红外光谱仪的进一步发展提供了契机。计算机化的光栅式红外光谱仪除扫描速度不如傅里叶变换红外光谱仪外，其他性能都差不多，而价格却相对较廉。傅里叶变换红外光谱仪和计算机化光栅式红外光谱仪一般被称为第三代红外光谱仪；近来发展起来的激光拉曼红外光谱仪和激光二极管红外光谱仪则属于第四代红外光谱仪，它们采用可调激光器作为红外光源来代替单色器，具有非常高的分辨率，进一步扩大了红外光谱法的应用范围。

一、红外光谱仪的分类、结构及原理

根据红外光谱仪的原理和结构，目前商品仪器可分为红外分光光度计、傅里叶变换红外光谱仪和激光拉曼红外分光光度计三种类型。其中，双光束色散型红外分光光度计呈逐渐淘汰的趋势，傅里叶变换红外光谱仪迅速得到推广。

傅里叶变换红外光谱仪主要由光源（硅碳棒、高压汞灯）、干涉仪（迈克尔逊干涉仪）、试样插入装置、检测器、电子计算机和记录仪等部分构成，其工作原理如图2-56所示。

傅里叶变换是19世纪由傅里叶提出的一种数学方法。即通过一定的数学关系，把时间函数和频率函数联系起来。用它可以把时间函数变换成频率函数，也可以把频率函数变换成时间函数。傅里叶变换红外光谱仪采用迈克尔逊干涉仪实现干涉调制分光。从光源发出的光，经准直镜后变为平行光。平行光束被分光板分成两路，分别到达固定平面反射镜和移动反射镜，经反射后又原路返回到某一点上时，发生干涉现象。当两光束的光程差为$\lambda/2$的偶数倍时，则落到检测器上的相干光相互叠加，产生明线，其相干光的强度有最大值；相反，当两光束的光程差为$\lambda/2$的奇数倍时，则落到检测器上的相干光将互相抵消，产生暗线，其相干光的强度有极小值。通过连续改变移动反射镜的位置，就可在检测器上得到一个干涉条

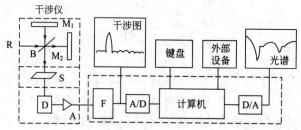

图 2-56　傅里叶变换红外光谱仪工作原理示意图

R—红外光源；M_1—定镜；M_2—动镜；B—分束器；S—样品；D—检测器；

A—放大器；F—滤光器；A/D—模数转换器；D/A—数模转换器

纹的光强 I 对光程差 S（或时间 t）和辐射频率的函数图，即干涉谱图，如图 2-57 所示。如果将样品放入光路中，由于样品吸收了其中某些频率的能量，使得干涉图的强度发生变化。很明显，这种干涉谱图属于时间函数，而不是人们所熟悉的红外光谱图（频率函数），人们对它难以解析，因此必须经过傅里叶变换，才能得到吸收强度或透射比随频率或波数变化的普通红外光谱图。这种变换处理非常复杂和麻烦，必须借助于电子计算机实现快速傅里叶变换。由上可见，从仪器构成上来看，傅里叶变换红外光谱仪与色散型红外

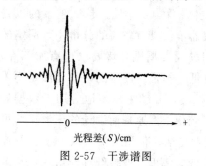

图 2-57　干涉谱图

分光光度计的主要区别在于干涉仪和电子计算机部分。

傅里叶变换红外光谱仪具有如下特点。

① 扫描速度快。测量光谱速度要比色散型仪器快数百倍。

② 灵敏度高。检测极限可达 $10^{-9} \sim 10^{-12}$，对微量组分的测定非常有利。

③ 分辨率高。在整个光谱范围内波数精度可达到 $0.1 \sim 0.005 \mathrm{cm}^{-1}$。

④ 测定的光谱范围宽。测量范围可达 $10000 \sim 10 \mathrm{cm}^{-1}$。

由于具备上述特点，傅里叶变换红外光谱仪已成为物质分析、鉴定的基本设备之一。

思考题

1. 双光束色散型红外分光光度计日趋淘汰的主要原因有哪些？

2. 傅里叶变换红外光谱仪由哪些部分组成？其中，迈克尔逊干涉仪的作用是什么？

3. 对于傅里叶变换红外光谱仪来说，为什么电子计算机技术显得十分重要？

4. 傅里叶变换红外光谱仪有哪些特点？

二、傅里叶变换红外光谱仪举例

1. 170SX 型傅里叶变换红外光谱仪

170SX 型傅里叶变换红外光谱仪是美国尼高力（Nicolet）公司生产的大型高档仪器，主要具有如下一些特点。

① 分辨率高。其最佳分辨率可达 $0.06 \mathrm{cm}^{-1}$，因为傅里叶变换红外光谱仪的分辨率取决于仪器对入射光所产生的干涉图形，仪器所能达到的光程差越大，分辨率也越高。

② 波数精度高。傅里叶变换红外光谱仪的动镜位置可用 He-Ne 激光准确测定出来，因

此光程差精确，一般波数可准确到 0.01cm^{-1}。

③ 扫描速度快。傅里叶变换红外光谱仪的干涉仪是在整个扫描时间内同时测定所有频率信息的，一般在 1s 内即可完成全部扫描。

④ 光谱范围宽、灵敏度高。傅里叶变换红外光谱仪通过改变分光器和光源，就可以研究 $10000\sim10\text{cm}^{-1}$ 范围的光谱。另外，因为干涉仪不需狭缝装置，因而输出能量大、灵敏度高，可分析 10^{-9}g 的微量样品。

170SX 型傅里叶变换红外光谱仪主要由光学系统、计算机及它的外围设备构成。

(1) 光学系统　170SX 型傅里叶变换红外光谱仪的光学系统主要包括红外光源、迈克尔逊干涉仪和检测器等。图 2-58 所示为带有 GC/IR 附件的 170SX 型红外光谱仪光路图。

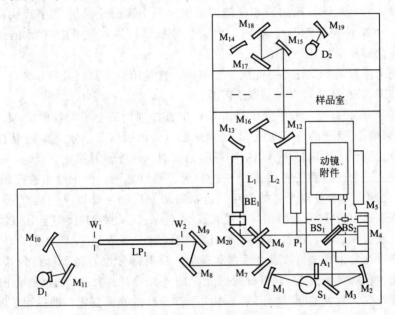

图 2-58　170SX 型傅里叶变换红外光谱仪光路图

S_1—光源；M_1，M_2—球面镜；A_1—光孔调制器；LP_1—光管；M_3，M_7，M_8，M_{18}，M_{20}—平面镜；M_4—定镜；BS_1—光束分离器和补偿器；M_5—白光镜；BS_2—白光束分离器；P_1—旋转轴线；BE_1—光扩展装置；M_6，M_{16}，M_{17}—计算机控制的平面镜；W_1，W_2—溴化钾窗口；$M_9\sim M_{15}$，M_{19}—离轴抛物镜；L_1—准直激光；D_1—汞镉碲检测器；L_2—中心激光；D_2—红外检测器

整个光学系统的布局如下所示：

光源（硅碳棒）S_1→球面镜 M_1→光孔调制器 A_1→球面镜 M_2→平面镜 M_3→干涉系统（由定镜 M_4、动镜和分束器组成）→平面镜 M_6→（由 4 位计算机控制转角）→平面镜 M_7，M_8→轴外抛物球面镜 M_9→光管 LP_1→轴外抛物球面镜 M_{10}，M_{11}→D_1（检测器）。IR 测量光路转换到 GC/IR 测量光路，靠计算机控制 M_6 平面镜转角来实现。

① 光源与检测器。该仪器工作光谱范围为 $25000\sim10\text{cm}^{-1}$。可适用于近红外、中红外和远红外区，在各区段应选用不同的光源、分束器和检测器。

近红外区：$25000\sim5000\text{cm}^{-1}$。卤钨灯光源；特制的 SiO_2 分束器；锑化铟检测器。

中红外区：$5000\sim400\text{cm}^{-1}$。硅碳棒光源；KBr-Ge 为分束器；TGS（KBr 窗）为检测器。

远红外区：$400\sim10\text{cm}^{-1}$。汞弧灯光源；各种不同厚度 Mylar 膜为分束器；TGS（聚乙烯窗）检测器。

另外还配有一个冷检测器，即汞镉碲检测器（MCT 检测器），该检测器用于 GC-IR 联用（Hg-Cd-Te）中，该检测器灵敏度比 TGS 检测器高。

② 迈克尔逊干涉仪。检测器将光干涉图的光学信息转变成随时间而变化的电信号，电信号是一时域函数，其变化频率为 $f = 2v$，式中 v 为动镜移动速度。这样，通过干涉仪和检测器即可把红外光速率转变为音频级的电信号。它包括的光谱信息再经过傅里叶变换后，即可得到随频率而变化的光谱图。

光源发出的红外辐射，通过迈克尔逊干涉仪变成干涉图，通过样品后即得到带有样品信息的干涉图，经放大器将信号放大，记录在磁带、穿孔卡片或纸带上，输入通用电子计算机处理或直接输入到专用计算机的磁芯存储体系中。当干涉图经模拟-数字转换器（A/D）进行计算后，再经数字-模拟转换（D/A），由波数分析器扫描，便可由 X-Y 记录器绘出通常的透射比对应波数关系的红外光谱。

迈克尔逊干涉仪的主要任务是完成干涉调频。它是用分束器（或叫分光板）分振幅的双光束干涉仪。图 2-59 是其结构和工作原理图。

由图 2-59 可知，迈克尔逊干涉仪是由互相垂直排列的两个平面反射镜 M_1、M_2 和与两镜呈 45°的分束器 P_1 组成的。可动镜 M_1 可沿镜轴方向前后移动。分束器 P_1 是在一片合适的透光材料的第二平面上涂以特殊材料的半透膜制成的，红外辐射照在上面时，一部分发生反射，一部分产生透射。P_2 称为补偿器，与 P_1 材料、厚度相同，但不涂半透膜，通常放在 P_1 和固定镜 M_2 之间，起着补偿光路的作用。自辐射源发出的红外辐射经准直镜 M_3 后变为平行光束，在分束器 P_1 上被分为两束，一束被反射至 M_1，又被 M_1 反射至分束器，并在分束器上再次发生反射和透射，透射部分照向 M_4 方向；另一束透过 P_1 及 P_2 射向 M_2，并被 M_2 反射回分束器，在分束器上再次发生反射和透射，反射部分也射向 M_4 方向，因而这两束复合光是相干光。移动可动镜 M_1，可改变两光束的光程差，并在 M_4 的反射方向可看到干涉条纹。在连续改变光程差的同时，记录下中央干涉条纹的光强变化，即得到干涉图。作出表示此干涉图函数的傅里叶余弦变换，就得到了红外光谱。图 2-60 所示为镜运动译解成余弦波函数图形。

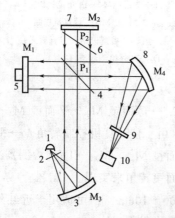

图 2-59　迈克尔逊干涉仪结构原理图

1—光源；2—旋光器；3—准直镜；4—分束器；
5—可动镜；6—补偿极；7—固定镜；8—聚
光镜；9—光源减光器；10—检测器

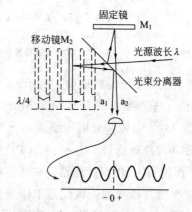

图 2-60　镜运动译解余弦波函数图形

从光源来的调制光被准直，被光束分离器分离成分别射向两个反光镜的相等光束。在干涉仪的一条光路里放入一片等厚的辅助材料（无半反射涂层）——称为补偿器，以使两光路的光程长度相等。当将这些反光镜的位置放得使反射光束和透射光束的光程相等时，则两光束返回光束分离器将是同相的，因而是相长干涉。移动镜位，移四分之一波长的距离就将使两光束异相180°，从而是相消干涉。使移动镜连续运动（不管向哪个方向）每四分之一波长的路程（相当于干涉仪里一条光路的光路变化为二分之一波长），将使辐射场从亮到暗地变动。当干涉仪用波长为 λ 的单色光照射时，设移动镜的移动速度为 v，则检测器信号的频率 $\nu=v/\lambda$。信号对移动镜距离的关系曲线是一条纯余弦波。对于多色光而言，输出信号是所有余弦波之和，构成光谱的傅里叶变换形式。每一频率有一个强度调制，它比例于入射辐射频率和移动镜的速度。傅里叶变换光谱仪完成的是频率变换。数据的计算是通过下列两个数学表达式即傅里叶变换来完成的，其计算过程是通过计算机实现的。

干涉图，强度表达式

$$I(x)=\int_{-\infty}^{+\infty}B(\nu)\cos(2\pi x\nu)d\nu$$

光源光谱表达式

$$B(\nu)=\int_{-\infty}^{+\infty}I(x)\cos(2\pi\nu x)dx$$

式中 $I(x)$——随光程差 x 的变化而变化的干涉强度；

$B(\nu)$——光源强度是频率的函数。

对于恒速运动的镜而言，通过测量激光谱线的干涉谱即可确定移动镜的位置。因为干涉仪本身可以产生自己的时间标度。除了处理入射光谱辐射外，还用激光源的一条谱线来产生一个单独的信号，此信号对镜运动（同时也对干涉谱）是时间连锁的，所以移动镜的起点可以根据对准时观察到的白炽光源强度突然增加来判断。

（2）计算机系统

① 该仪器采用 NIC-1280 数据系统。主要用于信号平均、傅里叶变换计算，但也具有通用计算机的功能，是一种可编程序的实验室数据处理机。

该机采用 64K/Zobik RAM（随机存储器），只读内存 ROM 是 8K/Zobik，带有双磁盘驱动器。还备有一套行之有效的数据采集、信号平均和傅里叶变换技术软件。其中有：t$_{AB}$-1280 数据系统程序、FT-IR 傅里叶变换核磁共振应用程序、EPR-CAL 顺磁共振应用程序包、RAM-1180 激光拉曼应用程序，此外还有 BASIC 和 FORTRAN 以及 PASCAC FORTH 等语言编辑程序，可供用户使用这几种高级语言编制自己的应用程序。其外围设备有一个 13in（1in=2.54cm）彩色荧光屏幕显示终端；Zeta160 型绘图仪及键盘打印机；还具有纸带阅读机，即可将穿孔纸带上的信息通过光电转换输入计算机。

② 彩色显示荧光屏。可用红、黄、蓝、白、粉红等不同颜色改变荧光屏上显示的图谱、坐标轴、题目、解释词的颜色。

在荧光屏上可显示出频率-吸收率图（或透射比图）、波长-吸收率图（或透射比）及干涉图。

③ 显示的光谱图可用一定指令固定在荧光屏上，然后再调出另一个光谱显示在荧光屏上，能方便地进行光谱比较。

④ 在作差示光谱及 GC-IR 联用时，可显示出三维空间图谱，利用三维空间图谱很容易找到合适的差减因子。

⑤ 利用前面控制板上的 zoom（放大开关）和 roll（滚动开关）可任意改变图谱比例大小及上下位移，观看任何一个很狭小区域内的信息情况。

（3）Zeta 160 型绘图仪　可任意改变纵轴、横轴尺寸大小，画出不同大小比例的图谱；可作波数等间距图谱，可作 $200\sim400cm^{-1}$ 区间距是 $2000\sim4000cm^{-1}$ 区间距的 2 倍的图；还可转 90°作图；也可重复叠加作图。

光谱图可直接把峰值打在图上，或由打印机打出所需峰值，也可用游标读出峰值。

（4）面板操作　可把常规指令编成宏指令，再把它指到面板上的实验开关中去，用时只需按一下实验开关，机器就自动进行操作，这对不熟悉操作的人员是很方便的。

2. 200SXV 型傅里叶变换红外光谱仪

200SXV 型傅里叶变换红外光谱仪属于真空型单光束仪器，主要包括光学系统、计算机系统两大部分，二者之间由电缆连接。该仪器除具有一般傅里叶变换红外光谱仪的优点之外，还具有如下一些特点。

① 计算机容量大，处理光谱数据的功能比较齐全，可进行坐标的放大和缩小，绘制不同大小的光谱图，并自动标记测试时间及各种参数；可进行图谱的基限调整与平滑处理以及差减定量；还能对图谱进行存储、调用及图谱检索，也可自编宏程序。

② 做不同波数范围的红外光谱图时，在计算机控制下能自动转换光源与检测器，并且采用单独转换分束器即能完成中红外与远红外的变换。同时，光学系统内可抽真空，能得到理想的远红外光谱图。因此，做远红外光谱图有一定的优越性。

3. IR100 型傅里叶变换红外光谱仪

IR100 型傅里叶变换红外光谱仪（如图 2-61 所示）的特点如下。

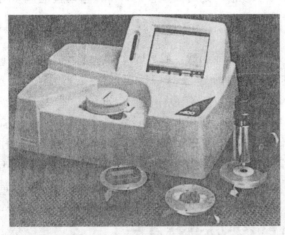

图 2-61　IR100 型傅里叶变换红外光谱仪

① 简单易用。非常适用于常规实验室分析使用。界面操作方便，使得学习操作 IR100 非常容易。不需学习使用复杂软件，就能用来分析样品。

② 体积小。IR100 型傅里叶变换红外光谱仪在同类仪器中体积最小，可节省实验室空间，重量轻，方便搬动。

③ 一体化设计。系统内置交互式 Encompass™分析软件，彩色大屏幕 LCD 显示分析谱图，不需外接计算机，节省实验室空间，标准鼠标控制软件操作，或选择触摸屏选项，操作方便。

④ 软件在标准的微软系统下工作。

用户登录功能：控制进入系统、采集数据和使用各种方法。

自我诊断功能：保证仪器状态和测试参数正确。

数据处理功能：轻松处理分析结果，包括标峰、峰面积积分、基线校准等操作。

谱图匹配功能：可靠比较未知样品谱图与标准谱图。

标准报告模板：快速创建实验报告，打印实验报告。

标准文件格式：保持实验结果，方便共享和处理。

可选的宏软件：用简单流程图模块，来设计实验过程，无需复杂编程。

⑤ 性能可靠。Quadrascan™ 干涉仪光学设计，提供优异的稳定性和无比的可靠性；Corner Cube™ 角镜光学设计，省去复杂电路和额外活动部件；用户也可自行更换部件。

⑥ 功能实用。IR100 仪器提供常规分析所需的所有功能，没有研究级 FTIR 红外光谱仪那么复杂。

4. AVATAR360 型傅里叶变换红外光谱仪

AVATAR360 型傅里叶变换红外光谱仪外形如图 2-62 所示。该仪器主要特点如下。

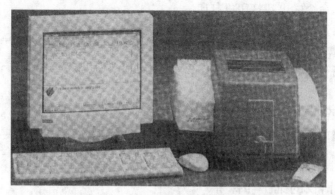

图 2-62　AVATAR360 型傅里叶变换红外光谱仪

① 采用专利 Ever-Glo 空冷红外光源，能量高，寿命长。
② 采用专利无磨损电磁驱动干涉仪，动态调整可达 130000 次/秒。
③ 永久准直光路，无需用户人工调整。
④ 智能附件（ATR，漫反射等）即插即用。
⑤ 光路永久准直，系统自动进行性能检验并自动调整参数。
⑥ 光学台底板整体铸模成型，密封性好，稳定性高。
⑦ 主要部件均采用预校准对针定位，用户可方便地自行更换而无需任何调整。

思考题

常见傅里叶变换红外光谱仪有哪些？它们各有何特点？

三、红外光谱仪的使用

以 AVATAR360 型红外光谱仪为例介绍仪器的一般使用方法。

1. 操作步骤

AVATAR360 型红外光谱仪是一台基于光的相干性原理制成的傅里叶变换红外光谱仪，主要由光源、迈克尔逊干涉仪、试样架、检测器和激光校准器等部分组成。仪器操作步骤如下。

（1）开启计算机和打印机，确定工作正常。

（2）打开红外光谱仪的电源开关，这时，与仪器相连的计算机中的应用程序自动对仪器系统进行诊断，当诊断完毕，电源指示灯亮。保持系统稳定 15min。

（3）点击计算机中的红外光谱仪软件（如尼高力 OMNIC 软件）。程序打开后，若"Bench Status"标识处为红色"√"，说明仪器各项指标在允许范围内，整个系统可以正常使用。

（4）在应用程序窗口中点击下拉菜单或工具栏选择试验参数，如分辨率、扫描时间（次数）及软件选用等。

（5）在与样品相同的试验条件下做背景试验，将所采集的一张背景光谱储存在计算机中，以便用来抵消样品光谱中属于仪器及环境的吸收，从而准确地进行样品分析。

（6）打开红外光谱仪的样品仓盖，把样品置于样品架上，然后盖好仓盖。

（7）在应用程序窗口中，使用"Collect"菜单下的"Collect Sample"命令采集一张样品光谱，几秒钟后，屏幕上出现样品的红外光谱图。

（8）点击打印命令输出到打印机打印。

（9）关闭仪器及计算机、打印机。盖上仪器防尘罩。

2. 使用注意事项

（1）红外光谱仪最好保持24h开机，可以让仪器系统处于稳定状态，还能借处于电子元器件散发的热量抵御潮气的侵袭。

（2）仪器背板上的散热栅不能被覆盖，以免过热使电子元器件损坏。

（3）保持环境的干燥，仪器上的干燥剂要即时更换。室温要相对恒定（25℃左右），以免仪器外窗受潮损坏。

四、红外光谱仪的维护与保养

1. 傅里叶变换红外光谱仪对使用环境的要求

傅里叶变换红外光谱仪属于大型精密仪器，由于其部件的特殊性，所以对使用环境的要求也高。

（1）湿度和温度　傅里叶变换红外光谱实验室，其湿度不得超过65%，以免相关光学部件被腐蚀。否则，将使仪器的灵敏度下降，甚至不能工作。实验室最好安装空调设备，不仅能使温度适宜，也能达到除湿的效果。

（2）防振　仪器最好放在防振的台子上或安装在振动甚少的环境中。因为仪器检测器和其他某些部件是通过黏结加工而成的，因此在受到较大的振动时很容易脱落，造成漏气，使仪器性能下降。另外，正在工作的红外辐射源有一定的可塑性，振动会使其变形、寿命降低，甚至损坏。

（3）电源要求　仪器使用的电源要远离火花发射源和大功率磁电设备，并避免与动力电源接在一起，并应设置良好的接地线。比较稳妥的办法是采用电源稳压设备。

（4）防尘和防腐　仪器光学系统中各种反射镜镜面，大都是真空镀膜面。因此实验室内不应有腐蚀性气体和溶剂蒸气，否则将使反射率下降以致损坏。使用环境应该注意防尘，因为灰尘对于精密部件会造成较大危害。

2. 傅里叶变换红外光谱仪的维护保养

傅里叶变换红外光谱仪的维护保养应注意以下几个方面。

① 仪器供电电压要稳定，最好用稳压器预先稳压，要有良好的接地。

② 光源（硅碳棒）使用温度要适宜，不要过高，否则将缩短其寿命。更换、安装光源时要十分小心，以免受力折断。

③ 仪器在使用中，对光学镜面（如反射镜的镀面等）必须严格防尘、防腐蚀，并且要特别防止机械摩擦。若沾污或受潮，应先用乙醇清洗，再用85%乙醚和15%乙醇混合液清洗，清洗时，用长纤维棉花球，棉球应卷成圆锥形（头部较大），棉球杆的头部尖端不要外

露，以免划伤镜面。清洗时溶剂不宜过多，擦拭时棉球应由镜面中心向边缘旋转移动，同时棉球本身也要转动。

④ 检查、维护仪器时，要注意防尘。操作板上导线的焊点不能碰到金属部分，以免短路；各光学部件（特别是反射镜）千万不能碰，更不能让灰尘落入，避免划伤和碎裂。

⑤ 各运动部分要定期（一般周期为半年）用润滑油（如仪表油、轴承油等）润滑，以保持运转轻快。

⑥ 仪器长期未用，再用时要对其性能进行一次检查。

思考题

1. 傅里叶变换红外光谱实验室应满足哪些要求？

2. 红外光谱仪的维护保养应注意哪些方面？

3. 若反射镜镜片受潮或有斑点、金属屑、纤维、漆屑、油脂和污垢等附着物时，应怎样处理？处理时应注意什么？

五、红外光谱仪常见故障的排除

以 170SX 型为例，傅里叶变换红外光谱仪的常见故障、产生原因及排除方法见表 2-6。

表 2-6 170SX 型傅里叶变换红外光谱仪的常见故障及排除方法

故　障	故障原因	排除方法
1. 分辨率低	(1)光学系统的光路准直效果不好,使光通量偏低所造成 (2)MCT 检测器位置不对 (3)外光路受振动而发生位移	重新调整光路系统 重新调整 MCT 检测器的位置至合适 重新调整外光路
2. 当室温超过 25℃时,干涉图的下部逐渐变小而后消失	仪器的 Nic7001D$_1$ 中的模数转换件发生故障	更换已损坏部件
3. 电源突然跳动一下后,显示器出现故障	某些部位和元件工作不正常所造成	依次采用外观法、触摸法、静态测试法,直至采用动态法检查出造成工作不正常的已损坏元件,将其更换
4. 仪器安装好后,白光经常失调,而且每次调整都很困难	白光干涉仪固定镜镜架固定不好,有松动现象	垫上一适当厚度的金属片,将镜架固定好(应注意,一般情况下不要轻易拆镜架)
5. 主机不能正常启动,有时要 0.5h 后放大器才工作	主机中 TR80 计算机控制板有短路现象	检查并排除短路现象
6. 光通量不稳定,激光通量下降	(1)光源硅碳棒引出线接触不良 (2)激光管衰老,使发射能力下降 (3)激光电源电压不足	重新接光源的引出线,使接触良好 更换发射能力好的激光管 提高激光电源的供电电压
7. 谱图呈一条线	由于光学部分 50 线输出插座松动所引起	将插头与插座重新固紧

思考题

170SX 型傅里叶变换红外光谱仪常见故障有哪些？产生原因是什么？如何排除？

第四节　发射光谱仪

发射光谱仪通常简称光谱仪，是根据观测物质中不同原子（或离子）的能级跃迁所发射的原子光谱，以确定该物质化学成分的仪器。它广泛应用于冶金、机械、地质、半导体材料及原子能工业等行业和部门。

一般的光谱仪都由下列三部分组成：①人射狭缝；②色散系统；③适当的光学成像系统，一般包括准直镜和成像物镜。图 2-63 是一个光谱仪光学系统的示意图。

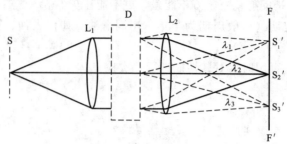

图 2-63　光谱仪光学系统示意图

S—狭缝；$L_1 L_2$—成像系统；L_1—准直镜；L_2—成像物镜；

D—色散系统；FF′—焦面

为光源所照亮的狭缝 S 位于准直镜 L_1 的焦点上。准直镜使从狭缝上的每一点射过来的光都成平行光束，射到色散系统 D 上。色散系统使不同波长的光以不同的角度分开。成像物镜 L_2 将经过色散后以不同角度射过来的平行光束分别聚焦于焦面 FF′ 上，形成了 S 的一系列单色像 S_1'，S_2'，S_3'……所谓光谱，就是这些按波长顺序排列的单色狭缝像的总和。一般来说，焦面 FF′ 不一定是一个平面。

如果在焦面后适当的地方装一个目镜，则这套装置就成了一台可以用目视法观察光谱的分光镜（看谱镜）；如果在焦面上装一个感光板盒，则成了一台可以用感光板拍摄光谱的摄谱仪；如果在焦面上装上第二个狭缝（出射狭缝），则成了一台可以分离出某一狭小波段辐射的单色仪。如果在焦面上装上多个出射狭缝，则成了可以同时分离出多个狭小波段辐射的多色仪。如果在多色仪的出射狭缝后面装上由适当的光电元件和测量电路组成的检测系统以同时测量若干条谱线的强度，则成了一台先进的光电直读光谱仪。若采用电感耦合高频等离子体作为光源，则形成了 ICP 光谱仪。

在摄谱仪的基础上发展而来的光电直读光谱仪、ICP 光谱仪近年来迅速普及，已成为发射光谱仪应用的主要形式。（看谱镜因为结构相对较简单，应用较少，故从略）。

一、发射光谱仪的类型、结构及原理

根据工作原理，发射光谱可分为经典发射光谱仪和新型发射光谱仪两大类。经典发射光谱仪主要由激发光源、摄谱仪及光谱投影仪、测微光度计等观测附属设备组成。按摄谱仪所用色散元件的不同，大体上可划分为棱镜型和光栅型两大类。新型发射光谱仪主要包括光电直读光谱仪和 ICP 光谱仪等。

1. 经典发射光谱仪

（1）激发光源　激发光源的作用主要是提供将试样中的成分元素蒸发、离解，并使这些蒸发出来的元素的原子激发所需要的能量，从而产生特征光谱。它应满足检测灵敏度高、良好的稳定性和再现性、较宽的线性范围、易于获得及便于操作等要求。目前应用较普遍的有直流电弧、交流电弧、电火花及电感耦合等离子体等光源。

① 直流电弧光源　直流电弧是应用最早的发射光谱电光源。所谓电光源，就是用电的

方法，使试样激发。一般采取上下两个电板的方式，通上电流，电极之间产生放电就形成了一个光源。按供电方式不同，电光源有多种类型，如直流电弧、交流电弧、电火花等。直流电弧目前在有色金属及稀土金属的纯度分析中仍起着重要作用，在地质矿产样品的定性及半定量分析中也广泛应用。

a. 工作原理。直流电弧发生器的电路原理见图2-64。它包括直流回路及高频引燃电路两部分。

由图可见，直流电路包括直流电源（200～300V）、电感线圈L_2和电极间隙G_2。由于在该电压时不能击穿G_2并引起电弧放电，故必须采用高频引燃线路产生高频电压以击穿电极间隙G_2。高频线路是由高频变压器T_1、振荡回路L_1、C_1、G_1及感应线圈L_1、L_2组成。T_1把交流电压升高到3000V后向C_1充电，电压达到一定值时，G_1被击

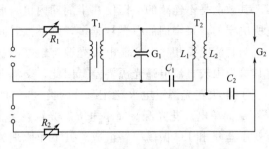

图 2-64　高频引燃直流电弧发生器电路
R_1，R_2—可调电阻；T_1，T_2—变压器；C_1—振荡回路电容；C_2—旁路电容；G_1—放电间隙；G_2—电极间隙；L_1，L_2—感应线圈

穿，产生高频振荡电流，并由L_2耦合到直流回路上，将G_2击穿并产生直流电弧放电。

b. 直流电弧光源的主要性质。

（ⅰ）放电的负阻特性。直流电弧光源是大气压力下的气体放电，和固体导体不同，电弧的电阻受温度的影响很大。当电弧电流增大时，气体的电离度也增大，此时电阻值陡降。而电阻值降低的后果是导致回路电流进一步增加，这样又引起电弧阻值的进一步降低。如此循环作用的结果是使电流无法控制，最终导致回路元器件的损坏。相反地，当回路电流值减小时，电弧电离度的降低最终导致电弧的熄灭。为了保持电弧放电的稳定，必须在回路中串联镇流电阻R_2，起限制电流及稳定电弧的作用。设镇流电阻为R_2，电弧电阻为R_1，电源电压为U，则通过电弧的电流即为

$$I = \frac{U}{R_1 + R_2}$$

从上式可以看出，当电阻R_2远大于R_1时，则电弧电阻的变化对回路电流影响很小，因此即可维持稳定的放电。

（ⅱ）直流电弧放电温度约4000～7000℃，电弧电压降约40～80V，此值与试样组成、电极材料及电极间隙有关。

（ⅲ）由于直流电弧放电两电极的极性不同，因而使阳离子趋向于阴极附近，形成所谓阴极层，由于粒子对电极的轰击使阴极层区域温度增高，故试样置于阴极可获得较好的检出限。

② 交流电弧光源　交流电弧光源分两类：高压交流电弧光源和低压交流电弧光源。前者是在两电极间加上高达数千伏的电压使之击穿放电。由于高电压操作不安全，且高压设备体积较大，因而使用不多。目前主要使用低压交流电弧光源，其工作电压一般为110～220V，设备简单，操作也安全。

a. 交流电弧光源原理。交流电弧发生器的电路原理如图2-65所示，它由交流供电回路

和高频引燃回路两部分组成。这一回路与高频引燃的直流电弧光源类似，其不同之处是把直流电源换成 220V 的 50Hz 交流电供电。由于 220V 的电压不能击穿电极间隙，故需用高频振荡回路来引燃交流电弧。

b. 交流电弧的放电特性。与直流电弧不同，交流电弧的电流和电压在交替地改变方向，因而其放电是不连续的，即使在半周期内也是如此。燃弧时间与停歇时间的比值是由引燃相位所决定的，每半周的引燃数越多，则燃弧时间越长，可以调控放电性能。

与直流电弧相比，交流电弧光源有较好的稳定性，较高的激发温度，较低的电极温度。但其检出限较直流电弧光源要差。因此，交流电弧光源更适合于做定量分析。

③ 电火花光源　电火花光源分两类：简单电火花及控制电火花。

a. 简单电火花光源。简单电火花光源发生器的电路原理如图 2-66 所示。发生器是由高压变压器 T 和 LC 振荡回路组成。其工作原理类似于电弧光源的引燃回路。高压变压器将市电电压升高到 8000～15000V，当电容器 C 充电到一定值时电极间隙被击穿产生火花放电，并在 L-C-G 回路产生高频振荡电流，试样在火花放电中被蒸发、激发，发射出离子线很强的火花光谱。

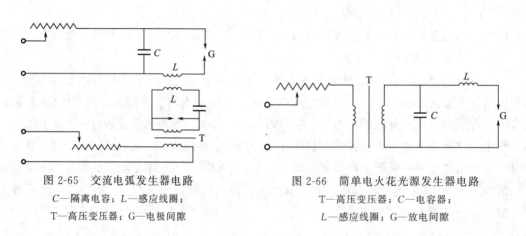

图 2-65　交流电弧发生器电路　　　　图 2-66　简单电火花光源发生器电路

C—隔离电容；L—感应线圈；　　　　　　T—高压变压器；C—电容器；

T—高压变压器；G—电极间隙　　　　　　L—感应线圈；G—放电间隙

与电弧不同，火花是瞬间的高电流密度的气体放电，火舌的中心气压可达数百个标准大气压（10MPa 数量级）以上，放电通道中的电流密度可达 $10^5 \sim 10^6 A/cm^2$，因此放电能量极大，激发温度高达 20000～40000K，使得火花放电比电弧放电有更强的激发能力和电离能力，能产生很强的离子光谱。

然而，由于简单的火花放电，在很大程度上取决于分析间隙的状态，这就造成了其放电稳定性不高。要保持火花放电的稳定性，必须使火花的发生与分析间隙无关。为了解决这个问题，常采用以下各种控制电火花光源，从而获得很高的放电稳定性，以提高分析结果的重现性。

b. 静止间隙控制电火花光源。静止间隙控制电火花光源的电路原理如图 2-67 所示。

与简单电火花电路相比，电路中增加了一个辅助放电间隙 P 及电阻 R，这样放电就由辅助间隙 P 来控制，不因工作电极间距离变化而改变放电性质。因为辅助间隙 P 是固定不变的，这样就可获得稳定的火花放电。

c. 转动间隙控制电火花光源。电路原理见图 2-68。转动间隙是由同步电机控制的，因而只有在固定转到某一特定位置时才能产生放电，故能保证放电的高度重复性。

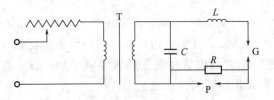

图 2-67　静止间隙控制电火花光源电路
T—高压变压器；C—电容器；L—感应线圈；
R—电阻器；G—放电间隙；
P—辅助放电间隙

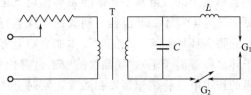

图 2-68　转动间隙控制电火花光源电路
T—高压变压器；L—感应线圈；C—电容器；
G_1—放电间隙；G_2—转动间隙

d. 电子电路控制电火花光源。为了获得稳定性更好的火花放电，通常用电子控制火花，其电路原理如图 2-69 所示。

电路的主要特点是增加闸流管 Z_1 控制放电，只有当闸流管栅极上输入正脉冲信号时，闸流管才被导通，形成火花放电。因此，放电的重复性很好，可以进行准确的定量分析。

e. 低压电容放电。放电回路采用低电压（200～1000V）、大电容（数十微法）来获得大的放电能量。由于电压低，需借助高频火花来引燃，其电路与交流电弧光源相似，见图 2-70。放电性质取决于回路的电容、电感等参数，可以得到从电弧到火花各种性质的放电，一般又称为低压火花光源。

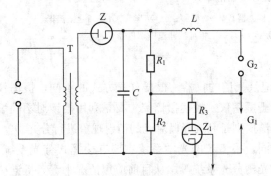

图 2-69　电子控制电火花光源电路
T—高压变压器；Z—整流管；R_1，R_2，R_3—电阻；
Z_1—闸流管；G_1—辅助间隙；G_2—分析间隙

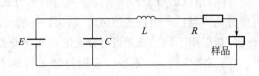

图 2-70　低压火花光源
E—电源；C—电容器；L—感应线圈；R—电阻器

④ 电感耦合等离子体光源　电感耦合等离子体是利用高频感应激发类似火焰的激发光源，简称 ICP。该光源是 Reed 在 1961 年研制成功，而由 Fassel 和 Greenlield 首先将这一技术用于光谱分析的光源。

ICP 发生器由高频发生器及等离子体炬管组成。ICP 光源对高频发生器的要求是：振荡频率 27～50MHz，输出高频功率 0.7～5kW，频率和功率有足够高的稳定性。可以满足这一要求的高频电源主要有两类：自激式高频发生器及晶体控制高频发生器。晶体控制高频发生器由于结构复杂，价格昂贵而使用较少，在中、低档 ICP 光谱仪中主要采用自激式高频发生器。

自激式高频发生器电路由三部分组成：供电电源、高频振荡器及控制回路。典型的自激式振荡高频发生器电路如图 2-71 所示。交流三相电源经可控硅交流调压器 1、三相高压变压器 2、三相桥式整流器 3 及滤波器 4 后供给功率放大管 5 作为阳极高压。LC 振荡回路 6 所产生的高频振荡经电感反馈及功率放大后经过负载线圈 7 耦合到等离子体上。经电火花引燃，被触发出的带电粒子在高频磁场作用下运动，碰撞其他气体原子或分子并使之电离，产生更多的导电粒子。此过程雪崩式地连续进行，瞬间便形成一股与工作线圈（即负载线圈）同心的强大环形涡流，把工作气体加热到上万度的高温，在炬管顶端即形成一个火炬状的等离子体（即等离子炬）。样品气溶胶通过雾化室经炬管的内管由载气送入等离子放电区。在高温的作用下，将试样蒸发和激发，发射出所含元素特征波长的光。

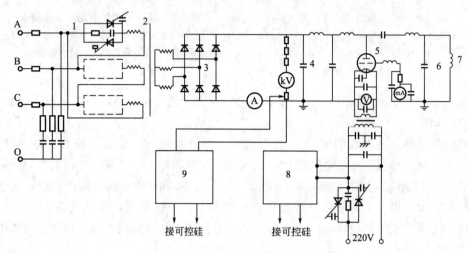

图 2-71　自激式高频发生器电路示意图

1—可控硅交流调压器；2—高压变压器；3—三相桥式整流器；4—滤波器；5—功率放大管；6—振荡回路；7—负载线圈；8—灯丝稳压调压器；9—三相可控硅稳压调压器

（2）摄谱仪

① 摄谱仪的分类　摄谱仪是利用照相方式记录光谱的仪器。根据分光方式的不同，摄谱仪可以分为两类：一类是棱镜摄谱仪；另一类是光栅摄谱仪。棱镜摄谱仪主要是利用棱镜对不同波长光的折射率不同的原理进行分光的；而光栅摄谱仪则是利用光栅对光的衍射现象进行分光。

② 摄谱仪的光学系统　根据色散元件的不同，摄谱仪的光学系统主要有棱镜式分光系统、平面光栅分光系统、凹面光栅分光系统及中阶梯光栅分光系统等。从目前应用情况来看，摄谱仪仍以棱镜及平面光栅分光系统为主，并且随着光栅刻画技术的进一步提高，光栅制作成本的降低，加上光栅摄谱仪具有色散率均匀、分辨本领高、散射光少等优点，棱镜摄谱仪呈现出逐渐被淘汰而被光栅摄谱仪取而代之的趋势。目前生产的摄谱仪几乎均为光栅摄谱仪。

a. 棱镜分光系统。早期生产的摄谱仪多为棱镜式分光系统。图 2-72 和图 2-73 是两种典型的棱镜分光系统。

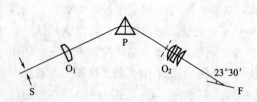

图 2-72　Q-24 中型石英摄谱仪光学系统

S—入射狭缝；O₁—准直物镜；P—棱镜；

O₂—暗箱物镜；F—焦面

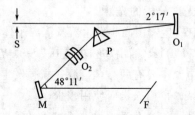

图 2-73　ИСЛ-30 型摄谱仪棱镜分光系统

S—入射狭缝；O₁—准直物镜；P—棱镜；

O₂—暗箱物镜；F—焦面；M—反射镜

进入狭缝 S 的入射光经准直物镜变为平行光后射到三棱镜 P 上，经棱镜色散和暗箱物镜 O_2 聚焦到焦面 F 上。棱镜分光系统的色散率随波长而变化。表 2-7 是 ИСЛ-30 型摄谱仪光学系统的色散率和主要参数。

表 2-7 ИСЛ-30 型棱镜摄谱仪主要参数

项　　目	参　　数	项　　目	参　　数
工作波段/nm	200～600	相对孔径	1∶30
光谱长度/nm	220	色散率/(nm/mm)	
物镜焦距/mm	703	200nm 时	0.35
准光镜直径/mm	40	250nm 时	0.9
棱镜角/(°)	60	310nm 时	1.6
棱镜边长/mm	42	360nm 时	2.5
暗箱物镜焦距/mm	830		

b. 平面光栅分光系统。平面光栅分光系统主要有下列两种。

（ⅰ）艾伯特平面光栅分光系统。艾伯特平面光栅分光系统如图 2-74 所示。

这种装置是垂直对称式平面光栅装置，光路如图中箭号所指。其特点是用一块球面反射镜的两部分分别代替准直物镜及暗箱物镜。其优点是结构紧凑，像散较小，只要转动光栅就可以得到不同波段。这种分光系统目前主要用于平面光栅摄谱仪。

（ⅱ）却尔尼-特纳平面光栅分光系统。这种分光系统的工作原理见图 2-75。

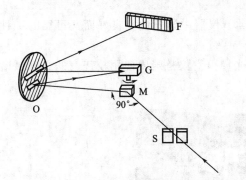

图 2-74　艾伯特平面光栅分光系统
S—狭缝；M—反射镜；O—凹面反射镜；
G—光栅；F—焦面

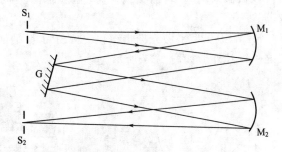

图 2-75　却尔尼-特纳平面光栅分光系统
S_1—入射狭缝；M_1—准直物镜；G—平面光栅；
M_2—照相物镜；S_2—出射狭缝

光源经狭缝 S_1 进入单色器。经准直物镜 M_1 及光栅 G 后由照相物镜 M_2 成像在出射狭缝 S_2 上。该装置有两个特点：它的光路是水平对称于光栅两侧，且 M_1 和 M_2 是两块凹面反射镜，体积比前一种要小，调节也方便。

c. 摄谱仪的光学性能指标　摄谱仪的光学性能高低常以色散率、分辨率及聚光本领等指标来衡量。现分述如下。

（ⅰ）色散率。色散率是指摄谱仪把不同波长的辐射能分散开的能力。一般用波长差 $d\lambda$ 为一个单位的两条谱线，在焦面（如感光板）上分散开的距离 dx 来表示，即 $dx/d\lambda$（单位为 mm/nm），但在实际工作中常采用线色散率的倒数 $d\lambda/dx$ 来表示更为方便。倒线色散率越小，则摄谱仪的色散率越大，在感光板上可能摄得的谱线也越多，且受到背景的干扰越小，从而使分析的灵敏度更高。

按色散率的大小，通常可将摄谱仪分成大型、中型和小型三类。对于棱镜摄谱仪，不管属于哪种类型，其色散率均随着波长而改变。同一摄谱仪，对波长越长的谱线，其色散率越小，从而使得长波处的谱线由于相反重叠而无法进行分析。

与棱镜摄谱仪不同，各种类型的光栅摄谱仪，其色散率基本不随波长而改变，对波长大的谱线，其色散率大大优于棱镜摄谱仪，表现出非常均匀的色散率。

（ⅱ）分辨率。分辨率是指摄谱仪的光学系统能够正确分辨出紧邻两条谱线的能力，一般常用两条可以分辨开的光谱线波长的平均值 λ 与其波长差 $d\lambda$ 之比值来表示，即 $\lambda/d\lambda$。分辨率愈高，说明摄得的谱线越明锐，能分辨的谱线也越多。

（ⅲ）聚光本领。聚光本领又称集光本领，是指摄谱仪的光学系统传递辐射能的能力。聚光本领越大，在感光板上所得到的照度也越大，仅需较短的曝光时间即可达到预期的曝光量。

③ 常见的摄谱仪

a. Q-24 型石英棱镜摄谱仪。德国蔡司生产的 Q-24 型石英棱镜摄谱仪属于中型棱镜摄谱仪，其光学系统如图 2-76 所示。

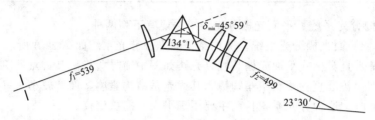

图 2-76　Q-24 型石英棱镜摄谱仪光学系统示意图

该仪器采用 60°科纽棱镜作为色散元件，在同类型仪器中属于性能良好而又可靠的一种仪器。

b. WSP-1 型平面光栅摄谱仪。WSP-1 型平面光栅摄谱仪是国内使用较普遍的光栅摄谱仪之一，其外形如图 2-77 所示。

图 2-77　WSP-1 型平面光栅摄谱仪外形图

仪器从预燃、曝光、板盒移动均实现自动控制，有利于提高工作效率、准确完成摄谱，且能减轻操作者的精力与劳动强度。

该仪器采用垂直对称式光学系统，这就使得成像谱面平直、色散均匀、谱像清晰，具有很高的锐度和分析灵敏度。仪器设有"二次光谱"的光学装置，即利用光栅耀光性能的特长，同时增大了色散率。利用光栅的高级光谱，使仪器达到很高的分辨率和色散率。因此使用范围超过中型、大型石英或玻璃棱镜摄谱仪，具有一机多用的特点。

仪器的光学系统如图 2-78 所示。

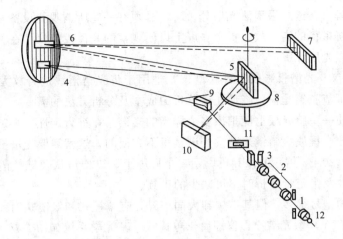

图 2-78 WSP-1 型平面光栅摄谱仪的光学系统

1—光源；2—透镜；3—狭缝；4—准光镜；5—光栅；6—照相物镜；7—感光板；
8—光栅转台；9——次反射镜；10—二次反射镜；11—快门；12—对光灯

由光源 1 发出的复合光，通过三透镜照明系统 2，均匀照射到狭缝 3 上。这样狭缝便相当于一个新的小小光源。通过狭缝后，光线再射到小反射镜（一次光谱反射镜）9，折向大球面反射镜下部的准光镜 4 上。因狭缝位于反射镜的焦点上，所以反射光成为平行光束射向光栅 5，光栅将复合光分解成为单色光，并以不同方向的平行光束射向大球面反射镜的中央照相物镜 6 上，被 6 聚焦，在感光板 7 上摄谱。这种复合光经光栅一次衍射所形成的光谱称为"一次光谱"。

为了提高仪器的色散率和分辨率，该仪器采用二次色散系统，利用"二次光谱"反射镜使光线再次射向光栅作两次衍射，也就是经过光栅一次衍射分光后的衍射光，由平面反射镜 10（二次光谱反射镜）反射回来，经光栅作第二次衍射分光。这种经光栅两次衍射后所得到的光谱称为二次光谱。其特点是利用了一次光谱的耀光，所以二次光谱的强度将超过"一次二级光谱"的强度。二次光谱成像在一次光谱下面 5mm 处。为了消除一次光谱与二次光谱的相互干扰，在暗箱前设有一个二次光谱缺口光阑。

旋转光栅转台 8 便可改变所需要的波段范围和光谱级次。顺时针旋转可得正一级至一次四级光谱；反时针旋转可得负一级至负一次四级光谱。

与这种摄谱仪结构类似的仪器有：WPG-100 型平面光栅摄谱仪、31WIA 型及 WSP-2 型、PGS-2 型等，其中 WPG-100 型平面光栅摄谱仪也是一种较常用的摄谱仪。几种摄谱仪的性能指标见表 2-8。

表 2-8 几种摄谱仪的性能指标

仪 器 型 号	波长范围/nm	色 散 棱 镜			平 面 光 栅		仪器焦距/mm	相对孔径（D/f）	理论分辨率（一级）	线色散率倒数/(nm/mm)	板盒规格/cm²
		材料	底边长/mm	高度/mm	刻线/(条/mm)	刻线面积/mm²					
Q-24	200～580	石英	63	44			500	1∶10		3.15（400nm）	6×24 9×24
WSP-1	200～1000				600 1200	95×70 95×70	1800 1800	1∶21.2 1∶21.2	57000 114000	9 4.5	9×24 9×24
WPG-100	200～1000				1200	50×40	1050	1∶20	60000	8	9×18

（3）观测设备　在进行摄谱法光谱分析时，必须有一些所谓观测设备，例如在观察谱片时，一般需要有将摄得的谱片放大投影在屏上以便观察的光谱投影仪，在测量谱片上的谱线黑度时需要用测微光度计等。

① 光谱投影仪　光谱投影仪又称映谱仪，是用于将光谱谱线进行放大的专用设备。在光谱分析中，为了节省感光板，降低光谱分析的成本及分析方法的需要，总是把每条光谱带摄得很小，从而使一块感光板上能拍摄多个样品的光谱。在进行定性、半定量分析时，如果使用简单的手持放大镜或显微镜来观察光谱是很不方便的，这就需要光谱投影仪将谱片放大成 20 倍（19.75～20.25 倍）的像并投影到一个白屏上，以便辨认及选择谱线。因此，光谱投影仪是进行定性及半定量分析时不可缺少的工具。

光谱投影仪的型号很多，但其结构却大同小异，有单镜式和双镜式两种类型。国内使用较普遍的 8W（WTY）型光谱投影仪即属于单镜式，其光学系统如图 2-79 所示。

由光源 1（12V50W 钨丝灯）发出的光线通过非球面聚光镜 2、隔热玻片 12 后，投射到反射镜 3 上，使光线转折 55°后，通过聚光镜组 4 而射向感光板 5，并使光源灯丝成像于投影物镜 6 上，使谱片（感光板）上的观察区域获得均匀照明，由被照明的谱片发出的光线经过投影物镜组 6、转向棱镜 7、8 及平面发射镜 9，最后将放大了的光谱成像于白色投影屏 10 上。投影物镜组中的透镜 11 能上、下移动，使仪器的放大倍数可在 19.75～20.25 的范围内进行调整。在光源 1 后面设置凹面反射镜 13 用以增加亮度。另外，透镜 14 可用于调节照明强度，当调节透镜 14 移入光路时，可将成于物镜组 6 内的光源灯丝像再呈现于投影屏上，这样，就可调节光源位置使其灯丝像及由反射镜 13 产生的反射像都同时清楚地、并重合或对称地成于投影屏上，此时如将调节透镜移出光路，则投影屏上整个视野都可得到均匀的照明。图 2-80 为 8W 型光谱投影仪卸掉挡光罩帘时的外形图。

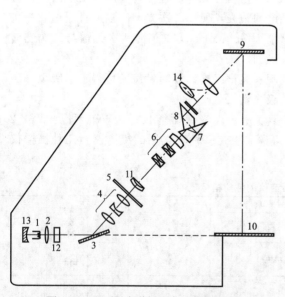

图 2-79　8W 型光谱投影仪光路结构图

图 2-80　8W 型光谱投影仪外形图（卸掉挡光罩帘）

双镜式光谱投影仪可用来同时观察两块谱片，以便比较两块谱片上的谱线位置和谱线的黑度。这种光谱投影仪由于使用较少，故不予详述。

② 测微光度计　测微光度计是用来测量感光板上所记录的谱线黑度的仪器，一般又称

为黑度计，主要用于光谱定量分析。

目前国内应用较普遍的是 9W 型测微光度计，其光学系统如图 2-81 所示。它实际上是由测量系统和投影系统两部分组成。测量系统的原理类似于光学比色计，测量光路为：从光源 1（12V50W 钨丝灯）射出的光线经由非球面聚光镜 2、绿色玻璃照明狭缝 3、转向棱镜 4，然后在聚光物镜 5 内成一光源灯丝的像，使在其上的谱片 6 得到均匀照明。聚光镜 5 同时将照明狭缝 3 的像成于谱片 6 上，从谱片的照明区域射过来的光线通过测量物镜 7、转向棱镜 8 及辅助透镜 9、10 而将谱片 6 上之谱线成像于主狭缝（测量狭缝）11 前的白色投影屏上。中间透镜 12 将通过狭缝 11 的光束较均匀地投射于硒光电池 15 之上。13 为一片透射比从 100%～40% 均匀递减的连续减光器，14 为三小块减光片，其透射比分别为：12.5%、25% 及 50%。通过 13、14 的选择可使入射光的强度得到任意调节。

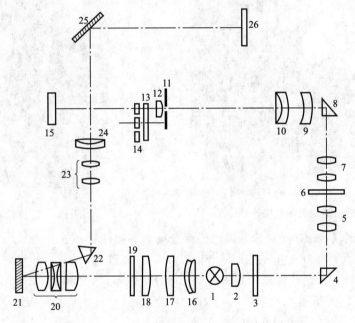

图 2-81　9W 型测微光度计的光路结构图

投影系统则与光谱投影仪相类似，投影光路为：从光源 1 射出的光同时经过由聚光镜 16～18 组成的聚光镜组均匀地照明了刻度板 19，刻度板位于物镜组 20 的焦平面上，其上刻有透射率 D、黑度 S 及"黑度换值" P 三种标尺。从刻度板射出的光经物镜组 20 后成为平行光束，经镜式检流计上的小镜 21 反射后，再通过物镜组 20，经棱镜 22 的转向后而将标尺的像成像于物镜组 23 之前；再经过物镜 23、零点校正透镜 24 以及平面反射镜 25 而最后成标尺像于中间刻有标线的毛玻璃投影屏 26 上。电流计小镜 19 偏转时可将标尺的不同部位投影到屏上，而调节反射镜 25 的倾角则可使三种标尺中的任一种出现在屏上。当进入光电池的光线被挡掉时，检流计小镜不偏转，此时可调整透镜 24 的位置，使标尺"零点"（对 D 标尺为 0，对 S 及 P 标尺为 ∞）对准投影屏 26 上的标线。而当通过谱片未曝光部分的光线被投影到狭缝 11 上并进入光电池时，检流计小镜产生较大偏转，而调整中性减光片 13 及 14，必要时调整狭缝 11 的宽度或高度，则可使标尺的读数调至 1000（D 标尺）、0（S 标尺）或 −∞（P 标尺）。此时如将待测谱线的像移入狭缝 11，即可读取该谱线的透过率、黑度或黑度换值。图 2-82 为国产 9W 型测微光度计的外形图。

2. 新型发射光谱仪

近一些年以来，在经典摄谱仪的基础上以光电倍增管、电荷耦合器件（CCD）等为光电转换元件，采用中阶梯光栅进行分光以及电感耦合高频等离子体（ICP）光源形成的如光电直读光谱仪、ICP 光谱仪等新型发射光谱仪迅速普及，并已经成为发射光谱仪应用的主要形式。

（1）光电直读光谱仪　光电直读光谱仪是一种与传统摄谱仪的构造及工作原理相似，但用光电倍增管作为光电转换元件，并引入计算机技术而形成的用于原子发射光谱快速定量分析的装置。如图 2-83 所示。

图 2-82　9W 型测微光度计外形图

图 2-83　光电直读光谱仪

（2）ICP 光谱仪　ICP 光谱仪是以电感耦合高频等离子体（ICP）作为光源（图 2-84），电荷耦合器件（CCD）为光电转换元件（图 2-85）将光信号转换为电信号，采用中阶梯光栅等新型分光元件，并用计算机控制的新型光谱分析仪器，它集信息采集、处理、存储诸功能于一体。如图 2-86 所示。

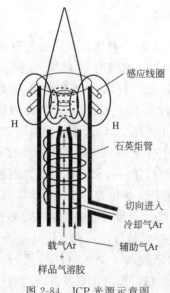

图 2-84　ICP 光源示意图

图 2-85　CCD 示意图

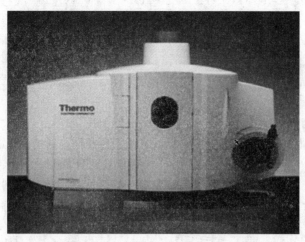

图 2-86　ICP 光谱仪

ICP 光谱仪（ICP-AES）一般由高频发生器、蠕动泵进样系统、光源、分光系统、检测器、冷却系统、数据处理系统等组成（见图 2-87）。

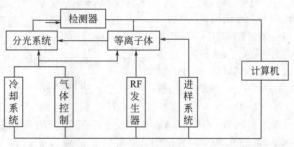

图 2-87　ICP 光谱仪（ICP-AES）组成示意图

ICP 光谱仪具有检出限低、精密度好、基体效应低、动态线性范围宽、自吸收效应低、多元素可同时测定及曝光时间短（一般仅需要 10～30s）等特点。

思考题

1. 发射光谱仪按光谱观测方式不同可分为哪几种？目前常用的是哪一种？

2. 摄谱法所用的发射光谱仪由哪些部分组成？各部分的作用是什么？

3. 常用的激发光源有哪些？试从其原理、性能等方面加以比较。

4. 摄谱仪的性能可从哪些方面进行衡量？常用的摄谱仪按色散原理应属于哪一种？

二、发射光谱仪的安装与调试

1. 对实验室的要求

发射光谱分析实验室应满足下列要求。

① 光谱分析实验室必须尽可能与化学实验室分开，以防止酸、碱及其他腐蚀性气体、蒸汽或烟雾侵蚀发射光谱仪的光学和精密机械零件。

② 实验室附近不应有剧烈振动的装置，放置摄谱仪或测微光度计等仪器的工作台应有足够的稳固性。

③ 实验室应经常保持清洁、干燥。室温高低要适宜，并不应有急剧变化。条件许可应安装空调设备，室内灰尘应尽量减少。

④ 电极架上方应有排风设备。砂轮或其他切削电极的工具应尽可能不放在实验室内，除非附有完善的防尘设施。

⑤ 光电直读光谱实验室则要求严格地恒温、恒湿，应有良好的空气净化系统，同时要注意仪器的防振。

2. 仪器的安装与调试

发射光谱仪型号很多，各仪器的安装与调试方法不尽相同，这里仅以 WPG-100 型平面光栅摄谱仪（见图 2-88）为例，说明发射光谱仪的安装、调试的一般方法。其方法、步骤如下。

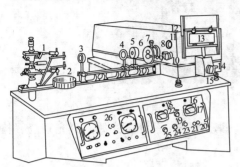

图 2-88　WPG-100 型平面光栅摄谱仪

1—电极架；2—托盘；3—第一透镜及保护片；4—第二透镜及光阑；5—电磁曝光快门；6—哈特曼光栅盒；7—狭缝宽度调节及读数器；8—调焦手轮及读数器；9—狭隙倾斜调节及读数器；10—光栅转角调节；11—光栅转角数字窗；12—板移位置读数器；13—暗盒；14—板移手轮；15—垫块；16～25—光源（16—电源指示灯；17—高压电流表；18—高压指示灯；19—高压电流细调；20，21—高压开关按钮；22—电流表；23—电弧或火花选择开关；24—手控或自控选择器；25—高压电流粗调）；26—电气控制箱

① WPG-100 型平面光栅摄谱仪包括主机、工作台、附件及备件，分装于三个包装箱内，安装时应按照工作台、主机、光源、电气箱的顺序开箱。开箱时要注意以下事项。

a. 清除包装箱上的尘土污物，以免开箱时沾污仪器。

b. 小心开箱，切勿碰撞工作台。

c. 取出仪器主机时，必须把箱里的附件及其他东西全部取出后方可进行。此时应特别注意不要碰撞狭缝及光阑盘部件，也不能使部件受力。

d. 不可抓、抬一切操作手轮及手柄。

e. 小心取出光栅盒，切勿碰撞。

② 取出工作台后，按选择好的工作室放成正确位置，不要使狭缝和暗盒部分对准窗口，以防止杂散光造成影响。

③ 取出主机，拧上三底脚调整螺钉及垫块 15，然后安放仪器主机于工作台上，并粗调水平。

④ 用四个螺栓把导轨与仪器底座连接起来，调节另一端调整螺钉，使其粗略水平（以仪器主机三个螺钉同时受力为准），然后拧紧四螺栓。

⑤ 把电极架和聚光镜 3（O_1）、4（O_2）以及电磁快门 5 置于导轨上。

⑥ 安装光源 16～25、电气控制箱 26 于工作台里，并检查调试光源及电气控制箱。方法如下。

a. 光源。接通电源前，将高频电缆、滑线变阻器、联接电缆插头与光源机箱后相应的插座接妥，另一端分别与分析电极、变阻器联接。检查电源输入插头是否与要接的电源要求相同，即插头上"L"、"N"、"O"分别与电源"相"、"中"、"地"对应。若不同，立即改正，方可插入电源。否则，会发生触电及光源不能工作的危险。将块规放在辅助放电间隙间，调整辅助隙。将"高压电流粗调"旋钮（K_3）拨至第一挡，"控制选择"旋钮（K_2）拨至"手控"挡，"工作状态选择"旋钮（K_1）拨到"电源断"。

接入电源，再将"工作状态选择"旋钮拨到"火花"或"电弧"挡，"电源指示"灯

（e_1）亮。按动"高压开关"（AK_1）"通"，"高压指示"灯（e_2）亮。光源即可工作。

调节"高压电流细调"旋钮（$6R_1$），使高压电流指示表 A_2 在 0.4～0.6A。此时分析电极间应能起弧（电弧状态），或发生高频冲击放电（火花状态）。

电弧、火花的电流，可调节滑线变阻器，由电流表 A_1 指示。所需电流的大小，可选用不同的变阻器，或采用并联、串联办法。但不可超过变阻器所能承受的最大电流值。

燃弧过程中，可调节分析间隙使电弧电流保持定值。

b. 控制箱。将20线插头插入控制箱后板的插座内，另一端分别接至主机上相应的板移、快门、水平电极架或对光灯插座上。将9线插头插入9线插座上，另一端插至光源后板9线插座中。将面板上"振动"、"曝光手控"、"传送"的旋钮开关 K_1、K_2、K_3 放至关断位置（拨向下或"闭"）。将光源上"工作状态选择"开关 K_1 拨至"火花"或"电弧"挡，"控制选择"旋钮 K_2 拨至"自控"挡。

分别将预燃时控（JS_1）、曝光时控"JS_2"调至所要求的时间上，即红色指针所对的时间刻度。按动"板移手动"按钮（AK_2），暗盒移动。调节"板移距离"旋钮（bR_3）至所要求的移动距离。分析电极距离调整，根据每次燃弧电极的消耗，调整 JS_3 顶端的电位器。并可随时按动水平电极架箱体上的微动开关（WK_2、WK_3）进行调整。打开"振动"开关 K_1，调节 bR_1、bR_2 使振动强度适当。

按动"自动控制"、"合"，整机可按以下程序工作：第一，水平撒样法装置时的程序为光源工作、粉料传送、快门开闭、光源断、传送停、分析间隙自动调节、暗盒移动、停。第二，垂直电极架时的程序为对光灯亮、光源工作、对光灯灭、快门开闭、光源断、对光灯亮、暗盒移动、停。

⑦ 按光学系统要求调整聚光镜系统，方法如下。

按图 2-89 所示尺寸，固定电极架位置。

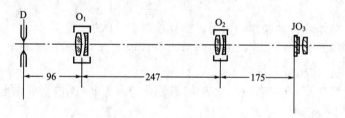

图 2-89　电极架与三透镜间距离（单位：mm）

对光灯亮，取下第二聚光镜组 O_2 及电磁快门，前后移动第一聚光镜组 O_1，调整顶端两调整螺钉，使电极的放电和缩小像对称成像于十字对中盖中央，然后按相对于电极的位置尺寸固定。

置第二聚光镜 O_2 于图 2-89 显示的尺寸固定，调整顶端两螺钉，使电极成像于中间光阑上，并与光阑长方孔对称。

⑧ 打开仪器侧面盖板。从光栅盒子中取出所要用的光栅，安装在光栅台上。注意定位后，必须拧紧十字胶木螺钉。

⑨ 置毛玻璃于板移架上。

⑩ 按每台仪器均附的"阶光板透过率实际值％表"对中心波长 500nm，调整狭缝调焦及倾角值。

⑪ 起弧，用8倍放大镜贴紧毛玻璃面观察光学系统通光情况，以及检查狭缝刀口清洁

程度。

⑫ 按仪器调整温度，调节狭缝调焦值，拍摄全谱图，与标准谱片相比较。

思考题

1. 发射光谱仪对实验室有哪些要求？

2. 了解发射光谱仪的安装、调试过程及注意点？

三、发射光谱仪的使用

1. 经典发射光谱仪的使用

（1）WPG-100 型平面光栅摄谱仪

① 使用方法

a. 狭缝倾斜和光栅转角的补偿调整　根据摄谱需用波段的中心波长，按仪器说明书提供的数据用 9、10 两调节钮进行调节。

b. 哈特曼光栏的调节　通过哈特曼光栏盒上的光栏移动手轮调节所需的光栏或减光板位置（从观察窗中观察）。

c. 狭缝调节　利用调节手轮 7 进行调节。

d. 电极架调节　调节电极架上的螺钉、螺母，使电极作上下、左右、前后移动。调节时，点亮对光灯，在遮光板上观察电极成像位置，使电极成像在遮光板方孔的上下两边。

e. 暗盒位置调节　暗盒用偏心轮固定后，用板移手轮 14 移动暗盒位置，并由板移位置读数器 12 示出标记数值。

f. 光源及控制箱的使用

（ⅰ）当选择开关 23 由"电源断"指向"电弧"或"火花"时，电源接通，电源指示灯 16 亮。

（ⅱ）按手动操作或自动操作的需要，选择控制器 24 的位置。

（ⅲ）按动高压开关 20 "通"，电极间放电，同时高压指示灯 18 点亮。按高压开关 21 "断"，即停止放电，指示灯熄灭。

（ⅳ）调节旋钮 25、19 使高压电流表 17 指示在 0.4～0.6A 内，放电电流由外接电阻器调节，在电流表 22 中读出。

（ⅴ）教学实验采用手动操作，控制箱 15 中"曝光手动"开关需使用。摄谱时，将它打在"断"。

若仪器使用自动控制操作时，光源预燃、曝光、板移、对光灯点亮等动作，均可自行在预定时间间隔内完成一个摄谱过程。

g. 摄谱　检查以上调节无误后，即可摄谱。取下狭缝窗上的十字对中盖，拉开暗盒拉板，并打开快门，按高压开关"通"按钮，同时用秒表记录曝光时间，摄完谱，按下高压"断"按钮。关闭总电源开关。

h. 暗室处理　将暗盒面板推入，取下暗盒（注意千万不要漏光）到暗室，按要求冲洗感光板；同时用毛玻璃盒挡上摄谱窗口。

② 使用注意事项

a. 仪器工作时，电压较高，要求仪器接地良好。

b. 放电过程中，严禁接触电极，防止触电。

c. 弧烧时有强烈的紫外辐射，应戴防护眼镜，并把遮光板放好，尽量避免弧光直射眼睛。

d. 弧烧时产生大量氰气及试样的各种蒸气。因此，电极架必须在良好的通风罩下工作。

e. 仪器外光路的透镜表面不可用手接触，位置不能随意移动。

f. 狭缝必须保持干净，不用时要用盖子盖上，切勿用手摸；关闭时不要完全闭紧，以免磨损刀口。

g. 光栅要保持清洁干燥，切勿用手擦其表面，若有沾污及灰尘可用洗耳球吹之。仪器长期不用时，将光栅取下，放在保干器里。

h. 暗盒取下后应换上毛玻璃，以免灰尘进入。

（2）WTY 型光谱投影仪的使用方法

① 照明调节　开启电源及反射镜保护盖，打开辅助透镜（10），投影屏上可以观察到两个放大的灯丝像。如果两个像不重合，大小和清晰度不一致。用灯丝调节螺丝调节，或移动灯架（4），直至两个像完全重合并位于中心对称。

② 光谱片的安装和调整　将谱片放在工作台上，乳胶面向上，长波在左边。用弹簧片夹住，用手轮（13）调节谱线的清晰度。通过纵向和横向驱动手轮（14）、（15），寻找需要的谱线。

③ 谱线定位和打印　光谱底片上所测定的谱线，用手轮（14）、（15）移到投影屏的中心红线，然后按下标记设备，便打出长形记号，以便进行测定。

④ 谱图辨识　用铁标准光谱图与底板上的铁光谱对齐，对试样光谱进行辨识。

⑤ 结束工作　使用完毕，关闭电源，罩上反射镜的防护盖及仪器罩。

（3）9W 型测微光度计的使用　9W 型测微光度计的使用方法如下。

① 将光谱底片乳胶面朝上放在工作台上，并固定。

② 插上电源插头，电源为 DC12V，外接稳压电源。

③ 将光谱底板上待测量的谱线投射到两个半圆绿色辅助光缝上，若不清晰，可用手轮（20）、（21）调至谱线清晰。

④ 选择好检流计标尺，例如用旋钮 28 选择所需标尺。S 标尺是常用的。

⑤ 用调节器（22）、（23）、（26）选择狭缝宽、高度和倾斜度。

⑥ 调节光强度：将固定减光器放在 100 处，连续减光器放在 50 处，将感光板空白处对准狭缝口，调节检流计零点。用旋钮（30）使光标指在 S 标尺，轻轻按下检流计开关（31），观察标尺移动情况，标尺向左移动若达不到零，可旋转连续减光器旋钮（24），改变透过率，使指针指在零处。关上检流计开关，反复核对两次方可测定。

⑦ 移动工作台，将欲测量谱线对准狭缝，锁紧（14），按下检流计开关（31），用手轮（15）或（16）左右移动底片，使测量的谱线在标尺上得到最大读数，比值即为测量值，记下读数，关好检流计。

⑧ 全部测完后，轻轻关闭狭缝，取出感光底片，检查检流计是否关好，关闭仪器电源，罩上仪器罩。

2. 新型发射光谱仪的使用

以 iCAP 6300 ICP 光谱仪为例，ICP 光谱仪的操作规程及使用注意事项如下。

（1）操作规程

① 开机/点火

a. 开机（若仪器一直处于开机状态，应保持计算机同时处于开机状态）

（ⅰ）确认有足够的氩气用于连续工作（储量等同瓶装≥1瓶）。

（ⅱ）确认废液收集桶有足够的空间用于收集废液。

（ⅲ）确认已打开氩气分压在0.6~0.7MPa之间。

（ⅳ）打开计算机。

（ⅴ）若仪器处于停机状态，打开主机电源。仪器开始预热（2h以上）。

（ⅵ）启动iTEVA软件，检查联机通信情况。

b. 编辑分析方法

（ⅰ）新建方法，选择所需元素及其谱线。

（ⅱ）添加和删除标准，选择标准中所含的元素及其所需谱线，设置和修改元素含量。

c. 点火

（ⅰ）再次确认氩气储量和压力，并确保连续驱气时间大于30min，以防止CID检测器结霜，造成CID检测器损坏。

（ⅱ）启动计算机和iTEVA软件，仪器初始化后，点击等离子状态图标，检查联机通信情况。

（ⅲ）光室温度稳定在38℃±0.2℃，CID温度小于−40℃。

（ⅳ）检查并确认进样系统（矩管、雾化室、雾化器、泵管等）是否正确安装。

（ⅴ）夹好蠕动泵夹，把样品管放入蒸馏水中。

（ⅵ）开启循环水。

（ⅶ）开启排风。

（ⅷ）打开iTEVA软件的等离子状态对话框，点击等离子开启点火。

d. 稳定

（ⅰ）光室稳定在38℃±0.2℃。

（ⅱ）CID温度小于−40℃。

（ⅲ）等离子体稳定15min，状态稳定后方可进行分析操作。

② 分析

a. 打开或新建分析方法，选择所需元素及其谱线，有必要时，执行自动寻峰。

b. 添加和删除标准，设置和修改元素含量。

c. 打开标准化对话框，进行校正。

d. 确认分析溶液无杂质后，方可分析试样。

e. 分析完毕后，将进样管放入蒸馏水中冲洗进样系统10min。

③ 熄火

a. 打开iTEVA软件中的等离子状态对话框，点击等离子关闭按钮。

b. 关闭循环水，松开泵夹及泵管，将进样管从蒸馏水中取出。

c. 关闭排风。

e. 待CID温度升至10℃以上时，驱气10min后关闭氩气。

④ 停机　若仪器长期停用（超过一个星期），关闭主机电源和气源使仪器处于停机状态。要求定期开机，以免仪器因长期放置而损坏。

（2）使用注意事项

① 每日详细记录环境温湿度，每小时室温变化不能大于2℃。

② 每日记录期间核查的结果，并对当天仪器状态进行记录。

③ 每日对异常试样进行复验，比较结果后，注明原因。

④ 每周清洗矩管和中心管，根据污染情况逐渐增加清洗酸的酸度。

⑤ 每周采用倒吹法清洗雾化器，如果雾化器内有附着酸，可用浓硝酸冲洗。

⑥ 详细记录备件消耗，及时补充备件。

四、发射光谱仪的维护与保养

发射光谱仪属于精密的光学机械仪器，需要仔细维护和保养，以延长其使用寿命，保持其性能，使仪器能正常工作。

1. 激发光源的维护

① 除火焰外，激发光源均属于电学仪器，因此在使用前必须严格检查电路，经确认电路正常后再供电。

② 在使用中，光源应尽量避免超负荷、长时间连续工作，以免损坏。

③ 光源中的控制隙（放电盘）应定期清理，通常每工作 $100 \sim 200h$ 后至少清理一次。

④ 光源中的高压电缆要尽量架空，避免和仪器机壳接触，以防止漏电。特别是长期使用后的电缆，绝缘性能降低，遇到天气潮湿更容易击穿，从而引起事故。所以要经常检查，及时预防。

⑤ 高压火花的保护隙是用来保护电容器的，必须按规定的距离调整好。保护隙的两个铜球表面不能被氧化，否则将失去保护作用，因此必须经常清理，以除去可能存在的氧化层。

⑥ 整个仪器必须保持干净，否则由于灰尘的存积，使某些元件的耐压能力降低，从而引发故障。

⑦ 电弧或电火花的电板架以及光源发生器都必须有良好的接地，而且最好专门从实验室外单独引进一根地线供接地用。

2. 摄谱仪的维护

（1）透镜及棱镜的维护 透镜及棱镜的光学表面应保持清洁，一般情况下，一般不得以手接触。如有灰尘，可用清洁的软毛刷或擦镜纸轻轻擦去；如弄上手指印或沾上其他油污，应及时用脱脂棉球蘸取由 30% 乙醚和 70% 酒精组成的混合液仔细擦洗，但应特别注意，不得在光学表面上擦出伤痕来。

（2）反射镜及光栅的维护 光栅和表面镀铝的反射镜，严禁用手触及其表面，也不能用擦镜纸或脱脂棉去揩擦。不得对着光栅讲话，以防止唾沫溅到光栅上。如有灰尘，可用干净的洗耳球将灰尘吹掉。

备用光栅应存放在装有硅胶的密封干燥器内，干燥剂应经常更换。要注意防止硅胶粉尘落在光栅上。

（3）狭缝及其他机械部件的维护 狭缝是一种比较精密的机械组件，不应受到冲击、碰撞，不应无故拆卸。

狭缝应保持清洁，因为狭缝的沾污或其他缺陷会直接反映到谱线上来。例如，在狭缝上落了灰尘或污物，在光谱上就会出现横贯整个光谱的黑线（谱片上即为白道）。此时就要将狭缝保护盖卸下，将狭缝开宽，然后用削成光滑的尖端或楔形的柳木小棍，沿狭缝长度方向擦去缝中的灰尘或污物。

如果在摄得的谱片上只在长波（如可见区）有谱线出现，而在紫外区的谱线显著减弱、甚至不出现，则可能是狭缝中有某种不透紫外线的油脂类物质，若属实，则应以脱脂棉球蘸上适当的溶剂将它除去。应该指出的是，当三透镜照明系统中的第一块（靠近光源的）和第三块透镜上有污物或灰尘时，有时也会出现和狭缝不清洁时出现的同样的现象。这是因为第一块透镜表面成像于狭缝上，而第三块透镜则靠狭缝很近。因此，应该特别注意第一块透镜上的保护窗片的清洁，必要时可更换。

插入狭缝前的光阑片应保持清洁，不应有灰尘污物，插入时应注意避免碰到狭缝颚片。

对其他机械部件，亦应注意清洁，特别要防止生锈或腐蚀，必要时可按照仪器说明书在可以上油的地方涂上少许润滑油。

（4）仪器的整机维护　仪器内部的各光学及机械部件，其位置都是在出厂前用专门设备安装调试好了的，不应无故拆卸（除非是仪器说明书指出可以拆卸之处），否则在一般光谱实验室的设备条件下往往不易重新调好。

仪器应注意防尘。使用完毕后应装上板盒，盖上狭缝盖，最后罩上塑料布罩，以防止灰尘侵入。

3. 观测设备的维护

① 仪器应置于干燥、通风、无振动且无酸碱性气体侵蚀的室内，同时室内应备有双层窗帘，以避免受强光直接照射。

② 仪器零件应经常涂以薄而不凝固的防锈油以免生锈，特别是安装仪器的工作台部分及导轨、导杆等部位。

③ 测微光度计的主狭缝及绿色辅助光缝应经常保持清洁。主狭缝刀口很容易损坏，不允许随便揩擦，必须用洁净柔软的薄纸（如镜头纸）在沿着狭缝的上下方向作轻微移动，或用压缩空气将灰尘吹去。绿色辅助光缝可分组取下，其方法是：转动搭扣，然后在弹性钮上将板略向前拉，并握住边沿向上拔出。取下后，可用一块干净的绒布及一把毛刷很方便地就可清洁狭缝表面及聚光镜表面。

④ 仪器使用结束后，应将电源切断，并使快门处于遮光位置，狭缝前的高度调节板亦应关闭，然后用一块尘土不易进去的厚布（或塑料布）制成的罩子将整个仪器罩起来。

⑤ 仪器若长时间不用或需移动位置之前，必须将检流计接线柱上的插座短路，以免损坏检流计。

4. ICP 光谱的维护

（1）定期更换泵管。

（2）定期清洗雾化器。

（3）定期清洗矩管和中心管。

（4）每六个月检查一次循环水。

（5）每年检查并维护光路。

（6）计算机为仪器专用，对数据应定期备份。

思考题

1. 如何维护激发光源？

2. 摄谱仪的维护应从哪些方面进行？

3. 摄谱仪的狭缝若被沾污或有缺陷，会出现什么后果？如何处理？

4. 如何维护光谱投影仪、测微光度计等观测设备？

五、发射光谱仪常见故障的排除

发射光谱仪的常见故障及排除方法见表 2-9。

表 2-9 发射光谱仪的常见故障及排除方法

故　障	故　障　原　因	排　除　方　法
1. 电弧发生器不起弧 (1)指示灯暗红不明亮 (2)高频引火回路不工作	供电电源(零线)不通或零线接触不良 (1)电源电压过低 (2)高频振荡回路有故障 (3)放电间隙距离不合适 (4)放电盘表面被氧化	检查保险丝及电源线路 增接稳压电源 依次检查:升压变压器初、次级是否断路, 1A 保险丝是否熔断;断路器插头接触是否良 好;充电电容是否被击穿。找出故障原因所 在,加以排除 重新调整至适宜 用细砂纸或绸布摩擦,除去氧化层
(3)低频回路不通	(1)20A 保险丝断 (2)电阻箱接触不良	更换同一规格的保险丝 找出不良接触处,使之接触良好
(4)继电器不工作或发生敲击声、轰鸣声	(1)继电器线圈接触不良 (2)继电器支架松动 (3)电磁铁闭合不紧密	使之接触良好 加以紧固 更换电磁铁或修理,使之闭合紧密
2. 低压电弧电流不稳定	(1)电压受外界因素(如电焊机)影响 (2)放电盘表面氧化 (3)电极距过大 (4)电缆线高频漏电 (5)撒样法时抽风不稳定	排除外界因素的干扰 清理被氧化了的表面 调节至合适 更换电缆线 消除抽风不稳定因素,使之稳定
3. 测微光度计灵敏度下降	(1)照明灯泡位置不合适 (2)灯泡发黑或灯丝已断 (3)光学系统元件上有灰尘 (4)光电池老化或失效	调整灯泡位置至合适 更换同规格灯泡 用脱脂棉球蘸无水乙醇清洗,然后用吹风 机将光路系统吹干 更换新的同规格的硒光电池
4. 灵敏度突然降低或突然改变的同时,检流计指针动荡不定	(1)光电池内部接触不良 (2)照明电路内接触不良	更换新的硒光电池 找出接触不良处,加以排除
5. 通电后检流计无偏转	(1)吊丝或张丝折断或烧坏 (2)胀丝固定销钉松落或脱焊 (3)电气线路、动圈断路或短路 (4)动圈被灰尘等杂物卡住	更换吊丝或张丝 重新固紧或焊牢 查明线路重新焊接或更换动圈 用吸球吹去灰尘或用钢针迅速引出杂物
6. 电源接通后,检流计无光影	(1)光源灯泡烧毁,或位置不正,灯座接触不良 (2)光阑座松动,焦距不对 (3)反射镜松动,位置偏移太大 (4)光源线路中有断路或光源变压器损坏	更换灯泡,或调整灯泡位置,清除氧化层 固紧螺丝,调整光阑距离 沿光路查对,调好位置,固紧反射镜 从电源线、变压器和光源线路逐段检查,找 出故障原因,排除断路处或修理变压器
7. 检流计光影成像不清晰	(1)物镜位置发生变化 (2)反射镜面污染或氧化	调整光路,对准光阑光路 用长纤维棉球蘸无水乙醇擦净表面,严重 氧化者则需更换反射镜

思考题

1. 电弧发生器不起弧或者虽然燃弧但不稳定,其原因有哪些? 如何处理?

2. 测微光度计的常见故障有哪些? 产生原因是什么? 如何排除?

六、技能训练——发射光谱仪的检出限及精密度的检定 （JJG 768）

1. 技术要求

本方法适用于新制造、使用中和修理后的发射光谱仪的检定。检定应在相对湿度不大于80％，仪器及电源有良好接地，周围无振动、不受阳光直接照射，无强交流电干扰、无强气流及腐蚀性酸、碱等气体的条件下进行。仪器按检测系统不同，可分为 A 类（看谱镜）、B 类（摄谱仪）和 C 类（光电直读光谱仪）。此处仅要求对 B 类仪器进行检定。检出限及精密度的检定结果应满足如下要求：

检出限：Sn(283.98nm)≤0.003％

Zn(334.502nm)≤0.001％

精密度：≤10％

检定周期为两年。但当条件改变（如光路系统修理等）或对测量结果有怀疑时，则应随时重新检定。

2. 检定步骤

（1）检出限的检定　采用交流电弧为激发光源，电流 7～10A，仪器的中心波长290.00nm 或 320.00nm，相对孔径≤1∶30，狭缝宽度为 5μm，缝高 2mm。自电极对（或上电极为石墨）激发，电极间距 2.0mm，预燃 40s，曝光 40s，用感光板对纯铜标准物质 GBW02112 摄谱 12 次。同时摄取一套标准系列，经暗室处理后用测微光度计分别测量 Sn(283.98nm)/Cu(306.9nm) 和 Zn(334.502nm)/Cu(306.9nm) 的吸光度值，以吸光度差或强度比的对数与含量的对数绘制分析曲线。从而求出各被测元素的检出限。

（2）精密度的检定　采用上述检出限的检定中所采取的摄谱条件对纯铜标准物质 GBW02112 摄谱 12 次所得的谱线，用测微光度计测量 Ni(305.031nm)/Cu(306.9nm) 的吸光度值，再从分析曲线上求出 Ni 的 12 次含量值，即可求得精密度。

3. 数据处理及检定结果

（1）检出限计算　按下式计算各被测元素的检出限 x_L 值：

$$x_L = \bar{x}_0 + KS$$

式中　x_L——元素的检出限；

$\bar{x}_0$——空白样品中被测元素谱线背景值的平均值；

K——置信度，$K=3$；

S——单次测量标准差。

$$S = \sqrt{\frac{\sum\limits_{i=1}^{n}(x_i - \bar{x}_0)^2}{n-1}}$$

式中　x_i——单次测量被测元素谱线的背景值；

n——测量次数。

最后将 x_L 在分析曲线上查得的值即为检出限。

（2）精密度计算　精密度可按下式计算：

$$RSD = \frac{\sqrt{\dfrac{\displaystyle\sum_{i=1}^{n}(c_i - \bar{c})^2}{n-1}}}{\bar{c}} \times 100\%$$

式中　RSD——精密度；

　　　c_i——单次测量值；

　　　$\bar{c}$——12 次测量浓度值的平均值；

　　　n——测量次数，$n=12$。

（3）检定结果

检 定 项 目	Sn(283.98nm)	Zn(334.502nm)
检出限 x_L		
精密度(RSD)/%		

思考题

1. 了解检定发射光谱仪的技术要求。
2. 熟悉发射光谱仪检出限及精密度的检定过程及计算方法。

技能鉴定表（三）

项　　目	鉴 定 范 围	鉴 定 内 容	鉴定比重	备　　注
		知识要求	100	
基本知识	发射光谱仪相关基本知识	1. 无线电电路知识 2. 几何光学知识 3. 光栅分光原理 4. 相关机械常识	30	
专业知识	发射光谱仪的维护和保养	1. 发射光谱实验室的要求 2. 发射光谱仪的维护保养	30	
	发射光谱仪的维修	1. 无线电电路分析知识 2. 无线电元器件鉴别知识 3. 光学元件及作用原理知识 4. 相关机械原理、常识	30	
相关知识	仪器维护、维修相关知识	1. 光学知识 2. 机械常识	10	
		技能要求	100	
操作技能	安装与调试	1. 发射光谱实验室的建设 2. 发射光谱仪的安装与调试	20	
	仪器维修操作技能	激发光源、摄谱仪及观测系统设备的常见故障的排除	40	
	仪器性能检定	发射光谱仪（B 类）检出限及精密度的检定	20	
工具的使用	工具的正确使用	万用表、电烙铁及其他有关工具的正确使用和保管	10	
安全及其他	安全操作	安全用电、相关部件及元件的保护	10	

第三章　电化学分析仪器的维护

电化学分析是企、事业单位及科研机构常用的一类分析方法，它是利用被测试样溶液的电化学性质及其变化来进行分析的方法，其测定的依据是电位、电导、电量、电流等电化学参量与被测物含量之间的定量关系，这些电化学参量的测量是通过电化学分析仪器来完成的。因此，每一种电化学分析方法是和相应的电化学分析仪器紧密联系的。根据所测量电化学参量的不同，常见的电化学分析仪器有酸度计、离子计、电位滴定仪、电导率仪、库仑仪、极谱仪等，如表 3-1 所示。

表 3-1　常见的电化学分析仪器

分析方法		分析仪器	电化学参量
电位分析	直接电位法(离子选择性电极分析法)	酸度计、离子计	电极电位(电动势)
	电位滴定法	电位滴定仪	电导(电阻)
电导分析		电导率仪	电量
库仑分析		库仑仪	电流
极谱分析(伏安法)		极谱仪	

这些电化学分析仪器在国民经济的许多领域担负着各种各样的分析任务，特别是电位分析中的酸度计、离子计及电位滴定仪有着十分广泛的应用。本章着重从仪器的结构原理、调试校正、维护保养及常见故障的排除等方面对酸度计、离子计以及电位滴定仪进行介绍（库仑仪则放在"第六章其他分析仪器的维护"中介绍）。通过本章的学习，使你能够：

1. 熟练、正确地维护仪器；

2. 对日常使用中或维修后的仪器进行必要的性能测试和校正；

3. 对仪器使用过程中出现的常见故障进行排除；

4. 掌握必备的安全知识，培养严谨的分析问题、解决问题的方法和能力。

第一节　酸度计（离子计）

直接电位法是采用酸度计或离子计通过对由电极与被测溶液组成的电池电动势（电极电位）的测量，根据电动势（电极电位）与溶液浓度之间的定量关系求出物质含量的。因此，酸度计、离子计都是由电计和电极两部分组成的。

一、酸度计

1. 电计部分

酸度计亦称 pH 计，是目前最常用的测量溶液 pH 值的仪器。它是通过测量电极对 H^+ 响应而产生的电位信号并使之直接转换为酸度（pH 值）。目前常见的酸度计主要是 pHS 系列酸度计。

（1）酸度计的结构　酸度计一般设有以下几个调节器。

① 零点调节器。当指示电极和参比电极之间的极间电势为零时，溶液的 pH 值称为

"零位 pH"值（也称测量元件的"零点"）。但由于仪器零点是可变的且任意两个测量元件的零点也不相同，因此，仪器的"电气零点"设计为可调形式。

② 定位调节器。在用标准缓冲溶液对仪器进行校准时，需用定位调节器，它的作用在于抵消外参比电极电位、不对称电位、内参比电极电位以及液接界电位等因素的影响。由于被补偿电位中的液接界电位随溶液性质而变，为了使对标准缓冲溶液（定位）和未知溶液（测定）的两次测量中液接界电位能相互抵消，所以定位所用标准缓冲溶液的 pH 值应尽量与被测液的 pH 值相近。

③ 温度补偿器。根据能斯特方程式可知，溶液的 pH 值与电动势的关系随温度而变化，其转换系数 $k\left(\dfrac{nF}{RT}\right)$ 系温度的函数。不同温度下的理论 k 值见表 3-2。

表 3-2　不同温度下的理论 k 值

温度/℃	0	5	10	15	20	25	30	35	40	45
k/(mV/pH 单位)	54.19	55.10	56.18	57.17	58.16	59.15	60.15	61.14	62.13	63.12

由上表可知，在不同温度下，pH 值每改变一个单位所引起的电动势改变是不同的。为了适应各种温度下 pH 值的测量，所以在仪器中设置了温度补偿器。

温度补偿器只能补偿转换系数随温度的变化，其他如内参比电极电位、外参比电极电位、不对称电位等随温度的变化仍无法补偿。因此，测量时必须注意被测液与标准缓冲溶液的温度应尽量接近。如果温度变化较大时，需用标准溶液重新校准仪器。

④ 斜率补偿调节器（即 mV/pH 调节器）。温度补偿器一般是按理论转换系数设计的。实际上玻璃电极的 k 值往往低于理论值。另外，玻璃电极的长期使用也会使 k 下降。因此，在 pH 的精密测量中，需采用两点定位法。这种定位方法是选用两种 pH 值不同的标准缓冲溶液，使被测液的 pH 值能介于选用的两标准缓冲溶液 pH 值之间。先用一种标准缓冲溶液将定位旋钮调至"0"，然后用斜率补偿调节器调节表示值为两份标准缓冲溶液 pH 值的差值，即 ΔpH 值的位置，固定斜率补偿调节旋钮，再用第二份标准缓冲溶液将定位旋钮调至该缓冲液 pH 值，这时"定位"调节器不变，就可对被测液进行测量。

（2）酸度计的工作原理　常用的调制放大式酸度计工作原理如下。

首先将被测直流电压信号预先调制为交流电压信号，经过交流放大，然后通过解调器将其还原为与输入信号的幅度和极性相对应的直流信号，从而推动电表指示出读数。采用调制式放大器易避免交流电源干扰，直流干扰明显降低，可得到低噪声放大，零点漂移对读数的影响可减小到很低，从而使仪器的稳定性和灵敏度有很大提高。

（3）常见的酸度计

① pHS-2 型酸度计。pHS-2 型酸度计是目前应用较为广泛的酸度计之一，其外形及面板如图 3-1 所示。该仪器性能稳定，读数重现性较好；测量范围宽，线性度高。它采用变容二极管参量振荡放大器作为输入极，输入阻抗高达 $10^{12}\,\Omega$ 以上，利用深度负反馈提高稳定性和线性度。内部标准电位差计线路可以抵消一部分输入信号，以便迁移量程，使表头满度指示间隔为 2pH 单位，达到扩大测量范围的作用。其工作原理如图 3-2 所示。

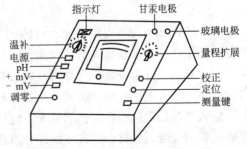

图 3-1　pHS-2 型酸度计外形及面板

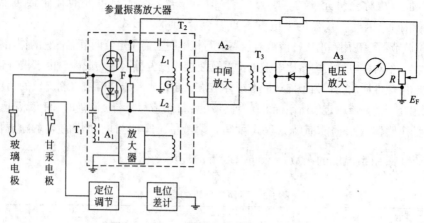

图 3-2 pHS-2 型酸度计工作原理方框图

pHS-2 型酸度计的整机电路由变容二极管参量振荡放大器、中间放大器、整流电路、显示桥路、零点调节、定位调节、量程扩展及温度补偿等部分组成。图 3-3 是该仪器的整机线路图。

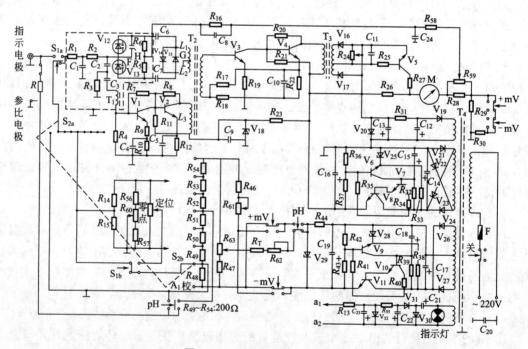

图 3-3 pHS-2 型酸度计电路图

② pHS-3B 型数字式酸度计。pHS-3B 型数字式酸度计是一种精密的实验室测量仪器，广泛应用于样品溶液酸碱度的精确测量。仪器外形如图 3-4 所示。

该仪器的电计部分是一台具有高输入阻抗的、深度负反馈直流放大器。主要由输入级、模数转换、电源电路三部分组成。仪器原理方框图见图 3-5。

输入级包括阻抗变换、比例放大、定位、温度补偿。根据电极系统的输出特性，要求仪器有足够的高输入阻抗，阻抗变换部分所选用的高阻组件，其输入阻抗大于 $5 \times 10^{11} \Omega$，而输出阻抗很小，仅约几百欧，电极信号经过阻抗变换部分变换后，幅度大小不变，仅信号内阻变

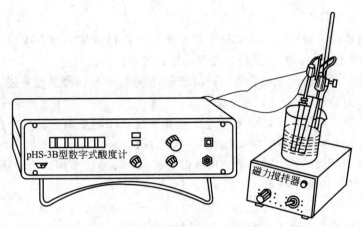

图 3-4　pHS-3B 型数字式酸度计

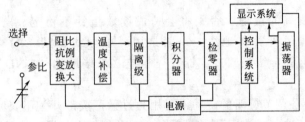

图 3-5　pHS-3B 型数字式酸度计原理方框图

小了，比例放大器在 mV 挡和 pH 挡放大倍数不同。

如，mV 挡，$k=1$；pH 挡，$k=1.84$。

在 mV 挡，100mV 电极信号经放大器后输出仍为 100mV。

在 pH 挡，0℃时，1pH 的电极信号（54.197mV）放大成 100mV；T℃时，1pH 的电极信号为 $54.197 \times \dfrac{273+T}{273} \times 1.84 \approx 100 \times \dfrac{273+T}{273}$ mV。

温度补偿网络实际上是一个电压分压器，其分压比为 $\dfrac{273}{273+T}$，这样经温度补偿后 1pH 的电极信号为 $100 \times \dfrac{273+T}{273} \times \dfrac{273}{273+T} = 100$ mV。

这样就实现了在任何温度下用 100mV 均代表 1pH。

隔离级实际上是一个跟随器，其输入阻抗高，输出阻抗低，其作用是将输入级和模数转换两部分进行隔离。

模数转换器应用的是双积分原理，从而实现模数转换。主要由积分器、检零放大器、振荡器、控制系统和数字显示系统组成，其核心部分是积分器，它分别对被测溶液的电极信号电压和基准电压进行两次积分，把输入信号电压转换成与其平均值精确成正比的时间间隔，用计数器测出这个时间间隔的脉冲数目即可得到被测电压的大小。

③ pHS-4 型智能酸度计。pHS-4 型智能酸度计是一种精密的测量溶液酸碱度、电极电位和温度的电化学仪器，其外形如图 3-6 所示。

图 3-6　pHS-4 型智能酸度计

该仪器具有如下特点。

a. 由于采用性能非常稳定的 MCS-51 单片微型计算机为核心组成硬件系统，整机集成度高，因而仪器操作简便，精确度高，性能稳定，可靠性好。

b. 具有一点或两点自动定标功能。对溶液可有自动/手动两种温度补偿方式，补偿范围可达 0～95℃，并具有多种故障诊断功能。

c. 由于采用微机控制，可以很方便地扩充其功能，如测量离子活度、自动滴定等。仪器也可扩充为流水线生产自动控制系统中的一个组成部分。

d. 可与各种离子选择性电极、参比电极配合使用，以适应多种样品的分析。

（4）酸度计的维护保养技术

① 维护保养。

a. 酸度计应放置在干燥、无振动、无酸碱腐蚀性气体，环境温度稳定（一般在 5～45℃ 之间）的地方。

b. 酸度计应有良好的接地，否则将会造成读数指针不稳定。若使用场所没有接地线或接地不良，必须另外补接地线。一般是用一根导线将其一端与仪器面板上"＋"极接线柱（即甘汞电极接线柱）或仪器外壳相连（或接地端"GND"），另一端与自来水管连接。

c. 仪器使用时，各调节旋钮的旋动不可用力过猛，按键开关不要频繁按动，以防发生机械故障或破损。温度补偿器切不可旋转超位，以免损坏电位器或使温度补偿不准确。

d. 仪器不能随便拆卸。

e. 仪器通电后应进行预热，才可开始测量。在短时间测量，可以预热十几分钟；但长时间工作，最好预热 1h 以上，以使零点有较好的稳定性。

f. 长期不用的仪器重新使用，预热时间要长一些；平时不用时，最好每隔 1～2 周通电一次（时间间隔视仪器安放地点的湿度大小而定），以防因潮湿、霉变或漏电而影响仪器性能；每隔一年应对仪器性能进行一次全面检定。

② 使用注意点。

a. 仪器使用前必须熟悉仪器说明书，了解仪器的技术性能及操作方法，严格按照说明书的要求进行操作。

b. "定位"应选择与被测液 pH 值相近的标准缓冲溶液进行，两者温度应尽量一致。精密测量则应采用"两点定位法"。

c. 电极应夹持牢固，以防止损坏电极。

d. 分挡开关设置应适当，以避免或减少"打针"现象的发生。

e. 若需要同时测量一批试液时，一般先测 pH 值低的，后测 pH 值高的；先测水溶液，后测非水溶液。

f. 仪器的输入端（即玻璃电极插口）必须保持清洁，仪器暂时不用时应插入续接器，以防止灰尘及潮气侵入。

g. 操作时应仔细、小心，切不可将溶液打翻在仪器上，因为仪器受潮会使读数开关、玻璃电极插口、玻璃电极引出线与隔离线之间绝缘不良，从而引起漏电或屏蔽不好以及电磁干扰等，使测量不稳定。

h. 仪器使用完毕应关闭电源，擦净仪器，放置干燥剂，盖好仪器罩或放入仪器箱内。

（5）酸度计的检查、校验

① 外观检查。

a. 仪器各调节器旋钮能否正常调节，各紧固件有无松动。

b. 玻璃电极有无裂纹，球膜内有无气泡。

c. 甘汞电极内盐桥溶液是否浸没甘汞糊，并有少许 KCl 晶体析出；液络部是否堵塞（通常 KCl 溶液的流速以 5～10min 1 滴为宜）；盐桥细管内有无气泡隔断现象。

② 整机检查。可选用数种 pH 值不等的标准缓冲溶液，以其中一种校正（调零、定位等）好仪器，再依次测量其他几种溶液的 pH 值，反复读数，仪器示值误差应小于该仪器的最小分度值（对于 pHS-2 型酸度计为 0.02pH）。这项检查可以达到搞清仪器能否正常操作，仪器示值是否准确的目的。

③ 仪器的校验（以 pHS-2 型酸度计为例）。酸度计经过较大修理及更换元器件后，需对各部分进行校验并适当调整，使仪器能达到原有指标。

a. 电源进线及绝缘电阻的校验。按下电源开关，用兆欧表测仪器外壳与电源输入线两端间绝缘电阻应大于 20MΩ。

b. 稳压电源的校验。焊脱 C_{16} 接至放大器的连线（仪器电路见图 3-3），用万用表测直流电压应分别为：C_{16}15V；$V_8$7V，C_{19}15V，V_{11}16V。用 GB-9B 的 "10mV" 挡，测 C_{19} 两端的交流纹波电压应小于 0.2mV。

c. pH 读数补偿器的校验。电位差计 "＋" 端接 pH 量程开关 A_8，"－" 端接 A_1，量程开关指 "12"，温度补偿器指 30℃，调节电位差计读数为 $60.15 \times 13 = 781.95$（mV），调整电位差计使检流计平衡。依次换其他量程，继续用电位差计校验各挡示值应符合表 3-3 所示数值，误差要小于 0.1%。

表 3-3 仪器示值与电位差计读数

仪器示值(pH 值)	0	2	4	6	8	10	12
电位差计读数/mV	60.15	180.45	300.75	421.05	541.35	661.65	781.95

d. 温度补偿器准确度校验。电位差计 "＋" 端接 A_8，"－" 端接 A_1，量程开关指 "12"，调节温度补偿器使之指示不同的温度，电位差计读数应为表 3-4 数值，误差小于 2mV。

表 3-4 温度补偿器示值与电位差计读数

温度补偿器示值/℃	0	10	20	30	40	50	60
电位差计读数/mV	704.47	730.34	756.08	781.95	807.60	833.43	859.30

校完后焊回 C_{16} 焊下的连线，并检查其他连线是否良好。

e. 变容二极管电容平衡状况的校验。首先调节好电表机械 "零点"，使指示在 7.0pH 位置，温度补偿器指示 30℃，量程开关指 6.0pH。按下读数开关按键，调节 "零点" 调节器，使旋钮指示在中间位置，若电表示值小于 7.0pH，则增加 V_{13} 容量，若示值大于 7.0pH，则增加 V_{12} 容量。

f. 放大器波形校验。用可测量 150 千周的示波器检测 V_4 集电极和 V_3 基极的波形时，均应为稳定清晰的正弦波，若波形不稳定或振荡太弱，可调节电位器 R_{24}，如不能完全解决，可以在 V_3 基极与 V_4 集电极之间连接容量适当（在 30～200μF 范围内）的聚苯乙烯电容器，并配合调节 R_{24}，使之符合要求。

g. "pH-mV" 按键 "零位" 校验。按下 "pH" 按键，调节 "零点"，使电表指在 7.0pH。当按下 "mV" 按键时，电表 "零点" 变化应小于 0.01pH。变化较大时，则应改变反馈电容和电阻值。

h. 整机测量 pH 灵敏度和准确度校验。用专用 pH 校表校验，当输入 pH 为 7、6、5、4、3、2、1 与 7~14 时，指示值误差应不大于 0.01pH，否则可调节电位差计。

i. 输入阻抗引起误差的校验。在电位差计至玻璃电极插孔连线之间串接 1000MΩ 的高阻，高、低阻输入（即高阻串入前、后）的偏差（电位差计零点的变化）应小于 0.01pH。

j. 电表指示对温度补偿器的校验。用电位差计从电极插口分别输入电位 59.19mV、66.15mV，校验 0℃ 和 60℃ 时的补偿误差应小于 0.2mV。

k. 电计 "零点" 漂移的校验。仪器预热 1h 后，按下 pH 按键和读数开关，调 "定位" 旋钮，使指示 7.0pH，在 24h 内每隔 30min 观察读数一次，最大漂移应小于 0.02pH。

(6) 酸度计常见故障的排除　酸度计的常见故障及排除方法见表 3-5（以 pHS-2 型酸度计为例）。

表 3-5　pHS-2 型酸度计常见故障及其排除方法

故　障	故 障 原 因	排 除 方 法
1. 输入阻抗降低	(1)绝缘材料,如聚四氟乙烯受污染,电极插口脏、屏蔽电缆线长霉	用乙醚清洗插口和开关,然后吹干或烘干
	(2)变容二极管 V_{12}、V_{13} 漏电,性能变坏	更换变容二极管(型号为 2ECO9 型)
2. 输入电路开路,输入信号加不进去	(1)电阻 R_1 或 R_2 已断(用万用表欧姆挡测得的阻值为极大)	更换 R_1 或 R_2
	(2)读数开关接触不良	用乙醚清洗并吹干
	(3)电极插口接触不良	将电极插进,并用小螺丝拧紧
	(4)电阻 R 已断	更换电阻 R(100MΩ)
	(5)电极引入线已断	更换电极输入屏蔽电缆线
3. 输入回路短路,输入信号加不进去	(1)电容 C_1 短路	更换电容 C_1
	(2)屏蔽线的芯线和外层金属网短路	排除短接处,重新焊接
4. 甘汞电极接线与机壳短路	接线柱安装时漏装塑料垫片,使接线柱与机壳直接接触;或者在焊接接线柱垫片时焊锡太多而碰机壳;或者范围开关连接的裸铜丝线碰开关;或固紧螺钉碰机壳	排除碰机壳因素,重新接线,一旦甘汞电极损坏,应进行更换
5. 电源插头插入后仪器不通电	(1)按钮开关未按下或接触不良	按下按钮开关或将开关用乙醚清洗,使接触良好
	(2)保险丝已断,或电源插头接触不良	更换保险丝,检查或更换电源插头
	(3)变压器 T_4 初级断线	修理或更换变压器 T_4
6. 仪器指针打向左边	(1)参量振荡放大器没有振荡,因此就不会有电流 I_2(I_2 为当输入为 0 时,交流电桥由于自身不平衡的输出在 V_5 中产生的放大电流),产生原因可能是 V_{12}、V_{13} 坏或 L_1、L_2 断线	更换已坏元件或将断线重新接好
	(2)晶体管已坏或放大倍数不够	更换晶体管 V_1 或 V_2,均为 3DG$_6$(蓝点)管
	(3)没有 +15V 电压(V_9~V_{11} 或 V_{21}~V_{24} 中有的管子已坏)	检查并更换坏管子
	(4)L_1、L_2、L_3 线圈相位焊反	重新焊接
	(5)C_2、C_3、T_1 断路或有接地现象	排除接地现象,更换 C_2、C_3 和 T_1
	(6)电阻 R_{24} 阻值为 0,晶体管 V_5 无工作电流	更换电阻 R_{24} 和 V_5,V_5 为 3DG$_6$(蓝点)管
	(7)I_2 电流小。当用手接触变容桥路或前级放大器晶体管基极时,电表会从左边"0"向右边走,手离开指针又移向左边	这是因为 V_{12}、V_{13} 配合不好所致,应增加 V_{12} 容量或并联电容,使 I_2 电流增加
	(8)末极电流放大器 V_5 已坏	更换 V_5 晶体管

续表

故　障	故　障　原　因	排　除　方　法
7. 仪器电表指针向右边偏移	(1)变容桥路中 V_{13} 太大	将 V_{13} 在 $10\sim25pF$ 间的容量调小些
	(2) L_1、L_2、L_3 线圈方向不对	重新调节 L_1、L_2、L_3 的方向
	(3)晶体管有问题	逐级测试晶体管 $V_1\sim V_{11}$，如发现损坏者应进行更换[$V_1\sim V_7$ 及 V_9、V_{10} 均为 $3DG_6$，V_8、V_{11} 为 $3DG_{12}$(黄绿点)]
	(4)无回输电压，R_{16} 已坏，假焊	更换 R_{16}，重新焊接
8. 将电表指针置于 pH1 处，在用零点调节器调节时两边不对称	偏左或偏右，变容二极管 V_{12} 或 V_{13} 容量不匹配	偏左时增加 V_{12}，偏右时增加 V_{13}
9. 仪器指针抖动	(1)变容二极管性能差	更换 V_{12}、V_{13}
	(2) V_3、V_4 集电极到基极回输量减小	并联 100pF 或 270pF 的电容，增加回输量，提高稳定性
	(3)因 R_{24} 的阻值发生变化而使 V_4 集电极波形不清晰	调整 R_{24} 的阻值，使 V_4 集电极波形为清晰的正弦波
	(4)仪器接地不良	使接地良好
	(5) V_1 已损坏	更换晶体管 V_1
	(6)电源变压器已损坏	更换电源变压器
10. 仪器无调节作用	(1)读数开关、电极插口接触不好	用乙醚进行清洗，使接触良好
	(2) C_1 短路	更换 C_1
	(3) R、R_1 或 R_2 已损坏	更换电阻
11. 输入标准电压后两边不对称	(1)变容二极管已坏	更换 V_{12} 或 V_{13}
	(2) R_{24} 变值	更换 R_{24}
	(3)标准电阻 $R_{49}\sim R_{54}$ 中有的阻值不标准	测量并更换不标准的电阻
	(4) V_5 工作点不对	重新调整工作点
12. 仪器指针缓慢向一边移动，无法调节	(1) R、R_1、R_3 或屏蔽线已断	更换电阻或屏蔽线
	(2) C_1 短路	更换 C_1
	(3)读数开关、电极插口脏	用乙醚清洗，并吹干

2. 电极部分

在使用酸度计测定溶液 pH 值的操作中，常用玻璃电极与甘汞电极构成测量电极对。

（1）玻璃电极

① 构造及原理。玻璃电极是应用最早的离子选择性电极。其构造如图 3-7 所示。

玻璃电极对 H^+ 的响应缘于玻璃膜，而玻璃膜之所以能反映溶液中 H^+ 浓度的变化，是和水化作用分不开的。作为玻璃主要成分的 SiO_2 具有与水结合的倾向。当玻璃电极的玻璃膜浸入水溶液中时，玻璃膜表面即形成水化胶层（$SiO_2 + H_2O \Longleftrightarrow H_2SiO_3$），这样就形成了干玻璃层夹在两个极薄（约 $10^{-5}\sim10^{-4}$ mm）的水化胶层之间的结构，如图 3-8 所示。

水化胶层中的一价阳离子（如 Na^+）体积小，活动能力较强，因而能从水化胶层扩散到溶液中，同时溶液中的 H^+ 也能进入水化胶层占据 Na^+ 的位置，也就是说，当玻璃膜和水溶液接触时，水化胶层中的 Na^+ 就和溶液中的 H^+ 在水化胶层表面发生了离子交换

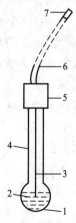

图 3-7　玻璃电极的构造
1—玻璃膜；2—内参比溶液（0.1mol/L HCl）；3—内参比电极（Ag-AgCl 电极）；4—电极套管；5—电极帽；6—屏蔽导线；7—电极接头

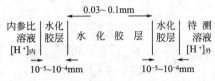

图 3-8 玻璃膜水化胶层示意图

作用。

$$Na_{(玻璃)} + H_{(溶液)}^+ \Longleftrightarrow H_{(玻璃)}^+ + Na_{(溶液)}$$

经过一段时间，上述两个相反的过程即达到平衡状态。在玻璃膜内外两个表面的性质相同时，玻璃膜内、外两侧的水化胶层完全对称（玻璃膜两侧水化胶层中由于离子扩散而形成的扩散电位大小相等而符号相反，即总的扩散电位为 0）。此时玻璃膜的膜电位仅取决于玻璃膜两侧所接触的溶液中 H^+ 的浓度（活度），即

$$\varphi_M = \frac{RT}{F} \ln \frac{[H^+]_外}{[H^+]_内}$$

式中，$[H^+]_内$ 是内参比溶液中 H^+ 的浓度，为一定值。因此膜电位随着待测溶液中 H^+ 浓度的变化而变化。这就是玻璃电极对 H^+ 的响应机理。

② 维护及使用注意点。

a. 玻璃球膜的保护。玻璃电极在使用过程中，要注意避免玻璃球膜与坚硬物体的擦碰；玻璃电极在与参比电极插入溶液构成电池时，玻璃电极的最下端（即玻璃球膜底部）应高于参比电极的最下端（也可对玻璃电极加装防护罩），以免由于电极未夹牢固落下而损伤玻璃球膜。

b. 电极清洗。玻璃电极的玻璃球膜被沾污将影响对 H^+ 的正常响应，此时应对其进行清洗。玻璃电极上若有油污，可用 5%～10% 的氨水或丙酮清洗；无机盐类污物可用 0.1mol/L 盐酸溶液清洗；钙、镁等不溶物积垢可用乙二胺四乙酸二钠盐溶液溶解予以清洗；在含胶质溶液或含蛋白质溶液（如血液、牛奶等）中测定后，可用 1mol/L 盐酸溶液清洗。

玻璃电极的清洗要注意避免使用脱水性溶剂（如无水乙醇、浓硫酸等），以防止破坏水化胶层使电极失效。玻璃电极清洗后，应用纯水重新清洗，浸泡一昼夜后使用。

c. 使用环境。玻璃电极一般在空气温度 0～40℃，试液温度 5～60℃（231C 型玻璃电极），相对湿度≤85% 的环境中使用。玻璃电极不宜置于温度剧烈变化的地方，更不能烘烤，以免玻璃球膜被胀裂和内部溶液蒸发。

电极的插头和导线应保持清洁干燥，要避免与污物接触，防止漏电现象发生。

碱性溶液、有机溶剂及含硅溶液能使玻璃电极"衰老"，故测试上述溶液后，应立即将电极取出洗净，或在 0.1mol/L 盐酸溶液中浸泡一下，加以矫正。一般的玻璃电极不应用来测定强碱溶液（$c_{OH^-} > 2mol/L$），测量一般碱性溶液时速度要快。

电极不能在非水溶液中使用；也不能在含氢氟酸的溶液中使用。

d. 使用寿命。玻璃电极的内阻随着电极使用时间的增长而加大，使用数年可增大数倍。内阻增大会使测定 pH 的灵敏度降低，所以玻璃电极"老化"到一定程度便不宜再用，而应更换新的电极。

e. 其他注意点。玻璃电极使用时，玻璃球膜应全部浸没在测量溶液中，并轻轻摇动溶液，以促使电极反应达到平衡；测量另一溶液时，应先用蒸馏水冲洗干净，并用吸水纸小心吸去黏附液，以免杂质带进溶液和被测溶液被稀释。

暂时不用的玻璃电极，可将球膜部分浸在蒸馏水中，以便下次使用时容易达到平衡，长期不用的玻璃电极应放入盒内存放于干燥之处。

（2）甘汞电极

① 构造。甘汞电极由于具有电位稳定（即使在测量过程中有电流通过时，电位也几乎

无变化）、使用寿命长等特点而在许多场合作为比较的标准，即作为参比电极。

甘汞电极的构造如图 3-9 所示。主要由内电极、盐桥溶液及液络部三个部分构成。其中甘汞芯子作为内电极，由汞、甘汞糊、铂丝等组成，它实际上就是甘汞电极，但是它只有和其他部件结合起来才构成可用来测量的参比电极；盐桥溶液大多数采用饱和氯化钾溶液，有时为避免过多的 Cl^- 或 K^+ 影响测量系统的正确测量，也可在双盐桥参比电极（如 217 型甘汞电极）的第二盐桥中加入适宜的电解质溶液（如 NH_4Cl、KNO_3 或 NH_4NO_3 等）；液络部是沟通盐桥溶液和被测溶液的连接部件，目前多数采用陶瓷砂芯材质，也有采用塑料毛细孔的或磨口套式的。

② 维护及使用注意点。

a. 甘汞电极在使用时，电极上端小孔的橡皮塞及液络部的橡皮套必须拔去，以防止产生扩散电位变化和阻断盐桥溶液与待测液的联系而影响测试。

b. 甘汞电极的电位与温度有关，并具有温度滞后性（即电位变化滞后于温度的变化），所以使用甘汞电极工作时要严防温度急剧变化，并随时用标准溶液校准。甘汞（Hg_2Cl_2）高于 78℃ 即能分解，所以甘汞电极一般只能在 0～70℃ 间使用和保存。

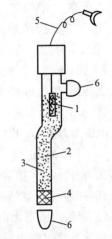

图 3-9　甘汞电极的构造
1—内电极（甘汞芯子）；
2—电极玻壳；3—盐桥溶液；4—液络部（陶瓷砂芯）；5—电极导线；6—橡胶帽（塞）

c. 电极内 KCl 溶液中不能有气泡，以防止隔断溶液，室温时溶液内应保留少许 KCl 晶体，以保证 KCl 溶液的饱和。

d. KCl 溶液要浸没甘汞糊体，如不能浸没则从电极的侧口及时补入饱和 KCl 溶液；KCl 液面要高于试液的液面，以防止电极被试液渗入而遭致沾污，特别是测定高密度和重浑浊度溶液的 pH 值，宁可使 KCl 溶液流出稍快而不能让其发生"倒灌"。每隔一段时间，可将饱和 KCl 溶液换装一次，以确保其纯净。

e. 当电极外表附有 KCl 晶体时，应随时除去，特别是甘汞电极的上部应始终保持干净，注意 KCl 等电解质沾污电极导线而影响甘汞电极的电位稳定。

f. 暂时不用的饱和甘汞电极，可将其 KCl 溶液渗出端插入饱和 KCl 溶液中保存，这样能避免毛细孔堵塞或液络部芯子裂纹现象的发生。

g. 长时间不用的甘汞电极，应将其侧口以橡皮塞塞紧，液络部用橡皮套套好，储存于盒内。

3. 酸度计的使用

此处以 pHS-3C 型酸度计介绍其使用方法。pHS-3C 型酸度计是采用四位 LED 显示的数字式精密酸度计，与 pH 玻璃电极、离子选择性电极及其他金属电极配合，可测定水溶液的 pH 值、测量电极电位值及进行手动电位滴定。其使用方法如下。

（1）仪器使用前的准备

① 把仪器平放于桌面，支撑好底面支架。

② 检查供电电压是否与仪器工作电压相符。若电源电压波动较大，一定要经电子交流稳压器后再送入仪器，否则，测量结果显示将不稳定，影响测量精度。

③ 仪器应有良好的接地线，以消除外界干扰。方法是：从仪器后面板的接地端 "GND" 加接地线连线（使用搅拌器时，务必使搅拌器外壳与仪器接地端相接），并可靠地接入 "大地"。

④ 接通电源，此时应有数字显示。

⑤ 将参比电极、已活化（24h）的工作（测量）电极、电极架、标准溶液和被测溶液等准备就绪。

（2）MV 测量　当需要直接测定电池电动势的毫伏值或测量 $-1999\sim1999$mV 范围电压值时，可在"mV 挡"进行。

① 将功能选择开关拨至"mV"挡，此时仪器工作在 mV 待测状态下，"定位"、"斜率"、"温度补偿"均无作用。

② 调节位于后面板上的"调零"电位器（在退出电极插头情况下进行），使仪器显示为"000"。

③ 将工作电极和参比电极对移入待测溶液。

④ 将电极输入插头插入输入电极插座并使其自动锁紧，将参比电极引线接入参比（若使用复合电极无需接入参比电极）。待仪器稳定数分钟后，仪器的显示值即为所测 mV 读数。

（3）pH 测量

① 在"mV"挡重复上述（2）①、②操作之后，将功能选择开关拨至 pH 挡，此时仪器有任一显示数；将温度补偿器拨至被测溶液温度值。

② 定位：将参比电极接入接线柱，把活化后的 pH 玻璃电极插头插入电极插座，使其自动锁紧并将二种电极迅速移入第一种标准 pH 缓冲溶液中（设该缓冲液 pH_1）。待仪器响应稳定后，此时仪器有一示值。调节定位调节旋钮使仪器为"000"，若达不到"000" pH 时，应反方向继续调节，零点将会出现。

③ 用去离子水冲洗电极并用滤纸吸干电极表面水分，然后再移入第二种标准 pH 缓冲液 pH_2 中（设 pH_2），待仪器响应稳定后再调节"斜率"调节旋钮，使仪器显示 $\Delta pH = pH_2 - pH_1$。此时"斜率"调节旋钮固定于此位置。

④ 电极仍处于 pH_2 标准液中，再重新调整"定位"旋钮，使仪器显示第二种标准缓冲液 pH_2 值。

⑤ 至此，仪器已校正结束，不可再乱动"定位"、"斜率"旋钮，以免影响精度。

⑥ 将两种电极清洗、吸干移入被测溶液中，待仪器响应稳定后的显示值即为所测 pH 值。

⑦ 若待测溶液温度与标准溶液温度不一致时，只需将温度拨盘拨至待测溶液温度值即可测量。

⑧ 经过上述步骤的操作，其测量结果是十分精确的，若精度不必很高时，可用"一点定位法"校正仪器，其方法是：采用一种较接近样品 pH 值的标准溶液标定，此时"斜率"补偿调节旋钮应逆时针旋到头（转换系数为 100%），调整温度补偿器至被测溶液温度值，再调节"定位"，使该标准溶液的 pH 值显示出来，然后即可测量样品。

（4）如果测量 pH 精度要求很高时，请注意修正标准缓冲液在当时溶液温度下的 pH 值。

思考题

1. 酸度计由哪两部分组成？各自的作用是什么？
2. 酸度计的维护及使用，应注意哪些方面？
3. 酸度计为什么要检查、校验？主要校验哪些方面？
4. 酸度计的常见故障有哪些？其产生原因是什么？如何排除故障？
5. 玻璃电极的结构和原理是怎样的？玻璃电极在使用中应从哪些方面进行维护？有哪些注意点？
6. 甘汞电极在使用中有哪些注意事项？

二、离子计

玻璃电极作为应用最早的离子选择性电极，由于能够对溶液中 H^+ 产生响应，因此可以用玻璃电极直接测量溶液中 H^+ 的浓度（活度）。那么，能否采用相同的方法去测定其他各种离子呢？20 世纪 60 年代后期开始迅速发展起来的各种离子选择性电极使得这种愿望成为可能。现在分析工作者只要带上几支电极，便可以在野外或实验室中方便、迅速地完成分析任务。

离子选择性电极是一种新型的电化学传感器，它能够将溶液中特定离子的含量转换成相应的电位，用离子计与之配套进行测定，就可以指示出相应的离子含量。

1. 电计部分——离子计

因为离子选择性电极一般都具有较高的内阻，所以离子计必须是量程扩大的高输入阻抗的电子式电位计。离子计有多种不同的分类方法：根据电路原理可分为直接放大式和调制放大式；根据用途可分为专用离子计和通用离子计；根据仪器的结构可分为电表读数式和补偿式；根据结果显示方式可分为模拟式和数字式。目前常用的离子计是 PXD-2 型通用离子计。该仪器电路设计全部晶体管化，采用集成电路等先进技术，交直流两用供电，具有结构简单、性能稳定、便于维护的特点，并有温度补偿、电极斜率校正等功能旋钮和记录输出，是一种通用性比较好的测量仪器，也可当精密酸度计使用，最小分度值为 0.01pH。

（1）离子计工作原理　PXD-2 型通用离子计是一台高输入阻抗、深度负反馈的直流放大器。它可以与各种离子选择性电极配套使用，在毫伏挡可以测定与离子活度 a_x 有关的电极电位；在 pX 挡可以直接测定离子活度 a_x 的负对数 pX。当 X 离子选择性电极浸入溶液时，产生的电位溶液中 X 离子活度 a_x 的关系符合能斯特方程式。

$$E_x = E_0 \pm \frac{2.303RT}{nF} pX$$

式中，$\dfrac{2.303RT}{nF}$ 为电极的理论斜率 S，它表示离子活度变化一个数量级时（pX 变化一个单位），电极电位 E_x 值的变化。但实际上，电极在溶液中的实际斜率往往比上述理论值要低，而且在不同的体系中还稍有差异。所以仪器设置了电极斜率校正旋钮，能够把电极在不同体系中的斜率补偿到理论值。在少数体系中，电极斜率超过理论值或过低时，可用毫伏挡进行 a_x（或 c_x）的测量。

在 pX 的测量中，仪器中可以加一种定位信号，把电极信号中的 E_0（或 E_0'）通过"定位"操作消除掉，这时：$E_x' = E_x - E_0 = \pm S \cdot pX$ 或 $E_x' = E_x - E_0' = \pm S \lg c_x$ 成了简单的线性关系。测出 E_x' 后，即可知道 pX 或 $\lg c_x$ 的大小。

（2）离子计的维护保养与使用注意点

① 由于仪器的输入阻抗很高，为了防止感应信号损坏仪器，与其配合使用的交流仪器应有良好的接地线。

② 仪器为交直流两用仪器。使用交流挡时，如发现仪器不正常，应先检查稳压电源输出 ±9V 电压是否正常；使用电池时，电池电压最小不能低于 8.0V，以保证仪器有足够的精度。

③ 仪器在校零的基础上（使用哪一挡，必须在那一挡校零）进行校准，这时电表的指示应为满度，如"校准"时指针不在满度，应先检查 pX 挡校准时温度是否在 20℃，斜率是否放在 100% 的位置，再检查电池电压、电源电压是否正常。如仍不行，则按以下方法进行调节。

a. 用电位差计或数字式电压表校准标准电阻 R_{47}（100Ω）两端电压是否为 100mV 且正负两挡都必须校准，若不能达到 100mV，此时可分别调整两只 560Ω 的电压调节电位器 R_{77}、R_{78}（参见图 3-10，PXD-2 型通用离子计电路）使电压达到规定值。

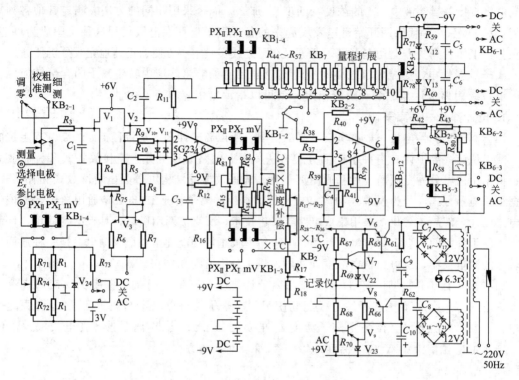

图 3-10　PXD-2 型通用离子计电路图

b. 电压调好后，如电表仍不指示满度，可微调电表上串联的满度电位器，使电表达到满度。

④ 仪器在使用时，必须严格遵循校零、校准、粗测、选择量程、细测的步骤。更换电极和被测溶液前，必须先把"转换"开关拨至"粗测"，并使"测量"按键复原。切勿在"测量"开关按下时拔掉电极或更换被测溶液；也不可在"细测"位置时将"测量"按键复原，否则指针将反打或超过满度。

⑤ 在使用电极测量，尤其是使用高内阻电极时，必须十分注意以下几点。

a. 仪器及与其配用的交流仪器（如磁力搅拌器）等，机壳必须有良好的接地线。

b. 使用高阻电极时，必须严格避免以下情况：电极引线无屏蔽层；电极引线的屏蔽层不与仪器机壳相连；电极引线用普通胶质线且互相绞在一起或拖在测试台面上；电极引线的屏蔽或内引线绝缘不好、受潮等；测试杯与台面绝缘不好（最好用清洁、干燥的塑料杯，下垫一块绝缘好的塑料板）。

c. 电极的插头、插座应清洁、干燥，切勿受潮、沾污。如发现阻抗降低，可用蘸过乙醚的棉花球将这些部位洗擦干净。

d. 高阻电极的测量，除注意电极输入引线屏蔽外，最好离干扰源远一点。否则将引起较大的测量误差，或指针抖动，甚至使测量不能进行。

⑥ 开启仪器后如发现电表指针乱动，首先要仔细检查电池是否接反、电压是否正常、

焊头是否脱落、仪器内部接插件接触是否良好、是否受潮、盐桥是否堵塞等。仔细检查后才能进行测量。

⑦ 用"两点校正定位"法测溶液 pH 值时若采用从稀到浓的标准液来补偿电极斜率，在定斜率时，要注意极性开关的位置，使之恰好与测量溶液的 pX 值时相反，即正离子置"阴"、负离子置"阳"，斜率定好之后，用定位调节器使仪器指示在标准液的 pX 值。在以后的测量中，正离子则置"阳"，负离子置于"阴"。用氨气敏电极测铵离子时，应按阴离子的步骤进行。

⑧ 对斜率符合理论值的电极（如未老化的 pH 电极），只要用一种标准溶液一次定位即可，斜率旋钮放在 100％的位置。

对于斜率低于理论值的电极，必须用两种标准溶液来确定斜率和定位。此时标准溶液配制的正确和不受沾污将是决定测量误差的主要因素。

⑨ 仪器应存放在干燥、清洁、无腐蚀的场所。

⑩ 仪器使用完毕，应切断电源。如长期不用应定期通电，以防电气元件受潮损坏。

2. 电极部分——离子选择性电极

（1）离子选择性电极的特点及分类　离子选择性电极由于具有结构简单、测量范围宽、响应速度快、适用范围广，而且不要求复杂的仪器设备，操作简便，能进行快速连续的测定等特点而得到了广泛的应用。采用离子选择性电极可测量溶液中的离子和气体的浓度，离子选择性电极分析方法几乎成了直接电位法的最主要形式。

离子选择性电极最基本的组成部分包括敏感膜、内参比液、内参比电极、电极套管等，如图 3-11 所示。根据国际纯粹与应用化学协会（IUPAC）的建议，按敏感膜的活性材料的化学性质和作用，离子选择性电极可作如下分类。

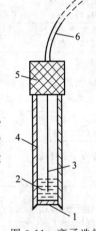

图 3-11　离子选择性电极结构示意图
1—电极膜；2—参比溶液；3—内参比电极；4—电极套管；5—电极帽；6—屏蔽导线及插头

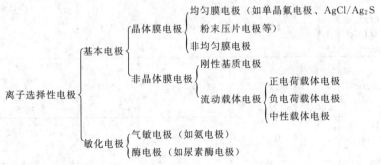

（2）常见离子选择性电极及维护　目前已制成的商品离子选择性电极已达数十种。一些较为常用的离子选择性电极的概况如表 3-6 所示。

各种离子选择性电极由于其结构、原理的差异，因此在使用中需注意的方面也不尽相同，这里仅将共同注意点列举如下。

① 电极使用前，应在一定浓度含有所测离子的溶液（或纯水）中浸泡一段时间活化，以使电极平衡，然后再用去离子水反复清洗，直至达到所要求的空白电位值为止。

② 与双盐桥饱和甘汞电极（部分电极仅需单盐桥甘汞电极）配合使用，外盐桥充入不含所测离子且不与其反应、液接电位很小的合适电解质溶液。

③ 应防止电极敏感膜被碰擦和沾污。如已沾污、磨损，可先用酒精棉球轻擦，再用去离子水洗净；若效果不好，应在抛光机上抛光处理，以更新敏感面。

表 3-6　常用的离子选择性电极

电极名称 （型号）	线性范围 /(mol/L)	pH 值范围	响应时间 /min	电极内阻 (25℃)/MΩ	干扰离子
氟离子选择性 电极(201 型)	$(1\sim5)\times10^{-7}$	$5.0\sim6.0$	<2(c_F^- 为 $10^{-3}\sim$ 10^{-6}时) <5(c_F^- 为 $1\times$ $10^{-6}\sim5\times10^{-7}$时)	<2	Al^{3+}、Fe^{3+}、OH^- 等
氯离子选择性 电极(301 型)	$1\times10^{-2}\sim5\times10^{-5}$ （纯 NaCl 标准溶液中含 0.1mol/L KNO₃）	$2.0\sim12.0$	<2	<0.15	Br^-、I^-、CN^-、S^{2-} 等
溴离子选择性 电极(302 型)	$(1\sim5)\times10^{-6}$（纯 NaBr 标准溶液中含 10^{-3}mol/L Na₂SO₄）	$2.0\sim11.0$	<2	<0.15	PO_4^{3-}、NO_3^-、CO_3^{2-}、SCN^-、CN^-、Cl^-、SO_4^{2-}、$S_2O_3^{2-}$、I^-、S^{2-} 等
碘离子选择性 电极(303 型)	$1\times10^{-2}\sim5\times10^{-7}$（纯 KI 标准溶液中含 0.1mol/L KNO₃）	$2.0\sim12.0$	<2	<0.15	NO_3^-、HPO_4^{2-}、Br^-、SO_4^{2-}、Cl^- 等
硫离子选择性 电极(314 型)	$(0.1\sim5)\times10^{-7}$	$2.0\sim12.0$	<2	<0.15	Ag^+ 等
氰离子选择性 电极(313 型)	$1\times10^{-2}\sim5\times10^{-7}$	中性或碱性	<2	<0.15	S^{2-}、I^-、Hg^{2+} 等
硝酸根离子选择性电极（403 型）	$(1\sim5)\times10^{-5}$	$2.5\sim10.0$（NO_3^- 活度为 0.1mol/L 时） $3.8\sim8.5$（NO_3^- 活度为 1×10^{-3}mol/L 时）	<2（5×10^{-5} mol/L） <1（$1\sim10^{-4}$ mol/L）	<1	Cl^-、SO_4^{2-}、$H_2PO_4^-$、HPO_4^{2-}、HCO_3^-、ED-TA、ClO_4^-、Br^-、I^-、柠檬酸根、酒石酸根等
钠离子选择性 电极(102 型)	$10^{-7}\sim1$	>10	<3	<150	K^+ 等
钾离子选择性 电极(401 型)	$(1\sim5)\times10^{-6}$	$4\sim10$	约 1	<12	Li^+、Na^+、NH_4^+、Ca^{2+}、Mg^{2+}、Ba^{2+} 等
钙离子选择性 电极(402 型)	$0.1\sim10^{-5}$（标准液中含 0.1mol/L KCl）	$5.0\sim10.0$	<1	<1	K^+、Na^+、Mg^{2+}、Mn^{2+}、Zn^{2+}、Pb^{2+}、Ba^{2+}、Cu^{2+}、Fe^{2+}、Fe^{3+} 等
铅离子选择性 电极(305 型)	$10^{-3}\sim5\times10^{-7}$（标准液中含 0.1mol/L NaNO₃）	$3.0\sim6.0$	<2	$<4.5\times10^{-5}$	Mg^{2+}、Sr^{2+}、Ba^{2+}、Co^{2+}、Zn^{2+}、Cd^{2+}、Ni^{2+}、Mn^{2+}、Cu^{2+}、Fe^{2+}、Fe^{3+} 等
镉离子选择性 电极(307 型)	$10^{-3}\sim5\times10^{-7}$（标准液中含 0.1mol/L NaNO₃）	$3.0\sim10.0$	<2	约 0.45	Hg^{2+}、Pb^{2+}、Ag^+、S^{2-} 等
铜离子选择性 电极(306 型)	$10^{-3}\sim5\times10^{-7}$（标准液中含 0.1mol/L KNO₃）	$3.0\sim5.0$	<2	<0.15	NH_4^+、Ag^+、Cl^-、Hg^{2+}、Bi^{3+}、Fe^{3+}、Cd^{2+}、Pb^{2+} 等
汞离子选择性 电极(323 型)	$10^{-2}\sim5\times10^{-7}$	$2\sim7$	<2	<0.15	S^{2-}、CN^-、Cl^-、Br^-、I^- 等
银离子选择性 电极(304 型)	$(1\sim5)\times10^{-7}$（纯 AgNO₃ 标准液中含 0.1mol/L KNO₃）	$2.0\sim11.0$	<2	<0.0015	S^{2-} 等
氨气敏电极 (501 型)	$(0.1\sim1)\times10^{-5}$	$\geqslant11$	$0.5\sim10$	与玻璃电极相当	
二氧化碳气敏电极(502 型)	$10^{-2}\sim5\times10^{-5}$	<0.74	<4（$10^{-2}\sim10^{-4}$ mol/L） <7（$10^{-4}\sim5\times10^{-5}$mol/L）	约 300	

④ 电极使用完毕后，应清洗至空白电位值。电极若暂时不用，可浸泡在一定浓度的所测离子溶液中保存；若较长时间不用，则适宜用滤纸吸干后存放于电极盒中。

⑤ 电极引线与插头应保持干燥。

3. 离子计的使用

PXD-2 型离子计可以与各种离子选择性电极配用，精密地测量电极在溶液中产生的电池电动势（mV 值），也可以测一价离子的 pX 值（即 pX Ⅰ）及二价离子的 pX 值（即 pX Ⅱ），是一种通用性较好的离子计。其使用方法如下。

（1）仪器使用前的准备

① 把仪器平放于桌面，外拉仪器提把两侧耳，使提把可以转动，将仪器支撑到自己满意的角度。

② 将测量电极、参比电极夹入升降架。

③ 检查供电电压是否与仪器工作电压相符，若电源电压波动较大，可经电子交流稳压器稳压后再送入仪器。

④ 接通电源，若用直流电，请将电池装入电池盆，交直流转换开关拨至"直流"，若使用交流电则拨至"交流"。

（2）mV 测量　当需要直接测定电池电动势的毫伏值，或测量 -1999～1999mV 范围电压值可在 mV 档进行。

① 功能选择开关拨至"mV"挡，此时仪器工作在 mV 待测状态下："定位""斜率"、"温度补读"均无作用。

② 调整"调零"电位器（在退出电极插头情况下进行），使该仪器显示为"0.00"。

③ 电极输入插头插入电极插座并使其自动锁紧，将参比电极接入"参比"接线柱（若使用复合电极则无须接入）。待仪器稳定数分钟后，此时读取仪器显示值即为所测读数。

（3）pX 档测量　根据测量离子的价数将功能选择开关拨至"pX Ⅰ"或"pX Ⅱ"。

① 将斜率校正器旋至 100%，温度调节器拨至测量溶液温度。

② 选择两种标准溶液，其 pX_1、pX_2 值为已知，标准溶液的选择依据是，被测对象的 pX 值在两者之间，将参比电极接入"参比"接线柱，把已活化、洁净的 pX 电极插头插入"电极插座"，使其自动锁紧，并将二种电极迅速移入第一种标准液中（pX_1），此时仪器有一任意数字显示，调节定位调节器旋钮，使仪器显示为"0.0"，达不到"0.0"时可反方向继续调节，零点将会出现。

③ 清洗电极后移入第二种标准液中 pX_2，待显示稳定后再调节斜率校正旋钮使仪器显示 △pX 值（△pX = | $pX_2 - pX_1$ |）。

④ 电极仍处于第二种标准溶液中，调节定位调节器使之为 pX_2 值，此时仪器校准全部结束，此后"定位"、"斜率"旋钮不可再动，以免影响精度。

⑤ 将二种电极清洗、吸干移入被测溶液中，待仪器响应稳定后的显示值即为所测 pX 值。

⑥ 若待测样品溶液与标准溶液温度不一致时，只需将温度调节器拨至样品温度即可测量。

测量结束，轻推插座外套，电极插头即自动退出，清洗处理电极待下次使用。

通过以上测量，可得到比较精确的结果。通常测量要求不很高时，可采用"一点校正法"，测量非常方便适用，其方法是：先将温度拨至被测溶液温度，斜率旋至 100%，此时

仪器工作于理论斜率 100％状态、选择一种标准溶液标定，调节定位调节器，使该种标准液的 pX 值被显示出来，然后即可测量样品。为了保证可靠性，应选择较接近样品 pX 值的一种标准溶液，通常两者差值不超过 3pX 为宜，即 $|pX_{校准} - pX_{样品}| < 3pX$。

⑦ 将功能选择开关拨至"OFF"挡，关闭仪器电源。

⑧ 取出测量电极和参比电极，待下次使用。

思考题

1. 离子计如何进行分类？可分为哪些类型？
2. 离子计应从哪些方面进行维护和保养？
3. 离子选择性电极为什么会得到广泛的应用？
4. 离子选择性电极可分为哪些类型？试分别举一例说明。
5. 使用离子选择性电极时，要注意哪些？

三、技能训练——酸度计（离子计）示值总误差，示值重复性的检定
（JJG 119 及 JJG 75）

1. 技术要求

本法适用于新制造、使用中和修理后的实验室酸度计、通用离子计的检定。按电计的分度值（或最小显示值）不同，仪器的级别可分为 0.1 级（分度为 0.1pX 的仪器）、0.01 级（分度为 0.01pX 的仪器）、0.001 级（分度为 0.001pX 的仪器）等。各类仪器采用玻璃电极和甘汞电极在 pX 挡测量 pH 值，检定结果应符合表 3-7 要求。

表 3-7　各类仪器采用玻璃电极和甘汞电极的检定结果

仪器级别 项　　目	0.2 级	0.1 级	0.02 级	0.01 级	0.001 级
仪器示值总误差（pH） （测量范围 pH 为 3～10）	±0.2	±0.1	±0.02	±0.02	±0.01
仪器示值重复性（pH） （测量范围 pH 为 0～10）	±0.1	±0.05	±0.01	±0.01	±0.005

仪器的检定周期一般定为一年。

2. 检定步骤

（1）pH 标准溶液的配制

① 0.05mol/kg 四草酸氢钾溶液（B_1）。称取在（54±3）℃下烘干 4～5h 的四草酸氢钾 12.61g（用于 0.1 级以下仪器无需烘干），溶于蒸馏水，于 25℃下稀释至 1L。

② 25℃饱和酒石酸氢钾溶液（B_2）。在玻璃瓶中装入蒸馏水和过量的酒石酸氢钾粉末（7g/L），温度控制在（25±3）℃，剧烈摇动 20～30min，溶液澄清后，用倾泻法取上清液备用。

③ 0.05mol/kg 邻苯二甲酸氢钾溶液（B_3）。称取在（115±5）℃下烘干 2～3h 的邻苯二甲酸氢钾 10.12g（用于 0.1 级以下仪器无需烘干），溶于蒸馏水中，于 25℃下稀释至 1L。

④ 0.025mol/kg 磷酸氢二钠和 0.025mol/kg 磷酸二氢钾混合溶液（B_4）。分别称取在（115±5）℃下烘干 2～3h 的磷酸氢二钠 3.533g 和磷酸二氢钾 3.387g，溶于蒸馏水，于 25℃下稀释至 1L。

⑤ 0.03043mol/kg 磷酸氢二钠和 0.008695mol/kg 磷酸二氢钾溶液（B_5）。分别称取在

(115±5)℃下烘干 2～3h 的磷酸氢二钠 4.303g 和磷酸二氢钾 1.179g 溶于蒸馏水中,于 25℃下稀释至 1L。

⑥ 0.01mol/kg 硼砂溶液（B_6）。称取硼砂 3.80g（注意！不能烘），溶于蒸馏水,于 25℃下稀释至 1L。

⑦ 25℃饱和氢氧化钙溶液（B_7）。在玻璃磨口瓶或聚乙烯塑料瓶中装入蒸馏水和过量的氢氧化钙粉末（约 2g/L），温度控制在（25±3）℃下，剧烈摇动 20～30min，迅速抽滤，取清液备用。

上述标准溶液的配制必需使用二次蒸馏水或去离子水，其电导率应小于 $2×10^{-6}$ $S·cm^{-1}$。如果用于 0.1 级以下仪器，可使用普通蒸馏水。

在配制 B_4、B_5、B_6 溶液时，如果是用于 0.02 级以上的仪器，所用的蒸馏水还应预先煮沸 15～30min 或通入惰性气体，以除去溶解的二氧化碳。

各 pH 标准溶液在不同温度下的 pH_S 值见表 3-8。

表 3-8 各 pH 标准溶液在不同温度下的 pH_S 值

温度/℃	B_1	B_2	B_3	B_4	B_5	B_6	B_7
0	1.668		4.006	6.981	7.515	9.458	13.416
5	1.669		3.999	6.949	7.490	9.391	13.210
10	1.671		3.996	6.921	7.467	9.330	13.011
15	1.673		3.996	6.898	7.445	9.276	12.820
20	1.676		3.998	6.879	7.426	9.226	12.627
25	1.680	3.559	4.003	6.864	7.409	9.182	12.460
30	1.684	3.551	4.010	6.852	7.395	9.142	12.292
35	1.688	3.547	4.019	6.844	7.386	9.105	12.130
37				6.839	7.383		
40	1.694	3.547	4.029	6.838	7.380	9.072	11.975
45	1.700	3.550	4.042	6.834	7.379	9.042	11.828
50	1.706	3.555	4.055	6.833	7.383	9.015	11.697
55	1.713	3.563	4.070	6.834		8.990	11.553
60	1.721	3.573	4.087	6.837		8.968	11.426
70	1.739	3.596	4.122	6.847		8.926	
80	1.759	3.622	4.161	6.862		8.890	
90	1.782	3.648	4.203	6.881		8.856	
95	1.795	3.660	4.224	6.891		8.839	

（2）仪器示值总误差的检定 对没有斜率调节器的仪器，在仪器正常工作条件下，可选用上述标准溶液中的一种对仪器校正后，测量另一种标准溶液。所用校正用标准溶液与该测量标准溶液的 pH 值之差以不超过 3pH 单位为宜。重复"校正"和"测量"操作三次，取平均值作为仪器示值，此示值与被测标准溶液在测定温度下的 pH_S 值之差为仪器示值总误差。对具有斜率调节器的两点校正式仪器，应该用两种标准溶液校正后，测量第三种标准溶液。

（3）仪器示值重复性的检定 仪器用标准溶液校正后，测量另一标准溶液，重复"校正"和"测量"操作六次，以单次测量的标准偏差表示重复性。计算公式为

$$S = \sqrt{\frac{\sum_{i=1}^{6}(pH_i - \overline{pH})^2}{5}}$$

式中 S——单次测量的标准偏差；

pH_i——第 i 次测量的电计示值；

$\overline{pH}$——6 次测量的 pH_i 平均值。

3. 检定记录

（1）仪器示值总误差的检定

标 准 溶 液	校正或测定	液温/℃	pHs	示 值				误差 pH	备　注
				1	2	3	平均		
	定　位								
	测　量								

（2）仪器示值重复性的检定

标 准 溶 液	液温/℃	pHs	示 值						S	备　注
			1	2	3	4	5	6		

4. 检定结果

仪器示值总误差_____ pH；

仪器示值重复性_____ pH。

思考题

1. 如何配制各种 pH 标准溶液？

2. 如何检定酸度计、通用离子计的示值总误差、示值重复性？

技能鉴定表（四）

项　　目	鉴 定 项 目	鉴 定 内 容	鉴定比重	备　　注
		知识要求	100	
基础知识	酸度计(离子计)及离子选择性电极的相关基本知识	1. 电极电位的知识,电动势测量知识 2. 无线电电路知识 3. 离子交换知识 4. 活度、浓度及其相互转化知识	30	
专业知识	仪器的维护和保养	1. 酸度计(离子计)的维护保养 2. 离子选择性电极的使用注意事项	30	
	仪器的维修	1. 无线电电路分析知识 2. 元器件质量、性能鉴别知识 3. 离子选择性电极构造知识	30	
相关知识	仪器维护、维修相关知识	1. 万用表、电烙铁使用知识 2. 机械常识	10	
		技能要求	100	
操作技能	仪器的校验与维修	1. 酸度计(离子计)的校验 2. 酸度计(离子计)常见故障的排除	50	
	仪器性能检定	酸度计(离子计)示值总误差,示值重复性的检定	30	
工具的使用	工具的正确使用	万用表、电烙铁及其他有关工具正确使用和保管	10	
安全及其他	安全操作	1. 安全用电 2. 元器件的安全保护 3. 电极的安全保护	10	

第二节　电位滴定仪

一、电位滴定仪的结构与原理

电位滴定仪是进行电位滴定分析的装置（仪器）。根据滴定控制的方法，其装置（仪器）

可包括手动电位滴定装置和自动电位滴定仪等。

1. 手动电位滴定装置

应用酸度计或离子计等常用的电位测定仪器，选择合适的电极系统（视滴定反应类型而定），再配合滴定管、电磁搅拌器等即可组装成一台手动电位滴定装置。如图 3-12 所示。

2. 自动电位滴定仪

一般的自动电位滴定仪是在手动电位滴定装置的基础上增加一些控制部分装置并使之仪器化而构成的。目前广泛使用的 ZD-2 型自动电位滴定仪即是这方面的一个典型实例。自动电位滴定仪可以对滴定过程进行自动控制使之恰好达到终点时自动停止滴定，从而得到分析结果。

下面主要介绍常用的 ZD-2 型自动电位滴定仪。

（1）仪器的主要部件　ZD-2 型自动电位滴定仪主要由电位计部分（ZD-2 型滴定计）和滴定控制部分（DZ-1 型滴定装置）及电磁控制阀等部件组成。

① ZD-2 型滴定计（电位计部分）。ZD-2 型滴定计实质上就是一台高输入阻抗的电位计，既可以作为毫伏计也可作为酸度计单独进行使用。其外观如图 3-13 所示。

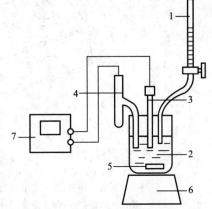

图 3-12　手动电位滴定装置
1—滴定管；2—滴定池；3—指示电极；4—参比电极；5—搅拌子；6—电磁搅拌器；7—电位计

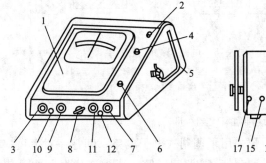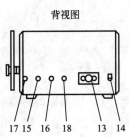

图 3-13　ZD-2 型滴定计外观图
1—指示电表；2—玻璃电极插孔；3—预控制调节器；4—甘汞电极接线柱；5—L 形电极杆；6—读数开关；7—校正器；8—选择器；9—预定终点调节器；10—滴液开关；11—温度补偿调节器；12—电源指示灯；13—三芯电源插座；14—电源开关；15—记录器输入插座；16—输出电压调节器；17—DZ-1 型"单元组合"配套插座；18—暗调节器

② DZ-1 型滴定装置（滴定控制部分）。该装置可以和 ZD-2 型滴定计联用，也可以和其他电位计联用。其外观如图 3-14 所示。

③ 电磁控制阀。电磁控制阀结构如图 3-15 所示。它是由两个重叠的同样直径的夹心孔和夹套孔穿过滴定架，再由调节夹螺帽使其固定，固定高度可视需要在滴定架上任意调节，其上端安装滴管夹，下端安装电极夹。

（2）仪器的工作原理

① ZD-2 型滴定计的工作原理。ZD-2 型滴定计因用途不同，其工作原理也有所不同。

a. 作酸度计使用。ZD-2 型滴定计作酸度计使用时，其作用相当于一台调制式酸度计

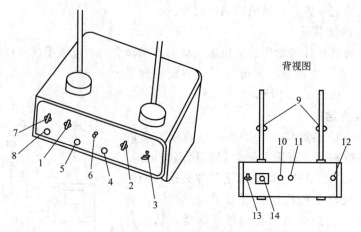

图 3-14　DZ-1 型滴定装置外观图

1—电磁阀选择开关；2—工作开关；3—滴定开始撤开关；4—终点指示灯；5—滴定指示灯；

6—转速调节器；7—搅拌开关；8—搅拌指示灯；9—电磁控制阀；10—电磁控制阀插座；

11—电磁控制阀插座；12—配套插座；13—电源开关；14—三芯电源插座

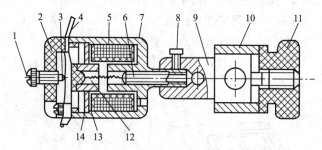

图 3-15　电磁阀结构示意图

1—支头螺钉；2—端盖；3—弹簧片；4—橡皮管；5—线圈；6—调节螺钉；7—壳体；8—支头

螺钉；9—夹心；10—夹套；11—螺帽；12—弹簧；13—吸铁；14—导磁环

（如 pHS-2 型酸度计），其工作原理如图 3-16 所示。

　　由于该仪表的电信号测量系统采用了调制式电子电路，即把一对电极（玻璃电极和参比电极）所产生的直流信号先经过调制器 ZB 调制，使之变为交流性质的电信号，再经交流放大器 AMP 放大，然后解调，最后使其还原为已被放大过的直流信号，从而驱动直流电流表 A 指示出所测量的读数。

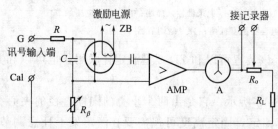

图 3-16　调制式放大器的工作原理图

G—玻璃电极接入端；Cal—甘汞电极接入端；ZB—斩波调制器；AMP—放大器；A—指示电表；R_o—信号输入调节器；R_L—电位取样电阻；R_β—负反馈网络

　　由于调制式放大器是用交流放大的形式来放大直流信号，因此仪器可达到近于无零点漂移的水平；由于调制电路具有深度的负反馈，因而使仪器的输入阻抗可达到较高的数量级，满足了测量高内阻信号源的要求。

　　b. 作滴定计使用。ZD-2 型滴定计作滴定计使用时，其工作原理如图 3-17 所示。

　　在"ZD-2 型滴定计"内，除了调制

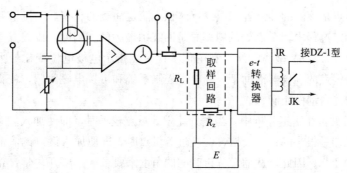

图 3-17　滴定计的工作原理图

R_z—参比内阻（阻值＝R_L）；E—预定终点的调节电源；JR—继电器线圈；JK—继电器开关

式测量电路以外，还有一组"继电器开关吸通时间的长短"与"测试信号的大小"互成正比的开关电路，简称为"e（测试信号）-t（吸通时间）"转换器。

当已经调节好滴定终点的位置以后，经切换开关的转换，在进行滴定的过程中，通过取样回路和"e-t 转换器"，就可以把电极系统所测到的直流信号 e 和预定终点电位 E 的差值，转换成短路脉冲 t 的输出，这一短路脉冲的输出，即为 DZ-1 型滴定装置所需要的输入信号。

②　DZ-1 型滴定装置的工作原理。DZ-1 型滴定装置的工作原理如图 3-18 所示。

DZ-1 型滴定装置本身是一台电磁搅拌器，它同时起着承托滴定管、反应杯以及电极系统等零部件的支架作用，并由一个电磁阀门作为控制滴液流向反应杯的流量的执行机构，在自动滴定时，阀门的开通或关闭是由 ZD-2 型滴定计所输出的短路脉冲信号来驱动的，图 3-17 中 JK 短路，则阀门畅通；JK 开路，则阀门关闭。

DZ-1 型内还有一组用以当滴定到达终点时不让出现过滴现象的电子延迟线路，若滴定到达终点后于 10s 左右的时间内（这一时间是为了保证反应

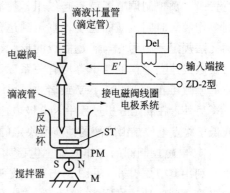

图 3-18　DZ-1 型滴定装置工作原理图

Del—延迟电路；E'—电磁线圈工作电源；
ST—搅拌棒；PM—永久磁钢；M—电机

达到平衡的需要）不再变化，则该延迟电路就会自动使电磁阀门永远关闭，即使有某种原因使电表指示值偏离终点时，也不会再有溶液加入，这样可提高容量分析的准确性。

③　滴定计与滴定装置配套应用原理。ZD-2 型滴定计和 DZ-1 型滴定装置配套使用时，需用 CK₃ 型双头插相互连接，其电源是分别供给的。ZD-2 型滴定计是按照应用电位法来进行容量分析的原理进行设计的。在作各种滴定分析时，如配以适当的指示电极，则在指示电极上所产生的电位值变化的最大值将在滴液和被滴液等量浓度时出现。图 3-19 是用电位法进行容量分析的典型曲线，它是在滴定分析过程中，把指示电极的电位和当时滴液的加入体积逐点记录下来所绘制成的曲线。

从曲线可看出，A 点的斜率最大，即此时由于滴液的加入而引起指示电极电位值的变化最大，因而该点称为化学计量点或滴定终点；对应的 B 点是等量电

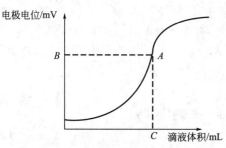

图 3-19　典型的滴定曲线

位或终点电位；C 点是滴液的等量容积或终点体积。滴定曲线的斜率虽与滴液和被滴液的浓度有关，但在一般的滴定过程中，A 点处的斜率总是曲线中最大的。因此，以终点电位来审定滴定终点，具有一定的精度。ZD-2 型滴定计是利用化学计量点指示电极电位变化最大这一原理，以终点电位来审定滴定终点的。仪器借助于一套电子控制系统和可控电磁阀门，使得电极电位在到达终点电位时，滴液能自动停止滴入。

由滴定曲线可见，在滴定分析中，当离开化学计量点较远时，即使加入较多的滴液，所引起的电极电位的变化却是很小的；相反地，在接近等量点时，即使加入微量的滴液，也将引起电极电位的非常显著的变化。因此，从缩短分析时间的角度来要求，在离开化学计量点较远时，滴液的加入量要大；从提高分析精度的角度来要求，在接近化学计量点时滴液的加入量要小。基于以上两个要求，在 ZD-2 型滴定计中，采用了由预控制调节器来进行调节的自动变换滴液流速的控制电路，既可以缩短分析时间，又可以提高分析精度，并使操作尽量方便和可靠，不需要在分析过程中人为地来调节滴液的流速。

预控制调节器的作用是：当离开滴定终点较远时，滴液流速很快甚至液路直通无阻，当由于化学反应而使电极电位趋向于终点电位而到达预控制调节器能选定的预控位置时，滴液就从液路直通的状态变化到在一个固定周期内作一较长的流通速度，待电极电位接近于终点位置时，预控制调节器就不起作用，使滴液从同一个周期中由原来是作较长流通的速度转变到只作较短时间流通的速度，直至到达预定终点时停止滴定为止。预控制调节电位的确切数字无法规定，因为它与滴定曲线的形状、化学反应的速率、滴液的浓度、被滴液的搅拌速率以及电极建立平衡的速率等均有关系。该仪器所设计的预控制调节器是连续性的，与终点电位的差数可在 $100 \sim 300 \mathrm{mV}$ 或者 $1 \sim 3 \mathrm{pH}$ 范围内任意调节。

另外，在滴定分析过程中，电极电位变化的方向取决于滴液的性质，即预控制电位应高于或低于终点电位是由滴液的性质所决定的，仪器的"滴液选择"器就是为此目的而设置的。

④ 电磁控制阀的工作原理。电磁阀内吸铁线圈的电源由整流后获得的 24V 直流电压供给。利用调节螺钉 6（见图 3-15）和支头螺钉 1 使弹簧片 3 的尖角，将弹性较好并耐酸碱的橡皮管 4 紧紧地顶在吸铁 13 上面，使滴液不能通过橡皮管滴下。当来自于 ZD-2 型滴定计的开关信号，使吸铁线圈的电源接通后，则吸铁被吸向线圈一侧，使原来被压紧的橡皮管被放松。因此，滴液顺利通过橡皮管滴下，当开关信号开始，使吸铁线圈的电源断开，则吸铁仍被弹簧 12 顶回原处，仍使橡皮管被弹簧尖角夹紧，滴液随即停止滴下。滴液的流量除去滴定管中试液的液压大小和线圈对吸铁的吸力大小有关外，主要取决于吸铁线圈电源的接通时间的长短，即取决于 ZD-2 型滴定计输出的开关信号大小。

思考题

1. 怎样利用酸度计或通用离子计组装成一套电位滴定装置？
2. ZD-2 型自动电位滴定仪主要由哪些部分组成？各部分的作用是什么？
3. ZD-2 型自动电位滴定仪的滴定计、滴定装置及两者配套应用的工作原理是怎样的？

二、电位滴定仪的使用

以 ZD-2 型自动电位滴定仪为例介绍电位滴定仪的一般使用方法。

1. 单独使用

（1）测量 pH 值　利用 ZD-2 型自动电位滴定仪单独测量 pH 值的操作步骤如下。

① 电极安装　先把电极夹子夹住在电极杆上，然后分别把仪器配用的两种电极夹住在电极夹子上，并适当的调整二支电极的高度和距离，甘汞电极的位置应装得低一些，以保护玻璃电极。最后将二支电极的插头引出线分别正确的全部插入插孔以及紧固在接线柱上。

② 校正

a. 将选择器置于"pH 测量"挡位置。

b. 将适量之标准缓冲溶液注入试杯，将两支电极浸入溶液，并缓缓摇动试杯。

c. 将温度补偿器调节在被测缓冲液的实际温度位置上。

d. 揿下读数开关，调节校正器，使电表指针指在标准溶液的 pH 值位置。

e. 复揿读数开关，使其处在放开位置，电表指针应退回至 pH 7 处。

f. 校正至此结束，以蒸馏水冲洗电极。校正后切勿再旋动校正调节器，否则必须重新校正。

③ 测量

a. 用滤纸将附于电极上的剩余溶液吸干，或用被测溶液洗涤电极，然后将电极浸入被测溶液中，并轻轻摇动试杯，使溶液均匀。

b. 温度器拨在被测溶液的温度位置，揿下读数开关，电表指针所指示的值即为溶液的 pH 值。

c. 测量完毕后，复揿读数开关，使电表指针退回 pH 位置。冲洗电极以待下次测量。

（2）测量电动势（mV）　测量电动势的步骤如下。

① 仪器接通电源，把电源开关扳向"开"，指示灯即亮，须稍经预热方可正式工作。

② 在玻璃电极插孔内，先不要插入电极插头，选择器置于 mV 测量挡位置，揿下读数开关，根据测量范围的不同要求，用校正器调节电表指针拨在 7mV 左右或 0 处（使用人员自行掌握），甘汞电极接线柱上可先行接好电极引出线。

③ 将玻璃电极插头全部插入孔内，电表的指示值即为被测电池组的电动势。

④ 测量完毕后，复揿读数开关，使电表指针退回到 7 的位置。

2. 自动滴定

（1）准备工作

① 电极的选择　电极的选择决定于滴定时的化学反应，如果是氧化还原反应，可采用铂电极和甘汞电极；如属于中和反应，则可采用玻璃电极和甘汞电极；银盐与卤素反应，则可采用银电极和特殊甘汞电极（如带盐桥套管的甘汞电极）。

② 电极的安装　指示电极应夹在电极夹右边的夹口内，参考电极应夹在左边的夹口内。指示电极插入玻璃电极插孔内，参比电极接在甘汞电极接线柱上。（但当氧化还原滴定中如用玻璃电极作为参比电极时，仍应将玻璃电极插入玻璃电极插孔内）。

③ 滴定管、电磁阀和滴液管的安装　滴定管由滴管夹夹住，它的出口和电磁阀上的橡胶管上端连接，橡胶管的下端与滴液管（玻璃毛细管）连接，将滴液管夹在电极夹右边的小夹口内，且插入滴液内，滴出口的高度应调节到比指示电极的敏感部分中心略高些，使滴液滴出时可顺着搅拌的方向首先接触指示电极，可使滴定精度提高到十分之一滴以内，试杯放在塑料托座上，并在试杯内放置一根搅拌棒，其大小由试杯的大小和试液的多少而定。温度计可插在电极夹左边的小夹口上。

④ 预控制的调节　取决于化学反应的性质，即滴定曲线的形状，故难以确切地描述。一般氧化还原滴定、弱酸强碱中和滴定和沉淀滴定可调节在较大位置；弱酸强碱、强酸弱碱滴定可调节在中间位置；而弱酸弱碱滴定则可调节在起始位置。总之，预控制指数小，则可节省滴定时间，但易过滴而造成误差。如预控制指数大，则滴定时间长，易保证准确性，用

户在数次使用后，即能自如地选择其位置，既省时间又能准确。

⑤ 滴定选择开关的调节 决定于滴液的性质及电极的连接位置，设指示电极插孔为"－"，参考电极插孔为"＋"，则表 3-9 可作滴定选择开关选择其"＋"、"－"位置的参考如表 3-9 所示。

表 3-9 滴定选择开关

滴液性质	指示电极的极性	滴液开关位置
氧化剂	铂电极接"－"甘汞电极或钨电极接"＋"	"＋"
还原剂	铂电极接"－"甘汞电极或钨电极接"＋"	"－"
酸	玻璃电极或锑电极接"－"甘汞电极接"＋"	"＋"
碱	玻璃电极或锑电极接"－"甘汞电极接"＋"	"－"
银盐	银电极接"－"甘汞电极接"＋"	"＋"
卤素化合物	银电极接"－"甘汞电极接"＋"	"－"

⑥ 滴定终点的确定 从电位滴定原理和本仪器的设计基础不难联系到，在操作时对于事先决定终点电动势和终点 pH 值，是决定分析精度的重要参数。然而在某一次滴定分析前，它的滴定曲线不一定是预知的，但终点电动势必须预先作出决定。

⑦ 仪器在开始操作之前，两台仪器的电源开关和搅拌开关指在"关"的位置。读数开关放开。

⑧ 滴定装置的"工作"开关指在"滴定"位置。

⑨ 用 CK₃ 型双头连接插将 ZD-2 型与 DZ-1 型两部分进行连接。

（2）操作步骤 仪器在准备工作就绪后，即可按如下步骤进行操作。

① 先把电磁阀连同电极升高，再把盛被滴液的试杯放在滴定装置上面的塑料托座中央，杯中预先放入搅拌棒一根，然后调节电磁阀及电极夹高度，使电极能浸入被滴液内。放试杯的方法也可先把电磁阀连同电极向右转，然后把试杯用手托起，使电极浸在溶液内，再把电磁阀连同电极和试杯向左转回中心位置，放下试杯即可。滴定完毕欲换下试杯时，亦可用同样方法进行。

② 开滴定装置的电源开关及搅拌开关，指示灯亮，调节转速使搅拌从慢逐渐加快至适当的转速。

③ 使用左边电磁阀滴定时，将选择开关扳向左边的"1"，欲使用右边电磁阀滴定时，则选择开关扳向右边的"2"。

④ 开启 ZD-2 型的电源开关，经预热后，撤下读数开关，旋动"校正"调节器使电表指针在 pH7 的位置（可放开"读数"开关而观察不出指针的位置移动，否则要重新调整，然后仍撤下"读数"开关）或左面零位置或右面零位置。此后切勿再旋动"校正"调节器，否则必须重新校正。

⑤ 置选择器于"终点"处，旋动"终点调节"器，使电表指针指在终点位置或终点 pH 值上，此后切勿再旋动"终点调节"器，否则将导致分析结果错误。再把选择器置于 mV 滴定挡。

⑥ 如欲做中和反应滴定，则应把 ZD-2 型的选择器扳在"pH"处，用一标准溶液，通过"校正"调节器将酸度计校准（详见 pH 值校正一节）。

⑦ 撤下"滴定开始"开关，此时"终点"电珠亮，"滴定"电珠亮或时亮时暗，滴液快

速滴下，电表指针向终点逐渐接近，在接近终点时，"滴定"电珠亮的时间较短，当电表指针到达终点值而"终点"电珠熄灭后，滴定即行告终。

⑧ 记录滴定管内滴液的终点读数。

三、电位滴定仪的维护与保养

自动电位仪的维护保养应注意以下几点。

① 仪器的各单元均应经常保持清洁、干燥，并防止灰尘及腐蚀性气体侵入。

② 玻璃电极插孔的绝缘电阻不得低于 $10^{12}\,\Omega$，使用后必须旋上防尘帽，以防外界潮气及杂质的侵入。

③ 仪器不用时，应将读数开关处于放开位置，并用短路片使电表短路，以保证运输时电表的安全。

④ 甘汞电极中应经常注意使其充满饱和 KCl 溶液。

⑤ 滴定前最好先用滴液将电磁阀橡胶管一起冲洗数次。

⑥ 滴定前应先调节电磁阀的支头螺钉，使电磁阀未开启时滴液不能滴下，而电磁阀开通时滴液能滴下，然后调节至适当流量。

⑦ 与电磁阀弹簧片接触的橡皮管久用易变形，使弹性变差，这时可放开支头螺钉，变动橡胶管的上下位置，或者更换一根新橡胶管。橡胶管调换前最好放在略带碱性的溶液中蒸煮数小时以上。

⑧ 滴定时切勿使用与橡胶管起作用的高锰酸钾等溶液，以免腐蚀橡胶管。

思考题

1. 自动电位滴定仪的维护保养应注意哪些方面？

2. 使用自动电位滴定仪进行电位滴定，为什么不能用 $KMnO_4$ 溶液作滴液？

四、电位滴定仪常见故障的排除

对于手动电位滴定装置，故障主要发生在酸度计或离子计，其故障排除方法已如前述。自动电位滴定仪（如 ZD-2 型自动电位滴定仪）的常见故障、产生原因及排除方法见表 3-10。

表 3-10　ZD-2 型自动电位滴定仪的常见故障及排除方法

故　障	故 障 原 因	排 除 方 法
1. 打开电源后，指示灯不亮,但其他正常	指示灯灯泡坏	更换新指示灯灯泡
2. 打开电源后，指示灯不亮,但灯泡未坏	(1)电源插头及接线存在断线、脱焊现象 (2)接触不良 (3)若插头、插座接触良好,但无交流电 6.3V 电压输出,则可判断为变压器初级或次级交流电 6.3V 的绕组断线	重新接线并焊好 找出接触不良处,清除氧化层,使接触良好 修理或更换变压器
3. 调节终点时,电表指针不动	读数开关未揿下	揿下读数开关
4. "滴定开始"开关揿下后,"终点"指示灯或"滴定"指示灯不亮	指示灯灯泡失效或供电电路有故障	调换新的指示灯灯泡或检修指示灯供电线路

故　障	故障原因	排除方法
5."滴定开始"开关撤下后"终点"指示灯和"滴定"指示灯均亮,但无滴液滴入	(1)若电磁阀插头未插错,并完全插入了,则系电磁阀故障	重新调节支头螺钉
	(2)若电磁阀关闭后仍有滴液滴入,则说明电磁阀有漏滴现象	将电磁阀头从阀体上旋下,用小螺丝刀旋动"调节螺钉"并用手旋动"支头螺钉",直至使电磁阀关闭时无漏滴,而开通时滴液可滴下的位置为止
6.若电磁阀无漏滴,但有过量滴定现象	滴定控制器存在故障	将预控制指数适当调大一点(但不宜调得太大,以免滴定时间太长),或将仪器送至生产厂修理

思考题

1. 接通电源,指示灯不亮的原因有哪些? 如何排除该故障?

2. 电磁阀有漏滴现象,应如何处理?

五、技能训练——自动电位滴定仪滴定分析重复性的检定 (JJG 814)

1. 技术要求

本法适用于新生产、使用中和修理后的自动电位滴定仪的检定。检定结果应符合表 3-11 要求。

仪器的检定周期为一年,当条件改变或对测量结果有怀疑时,应随时进行检定。

表 3-11　自动电位滴定仪的检定结果

仪器级别	滴定重复性/%
0.05	0.2
0.1	0.2
0.5	0.3

2. 检定步骤

(1) 仪器电位滴定重复性的检定

① 仪器在正常工作条件下检定,电计终点预设在 $580\sim600\text{mV}$ 之间的任一电位值,滴定装置置于自动滴定挡。

② 用移液管吸取 10mL 0.1mol/L 的 $FeSO_4\cdot(NH_4)_2SO_4\cdot6H_2O$ 溶液于反应杯中,并加入体积比为 1:1 的蒸馏水和 1.5mol/L 的 H_2SO_4 溶液,使溶液的总体积不超过反应杯容量的 2/3,选择适当的搅拌速度进行搅拌。

③ 分别选用铂电极和甘汞电极作为指示电极和参比电极,用 0.0167mol/L 的 $K_2Cr_2O_7$ 溶液进行氧化还原滴定。

④ 按仪器说明书选择各旋钮开关在适当的位置,滴定之前记录滴定管中溶液的起始读数 V_0 (每次滴定前均应调节在 0 刻线附近),到达预设终点,滴定自动停止,记录滴定管中液面读数 V_1,(V_1-V_0) 即为所消耗的滴定液体积。平行滴定三份。

(2) 仪器中和滴定重复性的检定

① 按仪器说明书选择各旋钮开关在适当的位置,终点控制调节至 pH=7。

② 用移液管吸取 10mL 0.1mol/L 的 NaOH 溶液于一定体积的蒸馏水中,溶液的总体积不超过反应杯容量的 2/3,选择适当的搅拌速度进行搅拌。

③ 分别选用玻璃电极和甘汞电极作为指示电极和参比电极,用 0.1mol/L 的 HCl 溶液进行中和滴定。

④ 滴定开始之前,调整并记录滴定管中溶液的起始体积 V_0 (每次滴定前均应调节在 0 刻线附近),到达预设终点,滴定自动停止,记录滴定管中液面读数 V_1,(V_1-V_0) 即为所消耗的滴定液体积,平行滴定三份。

3. 数据处理

仪器滴定重复性按下式计算。

$$S_V = \frac{\max \left| V_i - \dfrac{1}{n} \sum_{i=1}^{n} V_i \right|}{V} \times 100\%$$

式中　S_V——仪器滴定重复性，%；

　　　V_i——滴定液所消耗的体积，mL；

　　　V——滴定管的全容量，mL。

4. 检定记录与结果

（1）氧化还原滴定的重复性

终点预设电位/mV	FeSO$_4$·(NH$_4$)$_2$SO$_4$·6H$_2$O 的体积/mL	K$_2$Cr$_2$O$_7$滴定体积/mL				S_V	备　注
		V_0	V_1	V_1-V_0	平均值		

（2）中和滴定重复性

终点控制	NaOH 的体积/mL	HCl 的滴定体积/mL				S_V	备　注
		V_0	V_1	V_1-V_0	平均值		
pH＝7							

思考题

1. 仪器滴定重复性是以何种方式表达的？
2. 如何检定自动电位滴定仪的滴定重复性？

技能鉴定表（五）

项　　目	鉴定范围	鉴定内容	鉴定比重	备　　注
		知识要求	100	
基本知识	电位滴定仪的相关基本知识	1. 电极电位的知识 2. 电动势测量知识 3. 电磁阀控制知识 4. 信号转换及放大原理知识 5. 容量分析基本知识	35	
专业知识	仪器的维护保养	1. 自动电位滴定仪的维护保养 2. 电极的维护及使用注意点	35	
	仪器的维修	1. 无线电电路知识 2. 元器件质量鉴定知识	20	
相关知识	仪器的维护、维修相关知识	1. 万用表、电烙铁使用知识 2. 机械常识	10	
		技能要求	100	
操作技能	仪器的维修	电位滴定仪常见故障的排除	35	
	仪器性能检定	自动电位滴定仪滴定重复性的检定	35	
工具的使用	工具的正确使用	万用表、电烙铁及其他有关工具的正确使用和保管	10	
安全及其他	安全操作	1. 安全用电 2. 元器件的安全保护 3. 电极的安全保护 4. 玻璃仪器的安全保护	20	

第四章　色谱分析仪器的维护

学习指南

作为一种对多组分混合物进行分离并测定其含量的重要手段，色谱方法得到了日益广泛的应用，并已成为现代成分分析中最重要的方法之一。色谱分析仪器由于具有应用范围广、分离效率高、分析速度快、样品用量少、灵敏度高及易于自动化等特点，广泛地应用于石油化工、生物化学、医药卫生、环境保护、食品检验和临床医学等行业。色谱分析仪器已经成为许多分析实验室不可缺少的仪器，它主要包括气相色谱仪和液相色谱仪。

本章着重介绍色谱分析仪器的结构、原理，培养对色谱分析仪器进行安装、调试和保养的能力，在此基础上学会对仪器一般故障的产生原因进行分析并进而将故障排除的方法。通过本章的学习，应达到如下要求：

1. 详细了解色谱分析仪器的组成、结构，能够参照仪器说明书对仪器进行安装、调试。

2. 能够熟练地对仪器进行正确的维护和保养。

3. 对仪器的常见故障能够进行分析，了解故障产生的原因，采取针对性的措施加以排除。

4. 对使用中和维修后的色谱分析仪器能按照有关国家标准对其性能进行检定。

第一节　气相色谱仪

一、气相色谱仪的结构和分类

随着气相色谱法的发展，气相色谱仪的应用十分广泛。根据载气流路的连接方式，气相色谱仪大致可分为单柱单气路、双柱双气路两类。不管采取哪一种载气流路形式，仪器的基本结构部分是相同的，主要由气路系统、进样系统、色谱柱、检测器、温度控制系统、信号记录和数据处理系统等部分组成。

二、气相色谱系统

1. 气相色谱系统简介

（1）气路系统　气路系统是指载气和辅助气体流经的管路和相关的一些部件，具体包括气源装置、气体流速的控制、测量装置等，其作用是提供气体并对进入仪器的载气或辅助气体进行稳压、稳流、控制和指示流量。

① 气源装置。气相色谱分析中所用的气体，除空气可由空气压缩机供给外，一般都由高压钢瓶供给。近年来，某些气体越来越多地采用气体发生器作为气源，如氢气发生器、氮气发生器等，这些附加设备将在第六章中加以介绍。

② 气体流速的控制装置。稳定而可调节的载气及辅助气流不仅是气相色谱仪正常运转的保证，而且直接影响到色谱分析结果的准确度。气源（如高压钢瓶）必须与减压阀、稳压

阀、稳流阀等部件配合才能提供稳定而具有一定流量（流速）的气流。

a. 减压阀。高压钢瓶中气体压力很高（10MPa 以上），需用减压阀将其衰减至 0.5MPa 以下。减压阀的结构如图 4-1 所示。

b. 稳压阀。又称压力调节器，其功能是为它后边的针形阀提供稳定的气压；为它后边的稳流阀提供恒定的参考压力。稳压阀通常采用橡胶膜片和金属波纹管双腔式的结构，如图 4-2 所示。

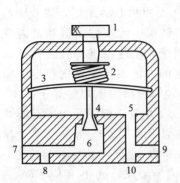

图 4-1 减压阀结构示意图

1—调节手柄；2—弹簧；3—隔膜；4—提升针阀；
5—出口腔；6—入口腔；7—气体入口；8—高
压压力表；9—气体出口；10—低压压力表

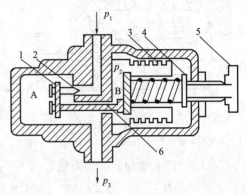

图 4-2 稳压阀示意图

1—阀座；2—针形阀（或平面阀）；3—波纹管；
4—弹簧；5—手柄；6—阀针

图中空腔 A 和金属波纹管 B 的空腔通过三根连动杆的间隙互相连通，针形阀用三根连动杆（图中只画出一根）连在波纹管底座上。若将手柄右旋，向左压缩弹簧，波纹管被压缩，阀体左移，增大阀针与阀座间隙，出口流速加大，即输出压力升高；反之，手柄左旋，过程相反，输出压力下降。这是稳压阀可以调节输出压力的原因。

稳压阀的稳压原理是：用调节手柄通过弹簧可把针形阀旋到一定的开度，当压力达到一定值时就处于平衡状态，达到平衡后当气体进口压力 p_1 微有增加产生波动时，针形阀的结构必然导致 p_2 的压力也增加，B 腔压力增大的结果，迫使弹簧向右压缩，波纹管就向右移动而伸长，并带动三根连动杆也向右移动，使阀针与阀体的间隙减小，气流阻力增加，使出口压力 p_3 保持不变。同理，当输入压力 p_1 有微小的下降时，由于压力负反馈自动调节的作用，使系统可以自动恢复到原有平衡状态，从而达到稳定出口压力的效果。

c. 针形阀。针形阀是气体流量的调节装置，它是通过改变阀针和阀门之间的接触程度，达到改变流量大小的目的。在气相色谱仪中，常用的是锥式针形阀，阀针和阀体由不锈钢制成，其结构如图 4-3 所示。

应该指出的是，针形阀在气路中只能起连续调节气体流量大小的作用，既不能起稳定出口压力的作用，也无法维持出口流量的恒定。

d. 稳流阀。在程序升温气相色谱仪中，色谱柱对载气的阻力随着柱温的上升而增加，使得柱后载气的流速也将发生变化，从

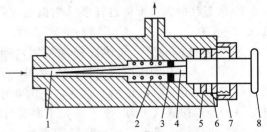

图 4-3 针形阀结构示意图

1—阀门；2—压缩弹簧；3—阀针密封圈；4—阀针；
5—密封环；6—密封垫圈；7—螺母；8—调节手柄

而引起基线的漂移。为了使仪器在程序升温操作过程中，载气流速不随柱温改变而变化，往往需要在稳压阀的后面加装稳流阀，这样，柱温的改变而引起的色谱柱对载气的阻力虽有变化，但柱后载气的流速保持不变，从而改善仪器基线的稳定性，实现对宽沸程样品快速分析的目的。

目前，在气相色谱仪中常用的是膜片反馈式稳流阀，它的结构为图 4-4 所示。其工作原

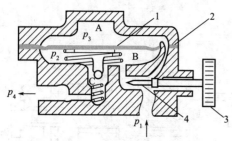

图 4-4　稳流阀示意图
1—弹性膜片；2—上游反馈管；3—手柄；4—阀针

理是：针阀在输入压力保持不变的情况下旋到一定的开度，使流量稳定不变。流量控制器是由弹性膜片隔开的 A 腔和 B 腔组成，膜片中心与球阀 C 相连接。由针阀、流量控制器和上游反馈管组成一个自控系统，它是用维持气流在针阀进出口处压力差恒定的办法使气流速度稳定。当进口压力 p_1 稳定，针阀两端的压力差等于 p_3-p_2，即 $\Delta p = p_1 - p_2$，Δp 等于弹簧压力时，膜片两边达到平衡。当柱温升高时，气阻发生变化，阻力增加，出口压力 p_4 增加，流量降低，因为 p_1 是恒定的，所以 p_1-p_2 小于弹簧压力，这时弹簧向上压动膜片，球阀开度增加，出口压力 p_4 增大，流量增加，p_2 也相应下降，直到 $p_1 - p_2$ 等于弹簧压力时，膜片又处于平衡状态，从而使载气流速维持不变。

调节针形阀的开度大小，可以选择载气流量。

③ 气体流速的测量装置。气体的流速是以单位时间内通过色谱柱或检测器的气体体积大小来表示，单位一般用 mL·min^{-1}。在气相色谱中，常用的气体流速测量装置是转子流量计或皂膜流量计，其中测出的流速要经过温度、压力及水蒸气压的校正，才是色谱柱后的载气平均流速。

（2）进样系统

① 液体进样装置。在气相色谱中，液体样品必须经汽化室将其瞬间汽化后，才可进入色谱柱分离。

a. 汽化室。汽化室实际上是一个温度连续可调并能恒定控制的加热炉。一种金属式汽化室的结构如图 4-5 所示。载气通常在进入汽化室之前应经过盘旋在加热器外壳的预热管进行预热，使载气温度接近汽化室的温度，预热后的载气经过进样口和汽化管直接与色谱柱相接。注射器针头在进样口刺破硅橡胶垫后进样，并在汽化管中瞬时汽化，然后被载气携带进入色谱柱。汽化管被外部电加热器加热，加热器由温度控制器控制，以实现汽化温度连续可调和恒定操作的要求。

b. 微量注射器。液体进样多采用微量注射器，进样的重复性一般在 2.0% 左右。

② 气体进样装置。气体进样常采用六通阀，也可以用 0.25mL、1mL、2mL、5mL 的医用注射器。六通阀由于进样重复性好，且可进行自动操作而得到广泛使用。目前，在气相色谱仪中经常采用的有两种：一种是推拉式六通阀，另一种是平面旋转式六通阀。

（3）色谱柱　色谱柱的结构较为简单，由一根柱管及填装在管内的固定相组成。

柱管制作材料很多，如不锈钢、铜、玻璃、塑料等，其中不锈钢

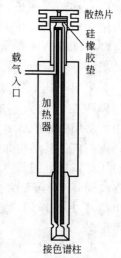

图 4-5　汽化室结构示意图

柱由于质地坚固、化学稳定性好而使用十分广泛。色谱柱常制成 U 形或螺旋形等形状，其柱效相差不大。常用的色谱柱基本上可分为填充柱和毛细管柱两类。

色谱柱一般放置在柱箱中使用。柱箱亦称恒温箱或层析室，是使色谱柱处于一定温度环境的装置，一般采用空气浴，由鼓风电机强制空气对流，以减少热辐射等造成的温度分布不均匀的现象，加快升温速度。

（4）检测器　检测器又称鉴定器，它是把组分及其浓度变化以一定的方式转换为易于测量的电信号。因此，检测器实际上是一种换能装置。一些常用的气相色谱检测器的性能如表 4-1 所示。

表 4-1　常用的气相色谱检测器

检测器	热导池检测器（TCD）	氢火焰离子化检测器（FID）	电子俘获检测器（ECD）	火焰光度检测器（FPD）
响应特性	浓度	重量	一般为浓度型	重量
噪声水平/A	$0.005 \sim 0.01 \text{mV}$	$(1 \sim 5) \times 10^{-14}$	$1 \times 10^{-11} \sim 1 \times 10^{-12}$	$1 \times 10^{-9} \sim 1 \times 10^{-10}$
敏感度/(g/s)	$1 \times 10^{-6} \sim 1 \times 10^{-10} \text{g/mL}$	$< 2 \times 10^{-12}$	$1 \times 10^{-14} \text{g/mL}$	磷：$< 1 \times 10^{-12}$ 硫：$< 1 \times 10^{-11}$
线性范围	10^4	10^7	10^4	10^3
响应时间/s	< 1	< 0.1	< 1	< 0.1
适用范围	通用型	含碳有机化合物	多卤及其他电负性强的化合物	含硫、磷化合物
设备要求	流速、温度要恒定，测量电桥用高精度供电电源	气源要严格净化，放大器能测 10^{-14}A 无干扰	载气要除 O_2，采用脉冲供电	采用质量好的滤光片和光电倍增管、合适的 O/H 比

① 热导池检测器。热导池检测器是气相色谱法中最早出现并应用最广泛的一种通用型检测器，其特点是结构简单、性能稳定、线性范围较宽、操作方便，灵敏度虽然不算太高，但对无机气体和各种有机物均有响应，且对样品无破坏性，适宜于常量分析以及含量在几个 $\mu g/mL$ 以上的组分分析。目前，热导池检测器是气相色谱仪的常备检测器之一，它由热导池及电气线路所组成。

a. 热导池的结构。热导池由热敏元件和金属池体构成，通常在金属池体上加工成一定结构的池腔，在其内装上合适的热敏元件即构成热导池的一个臂。热导池一般可分为双臂式和四臂式两种形式，四臂式热导池由于相对于双臂式其输出信号增大一倍，提高了灵敏度，稳定性亦得到进一步改善而被气相色谱仪所普遍采用。

b. 热导池检测器的电气线路。

ⅰ. 直流电桥。热导池电气测量线路就是一个简单的稳压供电的直流电桥，亦即"惠斯登电桥"。气相色谱仪中广泛采用四臂式热导池，其测量桥路如图 4-6 所示。R_2 和 R_4 为参考臂，R_1 和 R_3 则为测量臂，由于采用四个一组完全相同的热敏元件，故 $R_1 = R_2 = R_3 = R_4$ 全部插入同一块热导池体的四个池腔（两两相通）中未进样时，参考臂与测量臂通过的均为纯载气，阻值的变化为 ΔR_1、ΔR_2、ΔR_3 及 ΔR_4，且 $\Delta R_1 = \Delta R_2 = \Delta R_3 = \Delta R_4$，此时

$$(R_1 + \Delta R_1)(R_3 + \Delta R_3) = (R_2 + \Delta R_2)(R_4 + \Delta R_4)$$

电桥平衡无输出电压。

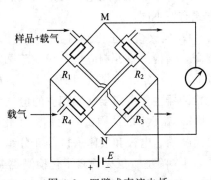

图 4-6　四臂式直流电桥

当进样后，组分随载气进入测量臂，此时 $\Delta R_1 = \Delta R_3 \neq \Delta R_2 = \Delta R_4$，所以

$$(R_1 + \Delta R_1)(R_3 + \Delta R_3) \neq (R_2 + \Delta R_2)(R_4 + \Delta R_4)$$

电桥失去平衡，分别造成 M、N 点的电位升高和降低，由于变化相反，导致电桥不平衡输出电压增加了一倍，相应地使热导池灵敏度也提高了一倍。

在测量桥路中，参考臂和测量臂不仅热敏元件的形状、阻值大小一致，所处池腔的体积也相同，其主要区别在于通过的气体组成不同。因此，不同形式的载气气路，它们的放置方法就有差别。

单柱单气路：参考臂应该连接在汽化室前，测量臂应该连接在色谱柱后。

双柱双气路：参考臂和测量臂均应连接在色谱柱后。在哪一个支路上进样，其热敏元件就作为测量臂，对应的另一支路的热敏元件作为参考臂。显然，对于双臂式热导池，某一热敏元件为测量，另一则为参考；对于四臂式热导池，R_1、R_3 与 R_2、R_4 互为测量，互为参考。

安装时应注意，在图 4-6 中，不能把 R_1、R_3，R_2、R_4 接成邻臂，否则在进样后，虽然样品气进入测量臂，但由于 R_1 和 R_3 在同一个气路中，阻值变化相同，结果电桥仍处于平衡状态，造成桥路没有信号输出。此时应按照气路和电路的安装要求，重新进行正确地连接。

ⅱ. 调零线路。由于电桥的调零电位器的接法不同，组成的电桥线路就有差异。目前，在热导池桥路中常采用串联式调零法和并联式调零法，它们的线路示意图如图 4-7 所示。其中，并联式的调零接法使热导池检测器具有更大的线性范围而应用较多。

ⅲ. 电桥的供电方式。目前，热导池检测器多采用直流电桥，因此，桥路两端的供电电源就是直流电源，其形式可以是稳压电源或稳流电源两种。主要由整流滤波、调整电路、比较放大、取样电路、基准电压以及辅助电源等几部分所组成，其方框图如图 4-8 所示。

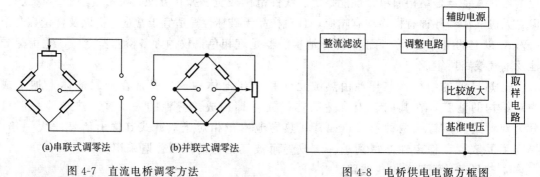

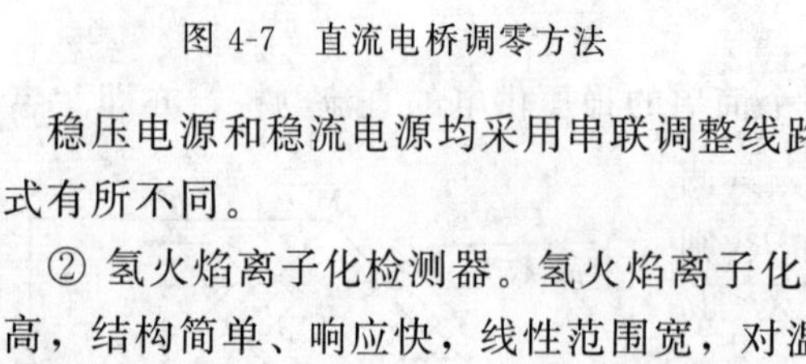

(a)串联式调零法　　　(b)并联式调零法

图 4-7　直流电桥调零方法

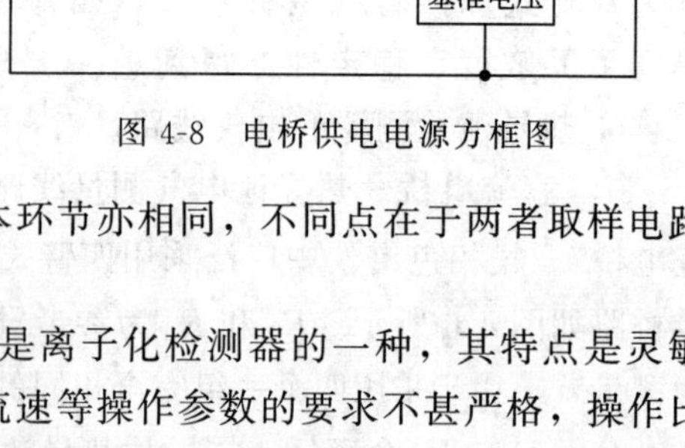

图 4-8　电桥供电电源方框图

稳压电源和稳流电源均采用串联调整线路，基本环节亦相同，不同点在于两者取样电路方式有所不同。

② 氢火焰离子化检测器。氢火焰离子化检测器是离子化检测器的一种，其特点是灵敏度高，结构简单、响应快，线性范围宽，对温度、流速等操作参数的要求不甚严格，操作比较简单、稳定、可靠。因而应用十分广泛，已成为气相色谱仪常备检测器之一。氢火焰离子化检测器主要由离子室和相应的电气线路组成，其工作原理如图 4-9 所示。

a. 离子室的结构。氢火焰离子化检测器的核心是离子室，其结构如图 4-10 所示。它主要由喷嘴、电极和气体入口等部分组成。

ⅰ. 喷嘴。氢火焰离子化检测器常采用绝缘型喷嘴，主要由不锈钢及石英等材料制成，某种喷嘴的结构如图 4-11 所示。喷嘴通常可以拆卸，以便清洗或更换。

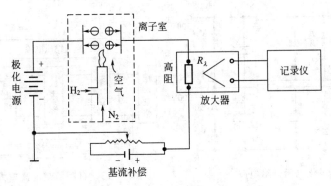

图 4-9 氢火焰离子化检测器工作原理图

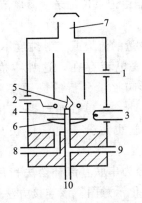

图 4-10 FID 离子室结构示意图

1—收集极；2—极化极；3—点火热丝；4—喷嘴；5—氢
火焰；6—空气分配挡板；7—气体出口；8—空气入
口；9—氢气入口；10—(载气＋组分) 入口

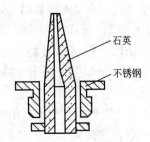

图 4-11 喷嘴结构示意图

ⅱ．电极。一个离子室性能的好坏常用收集效率的高低来评价，这就需要一对电极，即收集极和极化极，并要在两极间施加一定的极化电压，以形成一个足够强的电场，使生成的正负离子迅速到达两极，从而大大降低离子重新复合的可能性。安装时，应让收集极、极化极、喷嘴的截面构成同心圆结构，以提高收集效率。收集极接微电流放大器输入端，电位接近零，极化极则加正高压或负高压，从而在两极间形成局部电场，实现对离子流的收集。制作电极的材料应具有良好的高温稳定性，收集极多用优质的不锈钢材料制作，极化极多用铂制成。

ⅲ．气体入口通路。氢火焰离子化检测器采用以 H_2 为燃气，空气为助燃气构成的扩散型火焰。氢气从入口管进入喷嘴，与载气混合后由喷嘴流出进行燃烧，助燃空气由空气入口进入，通过空气扩散器均匀分布在火焰周围进行助燃，补充气从喷嘴管道底部通入。如图 4-10 所示。

b．氢火焰离子化检测器的电气线路。氢火焰离子化检测器的电气线路主要包括离子室的极化电压、微电流放大器以及基始电流补偿电路等。

ⅰ．极化电压。离子室的极化电极所需 $\pm(250\sim300)$ V 的直流电压，可通过初级硅稳压管线路供给。典型的线路如图 4-12 所示，它由稳流、滤波和硅稳压管组成，稳定度可达 1% 左右，完全可满足氢焰离子室对电场的要求。

ⅱ．微电流放大器。经氢火焰的作用离解成的离子在外加定向电场中所形成的离子流十

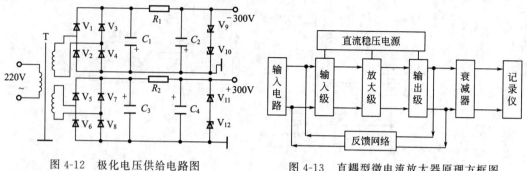

图 4-12　极化电压供给电路图　　　　图 4-13　直耦型微电流放大器原理方框图

分微弱，必须经过一个直流微电流放大器放大后才能由记录仪记录。微电流放大器的工作原理方框图如图 4-13 所示。

ⅲ. 基始电流补偿电路。当色谱柱固定液存在微量的流失或气源纯度不够时，离子室在未进样之前，只要火焰被燃着，总有一定数量的本底电流存在，这种本底电流通常称为"基始电流"，简称"基流"。基流的存在显然会影响痕量分析的灵敏度和 FID 的基线稳定性。因此，除了尽可能老化色谱柱或纯化气源外，在单柱单气路气相色谱仪的放大器中还必须采取基流补偿的措施。显然，这种措施也适合于电子俘获及火焰光度等检测器。

基流补偿根据在放大器中的连接方法不同，可分为串联基流补偿法和并联基流补偿法，图 4-14 所示为通常采用的"串联基流补偿法"的简化示意图。该连接方法的优点是对输入的电流无分流作用，即不损失待测信号，而且省掉了并联补偿法需用的另一高值电阻，补偿所用的电源电压也较低。考虑到电子俘获检测器的需要，一般选择其补偿电压为 10～15V 左右。该法的缺点是电源电压必须对地悬浮，不利于消除电源的交流干扰。

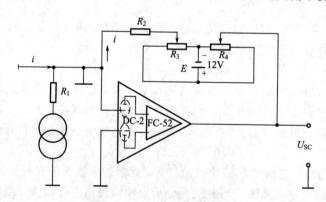

图 4-14　串联基流补偿电路

③ 电子俘获检测器。电子俘获检测器是一种具有高灵敏度、高选择性的检测器，其应用范围之广仅次于热导池、氢火焰离子化检测器而占第三位。电子俘获检测器也是一种离子化检测器，故可与氢火焰检测器共用同一个放大器，所不同的是它对操作条件的选择要求更加严格。

与氢火焰离子化检测器相似，电子俘获检测器主要由能源、电极、气体供应及相应的电气线路等部分组成。

a. 电子俘获检测器的结构。目前常用的是放射性电子俘获检测器，其结构常采用同轴圆筒式电极。图 4-15 所示为电子俘获检测器中典型的放射性同轴圆筒式电极结构。

能源采用圆筒状的 β 放射源，常用的为 ^{63}Ni 或 ^3H，并以其作为阴极，同时组成载气的出口；另一不锈钢电极作为阳极。供电方式可采用直流电压供电或脉冲电压供电两种。直流电压供电虽然比较简单，但由于线性范围窄，还会带来一些不正常的反应，因此呈现出以脉冲电压供电逐渐取代直流电压供电的趋势。绝缘体一般用聚四氟乙烯或陶瓷等材料制作。

b. 电子俘获检测器的电气线路。直流供电和脉冲供电的电子俘获检测器所需要的电气线路主要包括三部分：连续可变的直流电压源、脉冲周期可调的脉冲电压源以及直流放大器。

i. 连续可变的直流电压源。直流供电的 ECD，需要 $-50 \sim 0V$ 的直流电压，其电气线路与 FID 极化电压一样。主要由整流、滤波和硅稳压管组成。这种初级硅稳压线路如图 4-16 所示。

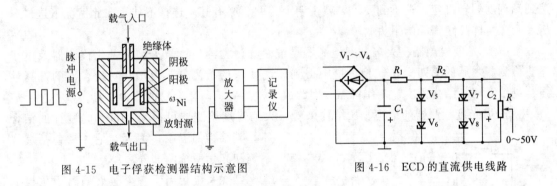

图 4-15　电子俘获检测器结构示意图　　　　图 4-16　ECD 的直流供电线路

其指标是：直流输出电压为 $-50 \sim 0V$ 连续可调，输出电流 1mA。在电压 220V$\pm$10% 变化时，电压稳定度为 1% 左右。

ii. 脉冲周期可调的脉冲电压源。脉冲式（也叫恒脉冲式）ECD 所需要的脉冲电源多采用多谐振荡器，并经放大后输出。它的典型线路如图 4-17 所示。

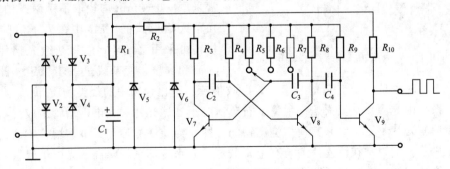

图 4-17　ECD 的脉冲供电线路

上述线路所产生的脉冲其参数如下：脉冲宽度为 $0.75 \sim 1\mu s$；脉冲电压辐值为 45V；脉冲周期为 $15\mu s$、$75\mu s$、$150\mu s$ 三挡可变。

iii. 直流放大器。由于 ECD 和 FID 机理不一样，虽然同属离子化检测器，在使用同一个直流放大器时还是有一定差别的。

众所周知，ECD 的基流为 $10^{-9} \sim 10^{-8}$ A，FID 要求的基流最好在 10^{-12} A 以下。这就是说，ECD 有效的基流比 FID 大近两个或三个数量级。因此，ECD 信号源的内阻就比 FID

信号源的内阻低两个或三个数量级。显然，采用同一个直流放大器时，对放大器的输入阻抗的要求就不同。FID 可以在放大器 $10^6 \sim 10^{10}\,\Omega$ 灵敏挡使用，ECD 一般只能在 $10^6 \sim 10^8\,\Omega$ 挡，并根据实际基流大小加以选择使用。当载气流速、检测室温度、供电电压一定时，基流大小便一定。可以采用的放大器的最大高阻挡也就确定。不能无限制地利用放大器的高阻挡来提高响应值。因为到了一定程度后，ECD 信号源内阻与放大器输入阻抗失去合理的匹配，放大器中"基流补偿调节"便不起作用，无法建立起正常的工作状态。

当检测器所需的最大高阻挡确定后，放大器中输出衰减最小挡如何确定呢？一般说来，为了满足痕量分析的要求，采用的最小输出衰减挡应由基线所能允许的噪声水平确定。

为了实现对高浓度样品的分析，最小高阻挡以及最大输出衰减挡如何确定呢？一般说来，在相应选定的高阻挡级上，以检测器加或不加直流电压或脉冲电压时，记录仪指针可否达到满刻度偏转确定。达不到要求，就说明上述两者必有其一选择不佳。在此情况下进样分析，会产生样品色谱峰的平头故障。

④ 火焰光度检测器。火焰光度检测器是继热导池检测器、氢火焰离子化检测器及电子俘获检测器之后的第四个在气相色谱中得到广泛使用的检测器。由于它对硫、磷的选择性强、灵敏度高、结构紧凑、工作可靠，因此成为检测硫、磷化合物的有力工具。

a. 火焰光度检测器的结构。从结构来看，火焰光度检测器可视为 FID 和光度计的结合体。其结构如图 4-18 所示。它主要包括燃烧系统和光学系统两部分。

燃烧系统相当于一个氢火焰离子化检测器，若在火焰上方附加一个收集极，就成了氢火焰离子化检测器。该部分包括火焰喷嘴、遮光环、点火装置及用作氢火焰检测器的离子化收集电极环。喷嘴一般比 FID 粗，常采用 $\phi 1 \sim 2\,mm$ 内径的不锈钢或铂管做成。在单火焰形式的 FPD 中，为了消除烃类干扰，可采用遮光环，以将杂散光挡住，减小基流和噪声，使基线进一步稳定。此外，在

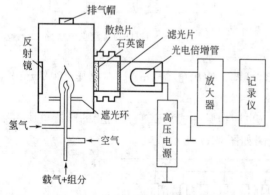

图 4-18　火焰光度检测器示意图

火焰的上方同时安装一个 FID 的收集环，以收集硫、磷化合物中的烃类物质。

光学系统由光源、富氢火焰反射镜、石英窗、干涉滤光片和光电倍增管组成。石英窗的作用是保护滤光片不受水汽和其他燃烧产物的侵蚀。为使滤光片和光电倍增管不超过使用温度，避免热的影响，常在滤光片前装有金属散热片或水冷却系统降温。光电倍增管的作用是将发射光能转变成电能的元件，产生的光电流经放大后由记录仪记录出相应的色谱峰。按其受光窗口的方式不同，光电倍增管可分为顶窗型和侧窗型两种。无论哪种受光窗口，当光线射入时，从阴极上便溅射出光电子，再经过若干个倍增电极的倍增作用，最后阳极收集到的电子数量将是阴极发出光电子数的 $10^5 \sim 10^8$ 倍。可见，光电倍增管比普通光电管的灵敏度高数百万倍，致使微弱的光照亦能产生较大的光电流。

b. 火焰光度检测器的电气线路。光电倍增管是将微弱的从滤光片来的硫、磷信号转变成相应的电信号，再经过放大器放大后由记录仪记录。从 FPD 的工作原理与放大器连接线路来看，放大器的性质及其作用与 FID 相同。特殊的条件是：由于光电倍增

管的暗电流（指不点燃火焰时，光电倍增管在使用高压下所测得的电流）为 10^{-9} A。点燃火焰后的基流为 $10^{-9}\sim10^{-8}$ A。FPD 多采用单柱单气路操作，因此与 ECD 对放大器的要求相同。通常使用在 $10^6\sim10^8\Omega$ 挡，也必须采用基流补偿装置。至于放大器的灵敏度挡和输出衰减挡的选择一般以基线允许的噪声或进样量的大小来决定。这一点又与 FID 的使用要求相同。

光电倍增管所需的 $500\sim1000$V 高压，一般采用将稳定输出的低电压、大电流，经过直流电压变换器变成高电压、低电流，然后供给管子使用。其指标是：输出电流在 1mA 以下，电压稳定度为 0.5% 左右。这种形式的实用线路如图 4-19 所示。

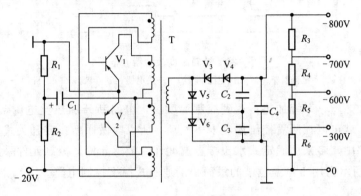

图 4-19　高压电源线路

（5）温度控制系统　温度控制系统是气相色谱仪的重要组成部分。该系统的作用是对色谱柱、检测器及汽化室等分别进行加热并控制其温度。由于汽化室、色谱柱和检测器的温度所起作用不同，故采取的温度控制方式也不同。温控方式有恒温和程序升温两种，汽化室和检测器一般采用恒温控制，色谱柱温度可根据分析对象的要求采用恒温或程序升温控制。

① 色谱柱的温度控制。柱温是色谱柱分离物质时各种色谱操作条件中最重要的影响因素，因此，色谱柱的温度控制在色谱系统中要求最高。对色谱柱的温度控制一般要求：

a. 控温范围要宽，对于恒温色谱分析，一般可控范围为室温至 500℃；

b. 控温精度要好，一般为 $\pm(0.1\sim0.5)$℃；

c. 置放色谱柱的柱箱容积要大，热容量要小，以便有良好的保温效果；

d. 加热功率要大，以满足快速升温的要求。

色谱柱的温度控制是通过适量的热源及时地补充柱箱散失的热量来实现的。当供给和失去的热量平衡时，温度就维持在一个恒温点上，从而达到控制温度的目的。气相色谱仪主要采用电加热控制法，并在柱箱的四壁使用优质保温材料来隔热。常用的保温材料有：玻璃棉或毡，陶瓷纤维棉或毡，石膏玻璃棉复合材料保温块等。为了保证柱箱内温度均匀，普遍采用电风扇，强制空气对流，以消除温度梯度。图 4-20 所示为色谱柱温度控制原理方框图。

a. 恒温控制。一般来说，一个已知电加热丝阻值 R_T 的柱箱，要想产生不同的热量即控制不同的温度，可以改变通过加热丝的电流（I）值或改变通过加热丝的时间（t）来实现。根据这两种电功率控制方式的不同，气相色谱仪的温控线路相应地有通断式和连续式两种。

ⅰ. 通断式温度控制电路。这种控制方式的原理是：当柱箱温度低于设定温度时，控制

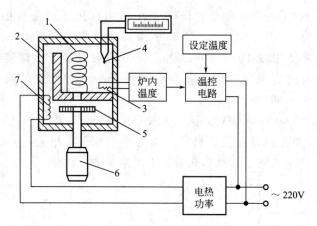

图 4-20　柱箱温度控制器方框图

1—色谱柱；2—柱恒温箱；3—铂电阻温度计；4—热电偶；5—风扇；6—电机；7—加热丝

电路自动接通加热丝，系统加热；达到控制温度后，电路断开加热丝电源，系统停止加热。重复上述过程，就可以在所需控制温度上下波动。所以叫做通断式或开关式温控电路。

在这种电路中，多采用固定式水银接点温度计为敏感元件，控制元件采用性能可靠的可控硅。图 4-21 所示为用于恒温色谱的最简单的通断式温度控制电路。

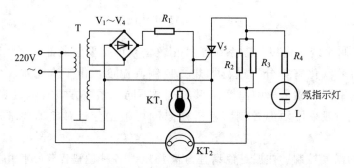

图 4-21　通断式温度控制器

KT₁—固定式水银接点温度计（110℃）；KT₂—110℃温度保护继电器

由于这种方式主要是控制通过加热电流的时间而不是均匀地提供加热功率，所以它的控温精度不够高。为了提高控温精度，常把加热炉丝分为两组，一组为主加热丝，一组为控制加热丝（副加热丝）。升温时采用主加热丝；温度恒定后，采用控制加热丝。采用这种主副加热的办法可以使控制精度达到±0.3℃。

ⅱ．连续式温度控制电路。这种控制方式能按照柱箱温度和设定温度的差值连续的供给加热功率。温度差大时，加热功率大（通过加热丝的电流大）；温度差小时，加热功率亦小（通过加热丝的电流小）。这种连续式温控电路显然比通断式温控电路具有更高的控温精度。因此，在气相色谱仪中主要采用交流电桥测温的可控硅连续式温度控制电路。

交流电桥测温的可控硅温控方式可以防止直流放大器的零点漂移，增强温度控制的稳定性，其电路由设定温度的电阻、测温铂电阻等组成交流测温电桥，由交流电源供电。由于柱箱的实际温度与设定温度的差值而产生的交流信号与电源具有相同的频率，需经交流放大和相敏检波后才能用来推动可控硅的触发电路，以便通过可控硅交流调压来调节加热功率。当需要升温且温差较大时，电桥产生的信号也较大，使触发脉冲的频率增高，可控硅控制角随之增大，加热丝便可获得较大的加热功率。当实际温度接近设定温度时，脉冲频率减小，加热功率也减小，从而使加热功率得到连续的调节。图 4-22 所示为这种控制方式的原理方框图。

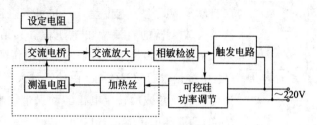

图 4-22 交流电桥测温可控硅温控原理方框图

b. 程序升温控制。从以上恒温控制方式可看出，它们都是通过柱箱实际温度与预先设定温度的比较进行工作的，而程序升温的控制只要能够按一定的程序来改变设定温度的数值，就有可能达到程序升温的目的。总之，程序升温控制电路与恒温控制电路的区别，仅在于前者具有程序给定功能，而后者的温度设定值为一常量。所以，程序升温控制电路的特点和性能是由程序控制装置决定的。常用的程序控制器有以下两种。

机电式：通常利用步进电机带动电位器改变测温电桥中设定电阻的阻值实现程序升温。

电子式：全部采用电子电路进行程序控制，通过电路来改变设定电阻的数值而实现程序升温，并随时用数码管显示升温过程中的温度数值，去掉了机电式装置中的旋转驱动部件。它是一种较先进的电子式装置。

② 汽化室的温度控制。一般气相色谱仪对汽化室温度的控制精度要求不是太高，汽化温度即使有些波动，对定性和定量分析的影响并不显著。因此可以采用可控硅交流调压方式来控制加热丝的加热功率，以实现温度的调节和控制，典型的电路如图 4-23 所示。

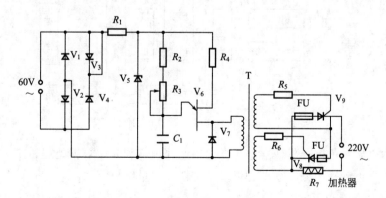

图 4-23 汽化温度控制电路

③ 检测室的温度控制。检测器一般均要求在恒温下操作，对于较低挡恒温操作的气相色谱仪，通常是将检测器与色谱柱一起置于柱层析箱内，同步进行温度控制；对于较高挡或程序升温气相色谱仪，对检测器温度控制的精度要求较高，一般单设检测室进行温度控制。温度控制的电路原理与柱箱温度的控制相同，而且还要采用惰性大的加热金属块间接加热，这样才能达到一定的控温精度，尤其是热导池检测器，其控温精度的要求需更高一些。

（6）信号记录和数据处理系统

① 信号记录系统。在气相色谱仪中，由检测器产生的电信号可以用记录仪来显示记录。常用的记录仪就是一台长方形自动平衡式电子电位差计，它可以直接测量并记录来自检测器或放大器的直流输出电压值。其结构原理如图 4-24 所示。补偿电压 U_{AB} 是由一个不平衡电桥的输出提供的。U_X 和 U_{AB} 串接相减后的差值 ΔU 由检零放大器放大，然后去控制可逆电机的正转或反转。电机转动又带动电桥中的滑线电阻器 R_W 的动点和记录笔左右移动。当 $U_X = U_{AB}$，可逆电机不转；当 $U_X > U_{AB}$，$\Delta U > 0$，电机正转，带动滑线电阻 R_W 的动点向 U_{AB} 增加方向移动，最后使 $\Delta U = 0$；当 $U_X < U_{AB}$，$\Delta U < 0$，电机反转，带动滑线电阻 R_W 的动点向 U_{AB} 减小的方向转动，最后也使 $\Delta U = 0$。总之，U_{AB} 跟踪 U_X 的变化而变化，U_{AB} 的数值就是 U_X 的值，用与电阻器 R_W 的动点同步的记录笔指示其确切的被测 U_X 的大小。

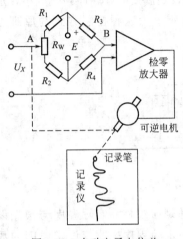

图 4-24　自动电子电位差计的工作原理

② 数据处理系统。电子计算机数据处理是一种新型的数据处理方法。电子计算机色谱分析数据处理系统工作的要点是：首先将数据处理程序通过光电输入机送入计算机中，然后启动计算机，注入样品，待样品中各组分流出时，通过数据放大器和模数转换装置，把色谱仪输出的模拟量（mV 信号）放大并转换成相应的数字量，再经接口输入计算机，计算机便对色谱峰进行自动鉴别、求积，并按预先给定的定量计算方法进行数据处理。在出峰全部结束的瞬间，电子计算机立即算出各组分的含量，并由电传打字机打印出分析结果的报表，也可由数字显示仪逐个显示各组分的含量。电子计算机与气相色谱仪联用流程如图 4-25 所示。

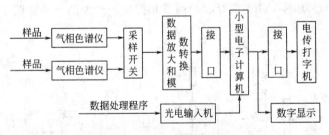

图 4-25　气相色谱仪与计算机联用方框图

电子计算机能对色谱分析数据进行自动快速处理，和人工数据处理相比，可显著缩短数据处理时间，当色谱峰出完，立即可以拿到定性、定量结果。

2. 常见气相色谱仪

气相色谱仪如今已成为一种应用十分广泛的分析仪器，目前常见的气相色谱仪有 102G 型、103 型、1102 型、GC-17A 型、SP-2305 型、SQ206 型、SP-3400 型及 SC-6 型等，现选择几种介绍如下。

（1）102G 型气相色谱仪　该仪器是实验室最常用的填充柱气相色谱仪之一，采用积木式单元组合结构，具有热导、氢火焰二种检测器，定温控制柱恒温箱及气流控制装置，可广泛应用于石油、化工、医学及厂矿科研单位，为生产控制、科学研究有机、无机气体和沸点 400℃ 以内的液体样品进行常量、微量分析。仪器外形如图 4-26 所示。

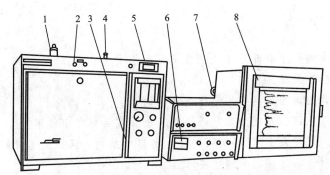

图 4-26 102G 型气相色谱仪

1—氢火焰离子化室；2—气体进样接头；3—气路调节器；4—汽化器；5—测温毫伏表；
6—热导池电源及氢火焰离子放大器；7—温度控制器；8—记录器

（2）SC-6 型气相色谱仪 该型号仪器是 SC 系列产品之一，同样采用积木式单元组合结构，带有程序升温功能，并具有热导和氢火焰离子化两种检测器，配 5mV 双笔台式记录仪，可供一般实验室或生产线上做常量或微量分析用。

（3）GC-17A 型气相色谱仪 GC-17A 型气相色谱仪外形如图 4-27 所示。该仪器具有如下特点。

① 采用高性能柱箱，最高使用温度可达 450℃。

② 采用先进的电子式双流路自动流量控制系统（AFC），可对分流比、载气压力进行数字式设定。

③ 采用先进的压力控制系统（APC），可对尾吹气、氢气、空气的流量进行数字式设定，主机内最多可配置 14 套 APC 系统。

④ 采用宽量程氢火焰离子化检测器，可实现自动点火。

⑤ 采用微池体积的高灵敏度热导池检测器，可分析痕量的无机气体。

⑥ 具有自动启动功能，大大节省工作时间，并具有分析终了的自动关机功能。

⑦与自动进样器相连，可实现连续自动分析。

⑧ 具有三种五段程序组合：5 段升、降温程序，5 段压力程序，5 段流量程序。

（4）SP-3400 型气相色谱仪 该仪器是引进美国瓦里安公司技术生产，技术先进，性能优良，具有自诊断功能，可检查仪器的操作条件，检查线路并判别故障，一旦检出故障，便自动地采取相应的保护措施，并借助于单行显示器向操作者报告。采用微处理机控制，全键盘操作，可储存四种分析方法，四阶程序升温，五种检测器可供选择（TCD、FID、ECD、FPD、TSD），填充柱配有柱头注样品，毛细管柱配分流/不分流注样品。是一种其技术、性能居于国内领先地位的新型气相色谱仪。图 4-28 所示为该仪器的外形结构图。

图 4-27 GC-17A 型气相色谱仪

图 4-28 SP-3400 型气相色谱仪

思考题

1. 气相色谱仪由哪些主要部分组成？各部分的作用是什么？

2. 稳压阀是怎样达到稳压目的的？

3. 为什么要加装稳流阀？其稳流原理是怎样的？

4. 为什么不能对色谱柱直接加热，而要将其放置在层析室中使用？

5. TCD、FID、ECD 及 FPD 各有何特点？各自的结构、组成是怎样的？

6. 气相色谱仪对柱温的控制有哪些要求？

7. 通断式与连续式温度控制方式各有何特点？

三、气相色谱仪的安装与调试

1. 气相色谱实验室应具备的条件

① 气相色谱实验室应宽敞、明亮，室内不应有易燃、易爆和腐蚀性气体。

② 环境温度应避免剧烈的变化，一般要求在 $10\sim40℃$，空气的相对湿度不大于 85%。

③ 仪器必须安放在平稳、可靠的工作台上，要尽量远离振源，以避免强烈的机械振动，保证仪器运行的稳定性。

④ 仪器背面最好留有适当的空间，以便在操作中发生故障时可以随时进出检修。

⑤ 氢气瓶一般需另室存放，用链条或皮带将钢瓶固定好，并做上使用标记，以显示钢瓶是满的、空的或正在使用的。

⑥ 仪器应有良好的接地，最好设专用地线。因为仪器稳定性的好坏直接与接地有关，为了保证仪器和大地真正相连，可采用如下的接地办法：用内径为 $1\sim1.5mm$ 的铜导线焊在一块 $200mm\times200mm$ 铜板上，再将铜板埋入 $0.5\sim1m$ 深的湿地中。不允许将接地点接到自来水管龙头或暖气片上，更不允许以电源的中线代替接地点。仪器的所有接地点必须连在一起，使之等电位，从而防止相互引进干扰信号。

2. 仪器的安装

（1）电气的安装

① 对于积木式结构的仪器，应按照说明书的要求，将主机与各电气单元正确放置。

② 仪器主机部分与电气单元之间连线应注意插头座种类，对号入座，切勿插错，并保证接触可靠。

③ 仪器的电源电路尽可能不要和大功率设备相连接或在同一线路上，以免大功率设备使用或断开时对仪器产生干扰。

④ 信号电缆线与电力线应尽可能远离，以防止交流干扰。

⑤ 仪器的接地线必须良好可靠，绝对不可将电源的中线代替地线。

⑥ 电源的输入线路的承受功率必须大于成套仪器的消耗功率。

（2）气路的安装

① 按照仪器的气路流程图连接管路。管路连接要正确，便于拆装。具体步骤是：首先将减压阀（氧气表或氢气表）安装在气体钢瓶上，减压阀的出口接至净化干燥管，再将净化干燥管的出口与仪器所需气源的入口相接。

② 气路连接管通常采用不锈钢、铜等材料制成的金属管或聚四氟乙烯管，而不推荐采用塑料管，因为塑料管对空气具有渗透性。

③ 安装前应检查相关接头是否洁净；连接管路要用适当的溶剂（如氯仿等）严格清洗，以除去剩余的油脂；连接气源至仪器的连接管最好经过特别的老化处理，即在适合的温度下加热烘烤一段时间。

④ 在柱恒温箱或其他近高温处的接头必须用紫铜垫圈而不能应用塑料垫圈。对于紫铜等金属垫圈密封的接头，只要稍稍拧紧它们就行，不必过分拧紧，否则会降低其使用寿命，甚至会引起卡套和密封垫的损坏，导致永久性的漏气而不得不更换硬件；若聚四氟乙烯塑料垫圈密封的接头漏气，可仔细检查卡套和接头是否有划痕和变形，如果需要可以更换卡套和接头。

⑤ 安装完毕应对气路的密封性进行检查，其方法是：先将气体出口处用螺母及橡胶塞住，再将钢瓶输出压力调到 $392.3 \sim 588.4 kPa$，继而再打开气体稳压阀，使柱前压力调到 $294.2 \sim 392.3 kPa$，并查看载气的转子流量计，如流量计无读数（转子沉于底部），则表示气密性良好，这部分可投入使用，若发现转子流量计有读数，则表示有漏气现象，可用十二烷基硫酸钠水溶液探漏，切忌用强碱性皂水，以免管道受损。

（3）色谱柱的安装

① 若色谱柱的入口端已被填满，应去除一定量（量的多少视注射器针头而定）的填充剂以防针头戳穿填充剂。多次穿插填充剂会弄坏针头并把填充剂弄碎，填充剂弄碎以后，其细小微粒积聚起来将导致柱前压的增高，从而使柱效降低。

② 由于色谱柱工作时温度较高，故在与汽化室、检测器连接时应采用紫铜等金属密封垫圈。安装完毕，在汽化室和检测器接头处滴几滴纯异丙醇或十二烷基硫酸钠水溶液，以检查密封是否良好。为了保持系统清洁不受污染，最好不要用洗涤剂或肥皂水来检漏。在毛细管系统中，则禁止用皂液来检漏。因为如果系统有漏泄，则检漏的皂液将渗入并污染系统，还可能损坏柱子的性能，并且需要冲洗相当长的时间，才能使色谱柱冲洗干净。

思考题

1. 对气相色谱实验室有哪些要求？
2. 如何安装气相色谱仪？

四、气相色谱仪的使用

气相色谱仪作为常用的大型分析检验设备应用十分广泛，其型号和类别也非常繁多，不同气相色谱仪的使用方法也各具特点。这里以常见的气相色谱仪说明其一般使用方法。

1.102G 型气相色谱仪的使用方法

使用热导池检测器的操作步骤如下。

（1）仪器的调节

① 调节载气流量　将钢瓶输出气压调至 $0.2 \sim 0.5 MPa$，调节载气稳压阀（a）14（见图4-29，下同），使柱前流量在选定值上。注意钢瓶的输出压力应比柱前压高 $0.05 MPa$ 以上。

② 调节温度　开启仪器电源总开关（a）15，主机指示灯亮，鼓风马达开始运转。开启柱室加热开关（c）1，加热指示灯（a）12 亮，柱室升温，升温情况可用测温选择开关（a）7在测温毫伏表（a）8上读出，也可在柱室左侧用水银温度计（a）1从测温孔中测得。当加热指示灯呈半亮或闪动时，表示柱室开始恒温，调节柱室温度控制（c）4，使柱室逐步恒温在所需温度上。开启汽化加热（c）2，调节汽化温度控制（c）5，使汽化室升温到所需值，升温情况可通过测温选择开关由测温毫伏表读得。注意！加热时应逐步升温，防止调压

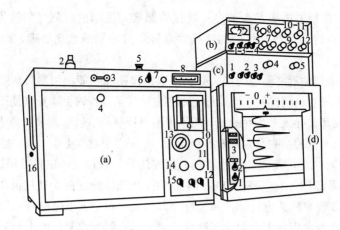

图 4-29　102G 型气相色谱仪

（a）主机

1—水银温度计；2—离子室；3—气体进样；4—柱室；5—汽化室；6—加热选择开关；7—测温选择开关；
8—测温毫伏表；9—转子流量计；10—空气针形阀；11—氢气稳压阀；12—柱室加热指示灯；
13—压力表；14—载气稳压阀；15—电源总开关；16—气体出口

（b）热导池电源-微电流放大器

1—电源开关；2—电流表；3—点火开关；4—正负选择；5—热导电流；6—衰减；7—氢火焰热导选择；
8—热导平衡；9—基始电流补偿；10—热导零调；11—灵敏度；12—零调

（c）温度控制器

1—柱室加热开关；2—汽化加热；3—氢火焰加热；4—柱室温度控制；5—汽化氢火焰温度控制

（d）记录仪

1—记录开关；2—电源开关；3—变速器

加热控制得过高，使电热丝烧毁。

③ 调节电桥

a. 调节桥电流　柱室温度恒定一段时间后，氢火焰热导选择（b）7 放置在"热导"，开启电源开关（b）1，调节热导电流（b）5 至电流表（b）2 指示出选定值（N_2 作载气时，电流为 100～150mA；H_2 作载气时，电流为 150～250mA）。衰减（b）6 置于 1/1 处。

b. 调节池平衡　等约半小时左右，开启记录仪电源开关（d）2，调节热导零调（b）10，使记录仪指针调到零位，改变热导电流约 5mA，如指针移动较大，则应反复调整热导平衡（b）8 及热导零调，直至热导电流改变 5mA，记录仪指针移动不超过 1mV 为止。

（2）测量　待基线稳定后，开启记录开关（d）1，调节变速器（d）3 至适宜的纸速，按下记录笔，注入试样，得色谱流出曲线。

（3）关机

① 关记录仪各开关，抬起记录笔。

② 将热导电流调节逆时针方向旋到头，调到电流最小后，关闭热导电源开关。

③ 关控温单元，先依次将柱室、汽化室各升温旋钮逆时针方向旋到头，随即关相应电源开关。

④ 开启柱室，待柱温降至近于室温，关闭主机电源总开关，然后先关减压阀，后关钢瓶阀门，再开启减压阀，排出阀内气体，最后旋松调节阀杆。

使用氢火焰离子化检测器的操作步骤如下。

（1）仪器的调节

① 调节载气流量及温度　方法同热导池检测器的操作步骤中（1）①、②。注意！先升氢火焰离子室温度，加热开关为（c）3，温度由（c）5调节，加热选择开关（a）6可使离子室温度高于或低于汽化室温度。

② 检查放大器的稳定性　将氢火焰热导选择（b）7指向"氢焰"，开启电源开关（b）1。约20min后接通记录仪电源开关（d）2，灵敏度（b）11选择在"1000"，基始电流补偿（b）9逆时针旋到底，用零调（b）12将记录仪指针调在零位。开动记录开关（d）1，开始记录基线，如果基线漂移小于0.05mV/h，说明放大器本身工作稳定。这时旋动灵敏度旋钮，基线位置应基本不变。

③ 调节氢气和空气流量　当柱室温度稳定在半小时以上，将氢气钢瓶的减压阀输出表压调至0.15MPa，空气钢瓶的减压阀输出表压调至0.2MPa，分别调节氢气稳压阀（a）11和空气针形阀（a）10，使转子流量计流速指于选定值。

④ 点火　在空气和氢气调节稳定的条件下，可开始点火。将点火开关（b）3置于"点火"，约半分钟后再复原。如记录仪指针已显著离开原来的位置，则表示火已点燃（这时若改变氢气流量或变换灵敏度档次，基线会有明显变动）。若没点燃，可将氢气流量开大些，等火点燃后，再慢慢降低流量到选定值。注意！不要降得太快，以防熄火。再调节基始电流补偿（b）9至记录笔指到所需位置。

（2）测量　同热导池检测器的操作步骤（2）。

（3）关机

① 关闭记录仪，抬起记录笔。

② 关闭氢气稳压阀及空气针形阀，使火焰熄灭。

③、④同热导池检测器的操作步骤中（3）③、④。

2. SP－3420型气相色谱仪的使用方法

（1）仪器启动

① 接通电源　电源开关在仪器背面左上角，向上拨电源接通，向下拨，仪器电源关断。

a. 冷启动

当仪器第一次启动或者CPU印刷板上电池开关在OFF位置时启动仪器称为冷启动。冷启动时，当电源接通后，仪器自动进行检测，约1分钟后，便可显示〈TEST OK〉或故障号。

b. 热启动　当仪器第一次启动后，若CPU板上电池开关在ON位置，关机后再启动称为热启动。热启动时，当接通仪器电源，显示器立即显示：

〈POWER FAIL/WARM START OCCURRED〉

如果进行自动检测，则按 SHIFT INSTR TEST 键，仪器进入自检状态，约1min之后，便可显示〈TEST OK〉或故障号。

c. 仪器启动时的故障处理

（ⅰ）接通电源后，仪器无任何响应，或时有时无，请进行核心测试。

（ⅱ）自检后显示出一个故障号，按 ENTER 可显示下一个故障号，如有更多的故障存在，每按一次 ENTER ，可依次显示出存在的故障号。此时，可根据自动测试故障表逐一排除或者忽略。

（ⅲ）当显示〈TEST OK〉时，说明仪器无故障，即可进入以下操作。

② 建立色谱条件配置表　自检之后，建立（分析）方法之前，必须首先通过色谱条件配置表设置仪器配置条件。这些配置条件包括时间、日期、准备情况及仪器运转的控制条件，应根据测试内容合理设置。

色谱仪的配置条件是通过人机对话的方式来输入的。当显示器出现一条显示时，可根据需要输入 YES、NO 或所需参数值。

a. 配置表的设定（以 FID、TCD 同时使用为例）

按 BUILD/MODIFY　GC CONFIGURE ，显示：

SET TIMS OR DATE? NO 设定时间和日期吗？

按 YES　ENTER ，显示：

THERMAL STABILIZT TIME 200 热稳定时间 2 分钟。

0～250 分钟任意设置，预置 2 分钟比较合理，不需重设。

按 ENTER ，显示下一条：

ENTER TIME OF DAY AS HHMM ×××× 按小时和分输入时间。

以 24 小时时钟表示，如为下午 2:03，则：

按 1 4 0 3 ENTER ，输入当时时间并显示下一条内容：

ENTER DATE—DAY〈MONTH 0503 输入日期：日和月。

如为 5 月 1 日，按 0 1 0 5 ENTER ，输入日、月并显示：

ENTER DATE—YEAR 输入日期：年。

按 1 4 ENTER ，输入日期并显示：

COOLANT TIME OUT IN MIN INF 在"INF"分钟关断冷却剂。

0～650/INF 分任选，本例不用冷却剂，

按 ENTER ，跳到下一段。显示：

SET TEMP LIMTS? NO 设定温度极限否？

按 YES　ENTER 显示：

COLUMN TEMP LIMIT 250 柱温极限 250℃。

50～420℃任选。若选 250℃输入。

按 ENTER 显示：

INJECTOTOR TEMP LIMIT 250 注样器温度极限 250℃。

50～420℃任选。若选 250℃输入。

按 ENTER —— ENTER ，显示：

EDTECTOR TEMP LIMT 300 检测器温度极限 300℃

50～420℃任选。若选 250℃输入。

按 2 5 0 ENTER ，显示：

COLUMN STANDBY TEMP? 50 柱箱等待温度多少？50℃

20℃到极限柱温任选。承认预置 50℃。

按 ENTER ，显示：

ENABLE COLUMN STANDBY TEMP? NO 启动柱箱等待温度否？

按 ENTER ，显示下一段：

SET CHECKS FOR GC RFADY? NO 对 GC 准备检查否？

按 YES ENTER 显示：

WAIT FOR INJ TEMP READY? YES 要等注样器温度准备就绪否？

按 YES ENTER 显示：

WAIT FOR AUX TEMP、READY? NO。要等辅助温度准备就绪否？

YES ENTER 显示：

WAIT FOR DET TEMP READY? YES 要等检测器温度准备就绪否？

按 YES ENTER 继续再按 ENTER 6 次，将显示：

SET、LOCK CODE? NO 设置锁码否？

如不要自编锁码按 ENTER ，跳到下一段，如果设置自己编的新锁码，则：

按 YES ENTER ，显示：

CURRENT LOCK CODE [ ] [ ] [ ] [ ] 现行锁码 [ ] [ ] [ ] [ ]。

锁码编号：从 0000—9999 任编，仪器通电后，锁码为 0000。按 0 0 1 0 ENTER ，即显示出：

NEW LOCK CODE 0 0 0 0 新锁码 0 0 0 0。

如要自编密码，如 9 8 7 6 ，则应：

按 9 8 7 6 显示：

NEW LOCK CODE 9 8 7 6 新锁码为 9 8 7 6。

要记住输入锁码，以便于方法或表的锁定或开锁。

按 ENTER ，显示下一段：

TURU HARPWARE ON—OFF? NO 调整硬件开/关否？

按 YES ENTER ，显示：

DETCTOR A ON? YES 检测器 A 开否？

按 YES ENTER ，显示：

DETECTOR B ON? YES 检测器 B 开否？

按 YES ENTER ，显示：

DETECTOR OVEN ON? YES 检测器箱开否？

按 YES ENTER ，显示：

INL OVEN ON? YES 注器箱开否？

按 YES ENTER ，显示：

AUXILIARY OVEN ON? YES。辅助箱开否？

按 YES ENTER ，再按 ENTER 2 次显示：

OTHER CONEIGURAIONS？NO 还要其他配置否？

按 YES ENTER ，显示：

TCD CARRIER GAS HELIUM YES TCD 用 He 载气吗？

如进行 TCD 测试，用 N_2 或 Ar 做载气，则按 NO ENTER 如用 He 或 H_2 做载气则按 ENTER 4 次，显示：

GC CONFIGURE TABLE COMPLTE 色谱配置表完成。

b. 检查和修改

按 BUILD/MODIFY GC CONFIGURE ，逐次按 ENTER ，根据显示内容，逐项核对设置是否合理，如果有错，立即修改。直到 GC CONFIGURE TABLE COMPLETE 显示出来。配置表建立后，即可建立方法和表。

③ 建立方法 本仪器有四个方法（METHOD 1~4），其形式和初始内容完全一致。每一个方法有三个必需部分（柱、注样器和检测器）和三个可选部分（绘图/打印、自动进样器和继电器）每一个部分都是由测试时的操作条件组成的。建立方法就是用对话的方式将操作条件或要求输到要建的方法中去。根据所装的硬件和测试中的要求，可选部分可以不建或删除。

a. 方法的内容及建立过程 假设用 FID、TCD，其操作条件如下。

（ⅰ）柱箱程序升温：

$$50℃,10min \xrightarrow{\text{升温速率 }20℃/min} 100℃,5min$$

（ⅱ）注样器温度 250℃

（ⅲ）辅助温度 250℃

（ⅳ）检测器温度 180℃

FID 衰减 8，量程 10^{-10}

TCD 衰减 2，量程 0.5，热丝温度 270℃

按 BUILD/MODIFY METHOD1 ，显示：

INITIAL CDUMN TEMP 50 初始柱温 50℃

从 -99~极限温度任选。若为 50℃。

按 ENTER ，显示：

INITIAL COL HOLD TIME 20.00 初始柱温保持时间。

从 0~650℃或无穷任选。若为 10 分。

按 1 0 ENTER ，显示：

TEMP PROGRAM COLUMN？NO 程序升温否？

按 YES ENTER ，显示：

PRGM1 FINAL TEMP 程序 1 终温——。

50 到极限温度根据需要选取。若为 100℃

按 1 0 0 ENTER，显示：

PRGM1 COL RATE IN ℃/MIN 程序 1 升温速率℃/分

升温速率最高 50℃/分，若选取 20℃/分。

按 2 0 ENTER，显示：

PRGM 1 COL HOLD TIME 程序 1 终温保持时间——。

按 5 ENTER，显示：

ADD NEXT COLMN PROGRAM? NO 添加下一个程序升温否?

本仪器共四阶程序升温，本例只用一阶。

按 ENTER 跳到注样器部分，显示：

INJECTOR TEMP 50 注样器温度 50℃

从－99 到极限值按需要选取，若选 250℃。

按 2 5 0 ENTER，显示：

ADD AUXILIARY SECTION? NO 添加辅助部分否?

按 YES ENTER，显示：

AUXILIARY TEMP 50 辅助温度 50℃

按 2 5 0 ENTER 输入辅助温度，再按 ENTER 显示检测器部分。

DETECTOR TEMP 50 检测温度 50℃

20～极限温度选取所需值输入，若为 180℃。

按 1 8 0 ENTER，显示：

DETECTOR A OR B? A 检测器 A 或 B 侧? A。

根据要求选择 A 或 B。若 A 侧为 FID，B 侧为 TCD

按 A ENTER 或直接按 ENTER，显示：

FID＊ AINTIAL ATTEN 8 FID A 初始衰减 8。

＊根据所装检测器来显示，若为 FID。

衰减值 1～1024/INF，若选 8

按 ENTER，显示：

FID A INTIAL RANGE 8 FID A 初始量程 8。

3420 各检测器量程如下：

TCD：5/0.5/0.05；

FID：8/9/10/11/12；

若选 FID 量程 10。

按 1 0 ENTER，显示：

FID A AUTOZERO ON? NO FID A 自动调零否?

按 YES ENTER，显示：

TIME PROGRAM FID A? NO FID A 要时间程序否?

每一种检测器有五阶时间程序，用于自动控制过程中检测器参数按预定值改变，本例不用。

按 ENTER ，显示：

TCD B INITIAL ATTEN 8 TCD B 初始衰减 8

按 2 ENTER 置 TCD 衰减如 2 显示：

TCD B INITIAL RANGE 5 TCD B 初始量程 5

按 0 · 5 ENTER ，TCD 量程 0.5，显示：

TCD B AUTOZERO ON? NO TCD B 自动调零否？

按 YES ENTER 显示：

TCD B FILAMENT TEMP OFF TCD B 热丝温度关

TCD 热丝温度范围为 50～390℃，一般控制在 270℃以下。这一条暂不设定，当所设的条件到设定值后，输入适当值。若要求 270℃则按 2 7 0 ENTER ，显示：

TCD B POLARITY POSITIVE? YES TCD B 正向输出否？

按 YES ENTER ，显示：

METHOD COMPLETE END——方法完成，终了时间——。

b. 检查、修改方法

按 BUILD/MODIFY METHOD1 ，通过按 ENTER 逐项检查建立的方法，如有错误，输入正确值，进行修改。

④ 方法拷贝

按 COPY ，显示：

SELFCT METHOD TO COPY FROM 选择拷贝的方法

按 METHOD1 ，显示：

SELECT METHOD TO COPY TO 将方法拷贝到——

按 METHOD2 或 3 或 4，显示：

COPY COMPLETE 拷贝完成。

当出现下列显示时：

METHOD LOCKED 方法锁定。

应先将方法开锁后再去拷贝。

METHOD RUNNING 方法运行。

应等该方法运行完毕或复位后再去拷贝。

⑤ 启动方法或表（使方法有效）

按 ACTIVATE ，显示：

SELECT METHOD OR TABLE 选择方法或表。

a. 启动方法（本例选择方法 1）

按 METHOD1 ，显示：

METHOD ACTIVATED 方法有效。

b. 启动表

按 SEQUECE TABLE ，显示：

TABLE ACTIATED 表有效

当出现下列显示时，方法或表不能启动

METHOD RUNNING 方法进行。

等方法运行后再使自动操作生效。

⑥ 方法或表的锁定和开锁

方法或表建立后，为了防止变动要锁定。

按 $\boxed{\text{SHIFT}}$ $\boxed{\text{LOCK/UNLOCK}}$ ，显示：

ENTDR LOCK CODE [ ][ ][ ][ ] 输入锁码。

输入色谱配置表中的密码。若是 9876。

按 $\boxed{9}$ $\boxed{8}$ $\boxed{7}$ $\boxed{6}$ $\boxed{\text{ENTER}}$ ，显示：

SELECT METHOD OR TABLE 选择方法或表。

按 $\boxed{\text{METHOD1}}$ ，显示：

METHOD LOCKED 方法锁定。

如要给锁定的方法开锁，再按上述步骤做一遍即可达到目的，最后的显示为：

METHOD UNLOCKED 方法解锁

⑦ 方法或表的删除

a. 删除程序（DELETE PROGRAM）

用于删除建立方法部分或表中的个别程序，以前面建立的方法 1 为例说明之：

按 $\boxed{\text{DELETED ROGRAM}}$ ，显示：

SELECT METHOD/SECTION OR TABLE 选择方法或表。

按 $\boxed{\text{METHOD1}}$ ，显示：

SELECT SECTION 选择方法部分。

按 COLUMN，显示：

ENTER PROGRAM NO·TO DELETE…输入要删除的程序号。

按 $\boxed{1}$ $\boxed{\text{ENTER}}$ ，显示：

PROGRAM DELETED 程序删除。

遇有下列显示，程序不能删除：

METHOD RUNNING 方法运行。

METEOD （OR TABLE） LOCKED 方法（或表）锁定。

PROGRAM NOT IN METHOD 方法中无程序。

PROGRAM NOT BUILT 程序没建立。

PROGRAM NOT IN TABLE 程序没在表中。

TABLE NOT BUILT 表没建立。

SECTION NOT IN METHOD 方法部分没在方法中。

TABLE ACTIVE 表有效。

b. 删除方法部分或表

按 $\boxed{\text{DELETE METHOD/TABLE}}$ ，显示：

SELFCT METHOD/SECTION OR TABLE 选择方法/部分或表。

色谱配置表不能删除。

指示灯亮的方法部分可以删除或清除。

例如，按 METHOD1，显示：

SELTCT SECTION TO DELETE 选择部分删除。

按 RELAY ENTER，显示：

SECTION DELETED 部分删除。

必需方法部分（柱、注样器及检测器）不能删除，只能清除恢复为预置值。

在下列所示情况下，不能删除：

SECTION NOT IN METHOD 部分不在方法中。

TABLE NOT BUILT 表没建立。

METHOD RUNNING 方法运行。

METHOD（OR TABLE）LOCKED 方法（或表）锁定。

（2）状态显示

① STATUS 灯闪烁，表明存在故障。按 STATUS，显示故障号。

② NOT READY 灯亮，表明设定条件未全部准备好。

③ READY 灯亮，表明所有条件准备就绪。

④ 按 STATUS，再按无效方法键，显示：

METHOD×INACTIVE−END TIME×××某方法无效，终了时间×××用于对无效方法检查。

⑤ 按 STATUS，再按无效方法键，显示：

a. COL×××℃　　　　INT×××℃　　　　DET×××℃

　　实际柱温　　　　实际注样器温度　　　实际检测器温度

各显示值是当时的实际温度。

b. METHOD×STABILIZD××××MIN 方法稳定×××分。

此种显示是温度达到后，从 2 分钟倒着数。一直数到 0，（×××××→00000分），READY 灯亮。

c. METHOD×RUN××××END××××MIN 方法×运行××××分，终了××××分。

方法正在运行时，观察运行时间。

⑥ 按 STATUS COLUMN，可能显示：

a. COL×××℃　　　　SET SSS　　　　OR OFF

　　实际柱温　　　　设定柱温　　　　或关

在等温操作中，实际温度向设定温度变化最终达到设定值。

在程序升温时显示如下：

b. COL×××℃　　　　SET SSS　　　　HOLD×××××

　　实际柱温　　　　设定柱温　　　　保持时间分（保持时间）

c. COL×××℃　　　　SET SSS　　　　RATE××

　　实际柱温　　　　设定柱温　　　　升温速率℃/（升温期间）

d. COL×××℃　　　　SET SSS　　　　STABILIZE

　　实际柱温　　　　设定柱温　　　　稳定期

136

e. COL×××℃　　　　　SET SSS　　　　　STANDBY

　　实际柱温　　　　　　设定柱温　　　　　　等待

⑦ 按 STATUS INJECTOR 显示注样器部分：

　　INJ×××℃　　　　　SET SSS　　　　　OR OFF

　　实际注样器温度　　　设定注样器温度　　　或关

⑧ 按 STATUS DETECTOR 显示检测器部分：

a. DET×××℃　　　　　SET SSS　　　　　OR OFF

检测器实际温度　　　　检测器设定温度　　　或关

通过按 ENTER 可以显示更多内容：

b. DETECTOR A OR B? 检测器 A 或 B。

c. DET×OFF 某侧检测器关。

d. TCD×FIL TEMP——CUR——MA TCD 某侧丝温　　℃，电流　mA。

e. TCD×POLARITY POSITIVE（NEGAIVE）TCD 某侧极性＋/－。

f. FPD×PMTUBE×××VOLTS FPD 某侧光电倍增管　　V。

g. SFPD×PMTUBE×××VOLTS SFPD 某侧光电倍增管　　V。

h. ××××BASELINE×××× · ××MV（A/Z）某检测器基线×mV（自动调零）。

i. ××××ATTEN——RANGE——某检测器衰减——量程——。

j. TSD×AMP VOLTBIAS TSD 某侧　A，偏压　V。

⑨ 按 STATUS RELAY ，显示继电器部分

NO RELAY SECTION IN METHOD 方法中没设定继电器部分。或：

RELAYS ON NO 1 继电器开

RELAYS ON NONE 继电器关

⑩ 按 STATUS SEQOENCE TABLE 显示程序表：

SEQ TABLE NOT ACTIVE 程序表无效

PRGM×RUN nn 程序×运行 nn 次。

还可能遇到一些别的显示，因不常用就不一一举例了。上述的显示，有一些在 3420 系列中不用，可不予理睬。

（3）仪器运行　仪器启动后，待 READY 灯亮了，再平衡一段时间，就可以进样分析。

当注入样品后，立即 START 键，仪器便进入运行状态。此时 RUN 灯亮，自动调停止。所用方法或表中的时间程序进入运行状态。

按 RESET 可以停止运行，所有参数恢复初始值。

五、气相色谱仪的维护与保养

气相色谱仪的工作性能与仪器在使用中是否精心与维护保养密切相关，由于气相色谱仪结构复杂，其维护保养可分为各使用单元及整机两部分。

1. 各使用单元的维护保养

（1）气路各部件的维护

① 阀。稳压阀、针形阀及稳流阀的调节须缓慢进行；在稳压阀不工作时，必须放松调

节手柄（顺时针转动）。以防止波纹管因长期受力疲劳而失效；针形阀不工作时则相反，应将阀门处于"开"的状态（逆时针转动），以防止压缩弹簧长期受力而失效，及防止阀针密封圈粘贴在阀门口上；对于稳流阀，当气路通气时，必须先打开稳流阀的阀针，流量的调节应从大流量调到所需要的流量；稳压阀、针形阀及稳流阀均不可作开关阀使用；各种阀的进、出气口不能接反，输入压力应达到 392.3～588.4kPa，因为这样才能使阀的前后压差大于 49kPa，以获得较好的使用效果。

② 转子流量计。使用转子流量计时应注意气源的清洁，若由于对载气中的微量水分干燥净化不够，在玻璃管壁吸附一层水雾造成转子跳动，或由于灰尘落入管中将转子卡住等现象时，应对转子流量计清洗，其方法是：旋松上下两只大螺钉，小心地取出两边的小弹簧（防止转子吹入管道用）及转子，用乙醚或酒精冲洗锥形管（也可将棉花浸透清洗液后塞入管内通洗）及转子，用电热吹风机把锥形管吹干，并将转子烘干，重新安装好。安装时应注意转子和锥形管不能放倒，同时要注意锥形管应垂直放置，以免转子和管壁产生不必要的摩擦。

③ 皂膜流量计。使用皂膜流量计时要注意保持流量计的清洁、湿润，皂水要用澄清的皂水，或其他能起泡的液体（为烷基苯磺酸钠等）。使用完毕应洗净、晾干（或吹干）放置。

（2）进样装置的维护

① 汽化室进样口。由于仪器的长期使用，硅橡胶微粒积聚造成进样口管道阻塞，或气源净化不够使进样口沾污，此时应对进样口清洗，其方法是：首先从进样口出口处拆下色谱柱，旋下散热片，清除导管和接头部件内的硅橡胶微粒（注意接头部件千万不能碰弯），接着用丙酮和蒸馏水依次清洗导管和接头部件，并吹干。然后按拆卸的相反程序安装好，最后进行气密性检查。

② 微量注射器。微量注射器使用前均要用丙酮等溶剂洗净，以免沾污样品；有存液的注射器在正式吸取样品之前，针尖必须浸在溶液中来回抽动几次，这样既可以使样品溶液润湿注射器和针栓表面，减少因毛细现象带来的取样误差，又可以排除针管与针头中的空气，保证进样的精确度。进样时，一般抽取二倍于所取样品量，然后将针头竖直向上，排除过量的样品，用滤纸迅速擦掉针头的残留液，最后再将针栓倒退一点，使针头尖端充有空气之后再注射进样，以防止针头刚插入进样口时，针头中的样品比针管中的提前汽化，从而使溶剂的拖尾程度降低，改善色谱分离，进样时还需注意在针头插入进样口的同时，一定要用手稍稍顶住栓钮，以防止载气将针栓冲出，样品注进后要稍等片刻再把针头从进样口拔出，以保证样品被载气带走；微量注射器使用后应立即清洁处理，以免芯子受沾污而阻塞；切忌用重碱性溶液洗涤，以免玻璃受腐蚀失重和不锈钢零件受腐蚀而漏水漏气；对于注射器针尖为固定式者，不得拆下；由于针尖内孔极为微小，所以注射器不宜吸取有较粗悬浮物质的溶液；一旦针尖堵塞，可用 ϕ0.1mm 不锈钢丝通一下；注射器不得在芯、套之间湿度不足时（将干未干时）将芯子强行多次来回拉动，以免发生卡住或磨损而造成损坏；如发现注射器内有不锈钢氧化物（发黑现象）影响正常使用时，可在不锈钢芯子上蘸少量肥皂水塞入注射器内，来回抽拉几次就可去掉，然后再洗清即可；注射器的针尖不宜在高温下工作，更不能用火直接烧，以免针尖退火而失去穿戳能力。

③ 六通阀。六通阀在使用时应绝对避免带有小颗粒固体杂质的气体进入六通阀，否则，在拉动阀杆或转动阀盖时，固体颗粒会擦伤阀体，造成漏气；六通阀使用时间长了，应该按照结构装卸要求卸下进行清洗。

（3）色谱柱的维护 色谱柱的温度必须低于柱子固定相允许的最高使用温度，严禁超过；色谱柱若暂时不用时，应将两端密封，以免被污染；当柱效开始降低时，会产生严重的基线漂移、拖尾峰、多余峰的洗提等现象，此时应低流速、长时间的用载气对其老化再生，待性能改善后再正常使用，若性能改善不佳，则应重新制备色谱柱。

（4）检测器的维护

① 热导池检测器。

a. 使用注意点如下。

ⅰ. 尽量采用高纯度气源；载气与样品气中应无腐蚀性物质、机械性杂质或其他污染物。

ⅱ. 载气至少通入 0.5h，保证将气路中的空气赶走后，方可通电，以防热丝元件的氧化。未通载气严禁加载桥电流。

ⅲ. 根据载气的性质，桥电流不允许超过额定值。如当载气用氮气时，桥电流应低于 150mA；用氢气时，则应低于 270mA。

ⅳ. 不允许有剧烈的振动。

ⅴ. 热导池高温分析时，如果停机，除首先切断桥电流外，最好等检测室温度低于 100℃ 以下时，再关闭气源，这样可以提高热丝元件的使用寿命。

b. 热导池检测器的清洗。当热导池使用时间长或沾污脏物后，必须进行清洗。清洗的方法是将丙酮、乙醚、十氢萘等溶剂装满检测器的测量池，浸泡一段时间（20min 左右）后倾出，如此反复进行多次，直至所倾出的溶液比较干净为止。

当选用一种溶剂不能洗净时，可根据污染物的性质先选用高沸点溶剂进行浸泡清洗，然后再用低沸点溶剂反复清洗。洗净后加热使溶剂挥发、冷却到室温后装到仪器上，然后加热检测器通载气数小时后即可使用。

② 氢火焰离子化检测器。

a. 使用注意点如下。

ⅰ. 尽量采用高纯气源（如纯度为 99.99% 的 N_2 或 H_2），空气必须经过 5A 分子筛充分净化。

ⅱ. 在最佳的 N_2/H_2 比以及最佳空气流速的条件下操作。

ⅲ. 色谱柱必须经过严格的老化处理。

ⅳ. 离子室要注意外界干扰，保证使它处于屏蔽、干燥和清洁的环境中。

ⅴ. 使用硅烷化或硅醚化的载体以及类似的样品时，长期使用会使喷嘴堵塞，因而造成火焰不稳、基线不佳、校正因子不重复等故障。应及时注意它的维修。

ⅵ. 应特别注意氢气的安全使用，切不可使其外溢。

b. 氢火焰离子化检测器的清洗。若检测器沾污不太严重时，只需将色谱柱取下，用一根管子将进样口与检测器连接起来，然后通载气将检测器恒温箱升至 120℃ 以上，再从进样口中注入 20μL 左右的蒸馏水，接着再用几十微升丙酮或氟里昂（Freon-113 等）溶剂进行清洗，并在此温度下保持 1～2h，检查基线是否平稳。若仍不理想则可再洗一次或卸下清洗（在更换色谱柱时必须先切断氢气源）。

当沾污比较严重时，则必须卸下检测器进行清洗。其方法是：先卸下收集极、正极、喷嘴等。若喷嘴是石英材料制成的，则先将其放在水中进行浸泡过夜；若喷嘴是不锈钢等材料制成的，则可将喷嘴与电极等一起，先小心用 300～400 号细砂纸磨光，再用适当溶液（如 1∶1 甲醇-苯）浸泡（也可用超声波清洗），最后用甲醇清洗后置于烘箱中烘干。注意勿用卤素类溶剂（如氯仿、二氯甲烷等）浸泡，以免与卸下零件中的聚四氟乙烯材料发生反应，导致噪声增加。洗净后的各个部件要用镊子取，勿用手摸。各部件烘干后在装配时也要小心，否则会再度沾污。部件装入仪器后，要先通载气 30min，再点火升高检测室温度，最好先在 120℃ 的温度下保持数小时后，再升至工作温度。

③ 电子俘获检测器。

a. 使用注意点如下。

ⅰ. 必须采用高纯度（99.99％以上）的气源，并要经过 5A 分子筛净化脱水处理。

ⅱ. 经常保持较高的载气流速，以保证检测器具有足够的基流值。一般来说，载气流速应不低于 50mL/min。

ⅲ. 色谱柱必须充分老化，不允许将柱温达到固定液最高使用温度时操作，以防止少量固定液的流失使基流减小，严重时可将放射源污染。

ⅳ. 若每次进样后，基流有明显的下降，表明检测器有了样品的污染。最好使用较高的载气流速在较高温度下冲洗 24h，直到获得原始基流为止。

ⅴ. 对于多卤化合物及其他对电子的亲和能力强的物质，进样时的浓度一定要控制在 $0.1×10^{-6}$～$0.1×10^{-9}$ 范围内，进样浓度不宜过大。否则，一方面会使检测器发生超负荷饱和（此效应会持续数小时），另一方面则会污染放射源。

ⅵ. 一些溶剂也有电子俘获特性，例如，丙酮、乙醇、乙醚及含氯的溶剂，即使是非常小的量，也会使检测器饱和。色谱柱固定相配制时应尽可能不采用上述溶剂，非用不可时，一定要将色谱柱在通氮气的条件下连续老化 24h。老化时，不可将色谱柱出口接至检测器上，以防止污染放射源。

ⅶ. 空气中的 O_2 易沾污检测器，故当汽化室、色谱柱或检测器漏入空气时，都会引起基流的下降，因此，要特别注意气路系统的气密性，在更换进样口的硅橡胶垫时要尽可能快。

ⅷ. 一旦检测器较长时间使用，建议中间停机时不要关掉氮气源，要保持正的氮气压力，即有 10mL/min 的流速一直通过色谱柱和检测器为佳。

ⅸ. 一定要保证检测室温度在放射源允许的范围内使用（要按说明书的要求操作）。检测器的出口一定要接至室外，最后的出气口还应架设在比房顶高出 1m 的地方，以确保人身的安全。

b. 电子俘获检测器的清洗。电子俘获检测器中通常有 ^3H 或 ^{63}Ni 放射源，因此，清洗时要特别小心。这种检测器的清洗方法如下：先拆开检测器，用镊子取下放射源箔片，然后用 2∶1∶4 的硫酸、硝酸、水溶液清洗检测器的金属及聚四氟乙烯部分。当清洗液已干净时，改用蒸馏水清洗，然后再用丙酮清洗，最后将清洗过的部分置于 100℃ 左右的烘箱中烘干。

对 ^3H 源箔片，应先用己烷或戊烷淋洗（绝不能用水洗），清洗的废液要用大量的水稀释后弃去或收集后置于适当的地方。

对 ^{63}Ni 源箔片的清洗应格外小心。首先，这种箔片绝不能与皮肤接触，只能用长镊子来夹取操作。清洗的方法是：先用乙酸乙酯加碳酸钠或用苯淋洗，再放在沸水中浸泡 5min，取出烘干后装入检测器中。检测器装入仪器后要先通载气 30min，再升至操作温度，预热几小时后备用。清洗后的废液要用大量水稀释后才能弃去或收集后置放在适当的地方。

④ 火焰光度检测器。

a. 使用注意点如下。

ⅰ. 使用高纯度的气源，确保仪器所需的各项流速值，特别应保证 O_2/H_2 之比有利于测硫或测磷。

ⅱ. 色谱柱要充分老化。柱温绝对不能超过固定相的最高使用温度，否则会产生很高的碳氢化合物的背景，影响到检测器对有机硫或有机磷的响应。

ⅲ. 色谱柱的固定液一定要涂渍均匀，没有载体表面的暴露，否则会引起样品的吸附，影响痕量分析。

ⅳ. 要经常地使检测器比色谱柱保持一个较高的温度（例如 50℃），这对于易冷凝物质的分析尤其需要。

ⅴ. 注意烃类物质对测硫的干扰。使用单火焰光度检测器时，色谱柱应保证烃类物质与含硫物质的分离。

ⅵ. 为了防止损坏检测器中的光电倍增管，延长其寿命，确保安全操作，还必须注意以下几点：未点火前不要打开高压电源。如果在实验过程中灭火，必须先关掉高压电源之后方可重新点火。当冷却装置失去作用，不能保证光电倍增管在 50℃ 以下工作时，最好停止实验。开启高压电源，最好从低到高逐渐调至所需数值。检测室温度低于 120℃ 时不要点火，以免积水受潮，影响滤光片和光电倍增管的性能。实验完毕，首先关掉高压电源，并将其值调至最小，等检测室温度降到 50℃ 以下，再将冷却水关掉。

b. 火焰光度检测器的清洗。正常操作时，在检测筒体内仅产生很少的污染物（如 SiO_2），甚至积累了大量污染物时也不影响检测器性能，此时可把筒体卸下刮去内部污染物即可。

如在检测器的任何光学部件上留有沉积物时，将减弱发射光，影响检测器的灵敏度。所以应避免在检测器窗、透镜、滤光片和光电倍增管上留下污染（如指印）。尽管如此，即使正常操作检测器时，在检测器筒体窗内侧也会慢慢积聚脏物。此时可用一块清洁的软绒布蘸丙酮对检测器窗、透镜等被污染处清洗。

当火焰喷嘴的上部被污染时，在较高灵敏挡会引起基线不稳定。此时可在带烟罩的良好通风场所，把喷嘴放在加热至 50℃，50% 的硝酸中清洗 20min。

（5）温度控制系统的维护　相对来说，温度控制器和程序控制器是比较容易保养的，尤其是当它们是新型组件时。一般来说，每月一次或按生产者规定的校准方法进行检查，就足以保证其工作性能。校准检查的方法可参考有关仪器说明书，这里从略。

（6）记录仪的维护　要注意记录仪的清洁，防止灰尘等脏物落入测量系统中的滑线电阻上，应定期（如每星期一次）用棉花蘸酒精或乙醚轻微仔细擦去滑线电阻上的污物，不宜用力横向揩拭，更不能用硬的物件在滑线电阻上洗擦，以免在滑线电阻上划出划痕而影响精度。相关的机械部位应注意润滑，可以定期滴加仪表油，以保证活动自如。

2. 整机的维护保养

为了使气相色谱仪的性能稳定良好并延长其使用寿命，除了对各使用单元进行维护保养，还需注意对整机的维护和保养。

① 仪器应严格在规定的环境条件中工作，在某些条件不符合时，必须采取相应的措施。

② 仪器应严格按照操作规程进行工作，严禁油污、有机物以及其他物质进入检测器及管道，以免造成管道堵塞或仪器性能恶化。

③ 必须严格遵守开机时先通载气后开电源；关机时先关电源后断载气的操作程序，否则在没有载气散热的条件下热丝极易氧化烧毁。在换钢瓶、换柱、换进样密封垫等操作时应特别注意。

④ 仪器使用时，钢瓶总阀应旋开至最终位置（开足），以免总阀不稳，造成基线不稳。

⑤ 使用氢气时，仪器的气密性要得到保证；流出的氢气要引至室外。这些不仅是仪器稳定性的要求，也是安全的保证。

⑥ 气路中的干燥剂应经常更换，以及时除去气路中的微量水分。

⑦ 使用氢火焰离子化检测器时，"热导"温控必须关断，以免烧坏敏感元件。

⑧ 使用"氢火焰"时，在氢火焰已点燃后，必须将"引燃"开关扳至下面，否则放大

器将无法工作。

⑨ 要注意放大器中高电阻的防潮处理。因为高电阻阻值会因受潮而发生变化，此时可用硅油处理。方法如下：先将高电阻及附近开关、接线架用乙醚或酒精清洗干净，放入烘箱（100℃左右）烘干，然后把1g硅油（201～203）溶解在15～20mL乙醚中（可大概按此比例配制），用毛笔将此溶液涂在已烘干的高阻表面和开关架上，最后再放入烘箱烘上片刻即可。

⑩ 汽化室进样口的硅橡胶密封垫片使用前要用苯和酒精擦洗干净。若在较高温度下老化2～3h，可防止使用中的裂解。经多次使用（20～30次）后，就需更换。

⑪ 气体钢瓶压力低于1471kPa（15kg/cm²）时，应停止使用。

⑫ 220V电源的零线与火线必须接正确，以减少电网对仪器的干扰。

⑬ 仪器暂时不用，应定期通电一次，以保证各部件的性能良好。

⑭ 仪器使用完毕，应用仪器布罩罩好，以防止灰尘的沾污。

思考题

1. 稳压阀、针形阀及稳流阀的使用要注意哪些方面？这些阀为什么要求输入压力达到392.3～588.4kPa？

2. 怎样对微量注射器进行维护？用微量注射器进样如何操作，其效果才比较理想？

3. 对色谱柱的维护应注意哪些？

4. TCD、FID、ECD及FPD的使用应注意哪些方面？如何对检测器进行清洗？

5. 怎样维护记录仪？

6. 如何对气相色谱仪进行维护？仪器整机的维护与各使用单元维护的关系是什么？

六、气相色谱仪常见故障的排除

气相色谱仪属于结构、组成较为复杂的大型分析仪器之一，一旦发生故障往往比较棘手，不仅某一故障的产生可以由多种原因造成；而且不同型号的仪器，情况也不尽相同。这里仅就各种仪器之故障的共同之处加以介绍，为了叙述方便，将仪器的故障现象和排除方法从以下两方面来说明。

1. 根据仪器运行情况判断故障

表4-2～表4-4列出了仪器运行时主机、记录仪和温度控制与程序升温系统常见故障及其排除方法。

表4-2 仪器运行时主机常见故障及其排除方法

故　障	故障原因	排除方法
1. 温控电源开关未开，但主机启动开关打开后温度控制器加热指示灯就亮，并且柱恒温箱或检测室也开始升温	(1)恒温箱可控硅管中的一只或二只已击穿,呈现短路状态 (2)温度控制器中的脉冲变压器漏电 (3)电热丝与机壳互碰	判明已损坏可控硅管,更换同规格的管子 更换脉冲变压器 排除相碰处
2. 主机开关及温度控制器开关打开后,加热指示灯亮,但柱恒温箱不升温	(1)加热丝断了 (2)加热丝引出线或连接线已断	更换同规格加热丝 重新连接好
3. 打开温控开关,柱温调节电位器旋到任何位置时,主机上加热指示灯都不亮	(1)加热指示灯灯泡坏了 (2)铂电阻的铂丝断了 (3)铂电阻的信号输入线已断 (4)可控硅管失效或可控硅引出线断 (5)温控器失灵	更换灯泡 更换铂电阻或焊接好铂丝 接好输入线 更换同规格可控硅管或将断线部分接好 修理温度控制器

故　障	故　障　原　因	排　除　方　法
4. 打开温控器开关,将柱温调节电位器逆时针旋到底,加热指示灯仍亮	(1)铂电阻短路或电阻与机壳短路 (2)温控器失灵	排除短路处 修理温度控制器
5. 热导池电源电流调节偏低或无电流(最大只能调到几十毫安)	(1)热导池钨丝部分烧断或载气未接好 (2)热导池钨丝引出线已断 (3)热导池引出线与热导池电源插座连接线已断 (4)热导池稳压电源失灵	根据线路检查各臂钨丝是否断了,若断了,予以更换;接好载气 将引出线重新焊好(需银焊,若使用温度在150℃以下,亦可用锡焊) 将断线处接好 修理热导池稳压电源
6. 热导池电源电流调节偏高(最低只能调到120mA)	(1)钨丝、引出线或其他元件短路 (2)热导池电源输出电压太高	检查并排除短路处 修理热导池电源
7. 仪器在使用热导池检测器时,"电桥平衡"及"调零"电位器在任何位置都不能使记录仪基线调到零位(拨动"正"、"负"开关时,记录仪指针分别向两边靠)	(1)仪器严重漏气(特别是汽化室后面的接头、色谱柱前后的接头严重漏气) (2)热导池钨丝有一臂短路或碰壳 (3)热导池钨丝不对称,阻值偏差太大	检漏并排除漏气处 断开钨丝连接线,用万用表检查各臂电阻是否相同,在室温下各臂之间误差不超过0.5Ω时为合格。若短路或碰壳应拆下重装 更换钨丝,如大于0.5Ω而小于3Ω,可在阻值较大的一臂并联一只电阻(采用稳定性好的线绕电阻),使其阻值在0.3～3kΩ之间,阻值不宜过低,以免影响灵敏度
8. 氢火焰未点燃时,"放大器调零"不能使放大器的输出调到记录仪的零点	(1)放大器失调 (2)放大器输入信号线(同轴电缆)短路或绝缘不好(同轴电缆中心线与外包铜丝网绝缘电阻应在1000MΩ以上) (3)离子室的收集极与外罩短路或绝缘不好 (4)放大器的高阻部分受潮或污染 (5)收集极积水	修理放大器 把同轴电缆线两端插头拆开,用丙酮或乙醇清洗后烘干 清洗离子室 用乙醇或乙醚清洗高阻部分,并用电吹风吹干,然后再涂上一薄层硅油 更换收集极
9. 当氢火焰点燃后,"基始电流补偿"不能把记录仪基线调到零点	(1)空气不纯 (2)氢气或氮气不纯 (3)若记录仪指针无规则摆动,则大多是由于离子室积水所致。检查积水情况时,可旋下离子室露在顶板的圆罩,直接用眼睛观察 (4)氢气流量过大 (5)氢火焰燃到收集极 (6)进样量过大或样品浓度太高 (7)色谱柱老化时间不够 (8)柱温过高,使固定液蒸发而进入离子室	若降低空气流量时情况有好转,说明空气不纯。这时可在流路中加过滤器或将空气净化后再通入仪器 流路中加过滤器或将气体净化后再通入仪器 加大空气流量,增加仪器预热时间,使离子室有一定的温度后再点火工作。尽量避免在柱恒温箱温度未稳定时就点火工作。此外,也可采用旋下离子室的盖子,待温度较高后再盖上的办法 降低氢气流量 重新调整位置 减少进样量或更换样品试验 充分老化色谱柱 降低柱温,清洗柱后面的所有气路管道

续表

故　障	故障原因	排除方法
10. 氢火焰点不燃	(1)空气流量太小或空气大量漏气	增大空气流量,排除漏气处
	(2)氢气漏气或流量太小	排除漏气处,加大氢气流量
	(3)喷嘴漏气或被堵塞	更换喷嘴或将堵塞处疏通
	(4)点火极断路或碰圈	排除点火极断路或碰圈故障
	(5)点火电压不足或连接线已断	提高点火电压或接好导线
	(6)废气排出孔被堵塞	疏通废气排出孔
11. 氢火焰已点燃或用热导池检测器时,进样不出峰或灵敏度显著下降	(1)灵敏度选择过低	提高灵敏度
	(2)进样口密封垫漏气	更换硅橡胶密封垫
	(3)柱前汽化室漏气或检测器管道接头漏气	检漏并排除漏气处
	(4)注射器漏气或被堵塞	排除漏气处或疏通堵塞处
	(5)汽化室温度太低	提高汽化室温度
	(6)氢火焰同轴电缆线断路	更换同轴电缆线
	(7)收集极位置过高或过低	调整好收集极位置
	(8)极化极负高压不正	调整极化电压
	(9)更换热导池钨丝时,接线不正确	重新接线,桥路中对角线的钨丝应在热导池的同一腔体内
	(10)喷嘴漏气	将喷嘴拧紧
	(11)使用高沸点样品时,离子室温度太低	提高温度,防止样品在离子室管道中凝结,并提高氢气流量

表 4-3　仪器运行时记录仪常见故障及其排除方法

故　障	故障原因	排除方法
1. 记录笔移动缓慢	(1)"增益"调得太低,"阻尼"过大	检查记录仪放大器,调高"增益",选择适当地"阻尼"
	(2)参比稳压电源失效	更换参比稳压电源
	(3)放大器有故障	检修放大器,排除故障
	(4)机壳接地不良	按要求使机壳接地良好
	(5)输入导线接错	重新接好输入导线
	(6)输入电源有故障	用低电平直流信号输入进行检查并排除故障
2. 记录笔急速移动	(1)滑线电阻脏	用乙醚或酒精清洗滑线电阻及其触点
	(2)放大器中有的管子已坏	检查并更换坏管子
	(3)线路中电压剧烈变化	将记录仪和色谱仪隔开或使用稳压电源
3. 记录笔振动	(1)"增益"调得太高	检查调整放大器,使"增益"适当
	(2)"阻尼"太小	将阻尼控制旋钮调适当
	(3)接地不良	使接地良好
	(4)输入导线连接不适当	将输入导线接正确
4. 记录仪驱动部分空转	(1)轴上的驱动齿轮松动而空转	将松动的零件拧紧
	(2)离合部件没合上	重新装配离合部件
5. 衰减不成线性	(1)接地不良	使接地良好
	(2)"增益"调得太低,"阻尼"太大	重调放大器增益可变电阻,并把"阻尼"调到适当
	(3)电气和机械零点不重合	将零点调至重合
	(4)放大器部分有的管子已坏	更换已损坏的管子
	(5)"量程调节"偏离校准点太远	对于有此调节功能的仪器,可将"量程调节"调到校准点

表 4-4   温度控制和程序升温系统常见故障及其排除方法

故　障	故 障 原 因	排 除 方 法
1. 检测器不加热	(1)主电源、柱恒温箱或程序控制器保险丝已坏	更换损坏的保险丝
	(2)加热器元件已断	更换加热器元件
	(3)连接线脱落	焊好脱落的连接线
	(4)上限控制开关调得太低或有故障	调高上限控制开关,或用细砂纸磨光开关触点,然后用酒精清洗
	(5)温度敏感元件有缺陷	更换温度敏感元件
	(6)检测器恒温箱控制器中有的管子已坏	检测出已损坏的管子并更换
2. 不管控制器调节处于什么位置上,检测器(或色谱柱)恒温箱都处于完全加热状态	(1)温度补偿元件有故障 (2)控制器中的管子有故障	检修并更换已损坏的元件 更换已损坏的管子
3. 样品注入口需加热时,温度升不上	(1)保险丝已断 (2)加热器元件损坏 (3)注入口加热器中的控制器已坏	更换保险丝 更换已损坏的元件 修理注入口部分的恒温控制器
4. 恒温箱中温度不稳定	(1)温度敏感元件有缺陷 (2)控制器中有的管子已损坏 (3)恒温箱的热绝缘器有间隙或有空洞 (4)高温计有故障或高温计连接线松脱	更换已损坏元件 检测并更换已损坏的管子 调整热绝缘装置 更换高温计或重新接好高温计的连线

2. 根据色谱图判断仪器故障

气相色谱仪在工作过程中发生的各种故障往往可以从色谱图上表现出来。通过对各种不正常色谱图的分析可以帮助初步判断出仪器故障的性质及发生的大致部位,从而达到尽快进行修理的目的。现将对各种色谱图的分析列于表 4-5,供参考。

表 4-5   根据色谱图检查分析和排除故障

可 能 现 象	可 能 原 因	排 除 方 法
1. 没有峰	(1)检测器(或静电计)电源断路	接通检测器或静电计电源,并调整到所需要的灵敏度
	(2)没有载气流	接通载气,调到合适的流速。检查载气管路是否堵塞,并除去障碍物;检查载气钢瓶是否已空,并及时换瓶
	(3)记录器连接线接错	检查输入线路并按说明书所示正确接线
	(4)进样器汽化温度太低,使样品不能汽化;或柱温太低,使样品在色谱柱中冷凝	如果当进低沸点物质样时有峰出现,则应根据样品性质适当升高汽化温度及柱温
	(5)进样用的注射器有泄漏或已堵塞,使样品注射不进进样管	更换或修理注射器
	(6)进样口橡皮垫漏气,色谱柱入口接头处漏气或堵塞	更换橡胶垫或拧紧柱接头,排除堵塞现象
	(7)记录仪已损坏	用电位差计检查记录仪,并参考表 4-3 进行修理
	(8)氢火焰离子化检测器火焰熄灭或极化电压未加上	检查氢气火焰并重新点火;或将极化电压开关拨到"开"位置,检查检测器电缆是否已损坏,并用电子管电压表检查极化电压是否已加上
	(9)记录仪或检测器的输出衰减倍数太高	调节衰减至更灵敏的挡位

故障现象	可能原因	排除方法
2. 保留值正常,灵敏度太低	(1)衰减过分	重新调节衰减比值
	(2)进样量太小或在进样过程中样品漏掉	仔细检查进样操作或增加进样量
	(3)注射器漏气、堵塞或进样器橡皮垫漏气	更换注射器或排除注射器的堵塞物;拧紧进样器使不漏气或更换橡皮垫
	(4)载气泄漏	检查载气所经管路并排除一切泄漏处
	(5)热导池检测器灵敏度低	增加桥路电流,降低检测器温度;改善热敏元件或更换载气
	(6)火焰电离检测器灵敏度低	清洗检测器,使收集极更靠近火焰;升高极化电压并增加氢气和空气的流量
3. 随着保留值增加,灵敏度降低	(1)载气流速太低	检查载气流过的管路。若管道有堵塞现象,应判明原因后再排除。同时要检查钢瓶压力是否太小
	(2)进样口橡胶垫漏气	更换橡胶垫
	(3)进样口以后的部分有泄漏处	判明泄漏部位并排除之
	(4)柱温降低	检查柱温控制器并排除其故障。如控制器正常,则升高柱温至额定温度
4. 出负峰 或	(1)记录仪输入线接反,倒相开关位置改变	纠正记录仪输入线或拨对倒相开关的位置
	(2)在双色谱柱系统中,进样时弄错了色谱柱	重新进样
	(3)热导池检测器电源接反,电流表指针方向不对	改正电源接线
	(4)离子化检测器的输出选择开关的位置有错	重新改正输出开关的位置
5. 拖尾峰	(1)进样器温度太高	重新调整进样器温度
	(2)进样器内不干净或为样品中高沸点物质及橡皮垫残渣所沾污	可先用 2:1:4 的硫酸:硝酸:水的混合溶液清洗,接着用蒸馏水清洗,然后用丙酮或乙醚等溶剂清洗。烘干后,装上仪器通气 30min,加热至 120℃左右,数小时后即可进行正常工作
	(3)柱温太低	适当升高柱温
	(4)进样技术差	提高进样技术
	(5)色谱柱选得不当,试样与固定相间有作用	更换色谱柱,换用高稳定固定相的色谱柱或极性更大的固定液和惰性更大的载体
	(6)同时有两个峰流出	改变操作条件,必要时更换色谱柱
6. 前延峰	(1)色谱柱超载,进样量太大	换用直径较粗的色谱柱或减小进样量
	(2)样品在色谱柱中凝聚	适当提高进样器、色谱柱和检测器的温度
	(3)进样技术欠佳	检查并改进进样技术后,再进样
	(4)两个峰同时出现	改变操作条件(如降低柱温等),必要时可更换色谱柱
	(5)载气流速太低	适当提高载气流速,必要时在检测器处引入清除气,以减少试样的保留时间
	(6)试样与固定相中的载体有作用	换用惰性载体或增加固定液含量
	(7)进样口不干净	按本表第 5 条中所述办法清洗进样器

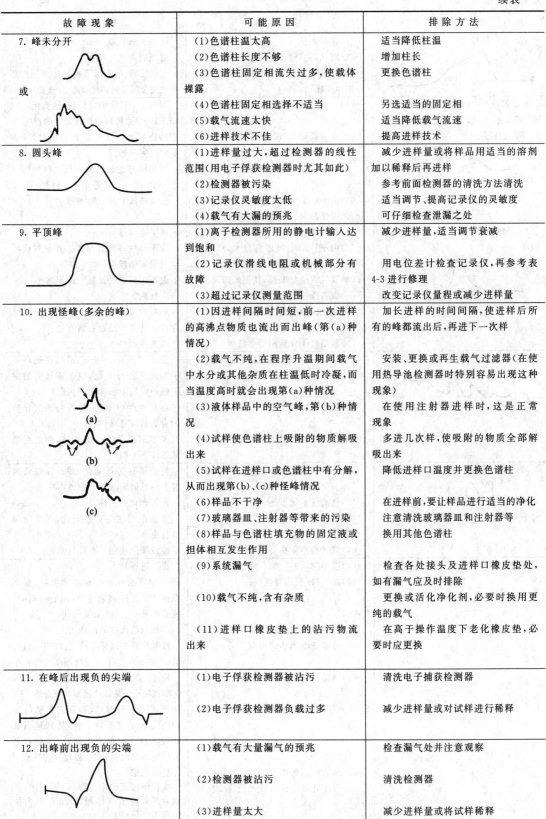

故 障 现 象	可 能 原 因	排 除 方 法
7. 峰未分开 或	(1)色谱柱温太高 (2)色谱柱长度不够 (3)色谱柱固定相流失过多,使载体裸露 (4)色谱柱固定相选择不适当 (5)载气流速太快 (6)进样技术不佳	适当降低柱温 增加柱长 更换色谱柱 另选适当的固定相 适当降低载气流速 提高进样技术
8. 圆头峰	(1)进样量过大,超过检测器的线性范围(用电子俘获检测器时尤其如此) (2)检测器被污染 (3)记录仪灵敏度太低 (4)载气有大漏的预兆	减少进样量或将样品用适当的溶剂加以稀释后再进样 参考前面检测器的清洗方法清洗 适当调节、提高记录仪的灵敏度 可仔细检查泄漏之处
9. 平顶峰	(1)离子检测器所用的静电计输入达到饱和 (2)记录仪滑线电阻或机械部分有故障 (3)超过记录仪测量范围	减少进样量,适当调节衰减 用电位差计检查记录仪,再参考表4-3进行修理 改变记录仪量程或减少进样量
10. 出现怪峰(多余的峰) (a) (b) (c)	(1)因进样间隔时间短,前一次进样的高沸点物质也流出而出峰(第(a)种情况) (2)载气不纯,在程序升温期间载气中水分或其他杂质在柱温低时冷凝,而当温度高时就会出现第(a)种情况 (3)液体样品中的空气峰,第(b)种情况 (4)试样使色谱柱上吸附的物质解吸出来 (5)试样在进样口或色谱柱中有分解,从而出现第(b)、(c)种怪峰情况 (6)样品不干净 (7)玻璃器皿、注射器等带来的污染 (8)样品与色谱柱填充物的固定液或担体相互发生作用 (9)系统漏气 (10)载气不纯,含有杂质 (11)进样口橡皮垫上的沾污物流出来	加长进样的时间间隔,使进样后所有的峰都流出后,再进下一次样 安装、更换或再生载气过滤器(在使用热导池检测器时特别容易出现这种现象) 在使用注射器进样时,这是正常现象 多进几次样,使吸附的物质全部解吸出来 降低进样口温度并更换色谱柱 在进样前,要让样品进行适当的净化 注意清洗玻璃器皿和注射器等 换用其他色谱柱 检查各处接头及进样口橡皮垫处,如有漏气应及时排除 更换或活化净化剂,必要时换用更纯的载气 在高于操作温度下老化橡皮垫,必要时应更换
11. 在峰后出现负的尖端	(1)电子俘获检测器被沾污 (2)电子俘获检测器负载过多	清洗电子捕获检测器 减少进样量或对试样进行稀释
12. 出峰前出现负的尖端	(1)载气有大量漏气的预兆 (2)检测器被沾污 (3)进样量太大	检查漏气处并注意观察 清洗检测器 减少进样量或将试样稀释

故 障 现 象	可 能 原 因	排 除 方 法
13. 大拖尾峰	(1)柱温太低	适当提高柱温
	(2)汽化温度过低	适当提高汽化温度
	(3)样品被子沾污(特别是被样品容器的橡皮帽所沾污)	改用玻璃、聚乙烯等材料作容器的塞子或用金属箔包裹橡胶塞,并重新取样
14. 基线呈台阶状、不能回到零点,峰呈平顶状,当记录笔用手拨动后不能回原处	(1)记录仪灵敏度调节不当	调节记录仪灵敏度旋钮,达到用手拨动记录笔后,能很快回到原处的程度
	(2)仪器或记录仪接地不良	检查接地导线并使其接触良好,必要时可另装地线
	(3)有交流电信号输入记录仪	在地线与记录仪输入线之间加接一个 $0.25\mu F$、150V 的滤波电容器
	(4)由于样品中含有卤素、氧、硫等成分,所以使热导检测器受到腐蚀	更换热敏元件或检测器
15. 出峰后,记录笔降到正常基线以下	(1)进样量太大	减少进样量
	(2)由于样品中氧的含量大,所以使氢火焰离子化检测器的火焰熄灭	用惰性气体稀释试样或用氧气代替空气供氢焰燃烧
	(3)氢气或空气断路,使火焰熄灭	重新调节空气及氢气的流速比
	(4)载气流速过高	降低载气流速
	(5)氢气流因受冲击而阻断灭火	重新通入氢气点火,若再次熄灭,则应检查管路中是否有堵塞处
	(6)氢焰离子化检测器被沾污	清洗检测器
16. 程序升温时,基线上升	(1)温度上升时,色谱固定相流失增加	使用参考柱,并将色谱柱在最高使用温度下进行老化,或改在较低温度下使用低固定液含量的色谱柱
	(2)色谱柱被沾污	重新老化色谱柱,并按前面所介绍的方法清洗色谱柱
	(3)载气流速不平衡	调节两根色谱柱的流速,使之在最佳条件下平衡
17. 程序升温时,基线不规则移动	(1)色谱柱固定相有流失	将色谱柱进行老化,或改在较低温度下用低固定液含量的色谱柱
	(2)色谱柱老化不足	再度老化色谱柱
	(3)色谱柱被沾污	清洗色谱柱并重新老化,必要时应进行更换
	(4)载气流速未在最佳条件下平衡	按说明书规定平衡载气流速
18. 保留值不重复	(1)进样技术差	提高进样技术
	(2)漏气(特别是有微漏)	进样口的橡胶垫要经常更换,在高温操作下进样频繁时更应勤换;同时,检查各处接头,排除漏气处
	(3)载气流速没调好	增加载气入口处的压力
	(4)色谱柱温未达到平衡	柱温升到工作温度后,还应有一段时间(约 20min 左右)才能使温度达到平衡
	(5)柱温控制不良	检查恒温箱的封闭情况,箱门要关严,恒温控制用的旋钮位置要放得合适
	(6)程序升温过程中,升温重复性差	每次重新升温前,都应有足够的时间使起始温度保持一致,特别是当从室温条件下开始升温时,一定要有足够的等待时间,使起始温度保持一致
	(7)色谱柱被破坏	更换色谱柱
	(8)程序升温过程中载气流速变化较大	在使用温度的上、下限处测流速,使两者间的差值不得超过 2mL/s(当柱内径为 4mm 时)

故障现象	可能原因	排除方法
18. 保留值不重复	(9)进样量太大	此时峰出现拖尾现象,应减少进样量,或用适当的溶剂将样品稀释,必要时应换用内径较粗的色谱柱
	(10)柱温过高,超过了柱材料的温度上限,或太靠近温度下限	重新调节柱温
	(11)色谱柱材料性能改变,如固定相流失,固定液涂渍不良,载体表面有裸露部分,载体、管壁材料变化(吸附性能改变)等	根据具体情况逐一检查并处置
19. 连续进样中,灵敏度不重复	(1)进样技术欠佳,表现为面积忽大忽小	认真掌握注射器进样技术,使注射器进样重复性小于5%
	(2)注射器有泄漏或半堵塞现象	修复或更换注射器
	(3)载气漏气	检查所有管路接头并消除漏气处
	(4)载气流速变化	仔细观察系统流速变化情况并设法稳定之
	(5)记录仪灵敏度发生改变,衰减位置发生变化	重新调节记录仪灵敏度及衰减挡位置
	(6)色谱柱温度发生变化,并伴有保留值变化	重新调节柱温,必要时应更换温控及程序升温装置
	(7)对样品的处理过程不一致	检查处理样品的各步操作,使操作条件严格保持一致,并应防止样品沾污
	(8)检测器沾污(此时氢火焰离子化检测器噪声增加或电子俘获检测器零电流增加)	清洗检测器
	(9)检测器过载,即进样量超过了线性范围(此时会出现圆头色谱峰)	减小进样量或将样品稀释
	(10)在氢火焰离子化检测器火焰喷嘴处,各种气体管道的连接弄错,或收集极的电压太低	按使用说明书检查并改正管道的连接情况;或熄灭火焰,检查收集极电压,并按说明书进行检修
	(11)电子俘获检测器正电极对地电压太低(正电极对地电压应有2~4V)	拔下接头,单检查电源,若此时电源正常,则是检测器与地短路;若检查与地短路已排除而电压仍太低,则是电源的故障,应参照说明书进行检修
20. 基线噪声 或	(1)导线接触不良	清洗并紧固电路各接头处,必要时进行更换
	(2)接地不良	检查记录仪、静电计和积分仪等的接地点,并加以改进
	(3)开关不清洁,接触不良	检查各波段开关或电位器的触点,用细砂纸磨光、清洗,使之接触良好,必要时应进行更换
	(4)记录仪滑线电阻脏(此现象常在记录笔移动到一定位置时出现)	清洗滑线电阻
	(5)记录仪工作不正常	先将记录仪输入端短路,若仍有此现象,则应记录仪灵敏度旋钮
	(6)交流电路负载过大	将仪器的电源线与其他耗电量大的电路分开,或将仪器所用的交流电改由稳压电源供给
	(7)电子积分仪的回输电路接错	按说明书要求联接线路,或使积分仪旁路
	(8)色谱柱填充物或其他杂物进入了载气出口管道或检测器内	可加大载气流速,把异物吹去,必要时卸下柱后管道,对检测器进行清洗,排除异物
	(9)用氢气发生器作载气时,管道中有积水	卸下管道,排除积水,或在载气进入色谱系统前加接具阻力的干燥塔

故障现象	可能原因	排除方法
21. 基线噪声太大 或	(1)色谱柱被沾污，或固定相有流失	（此时降低柱温，噪声即降低）可升高柱温老化色谱柱，必要时更换色谱柱
	(2)载气沾污	更换载气过滤器或将过滤器加热至170～200℃，并用干燥氮气吹扫一昼夜
	(3)载气流速太高	检查并适当降低出口处流速
	(4)进样口或进样口橡胶垫不干净	清洗进样口及其橡胶垫，或更换橡胶垫片
	(5)色谱柱与检测器间的连接管道不干净	清洗这段管道
	(6)载气泄漏	检漏并修复
	(7)电路接触不良	检查各处接头、插头、插座和电位器等的接触点，必要时应进行清洗或更换
	(8)接地不良	检查地线接头，必要时应重新装设地线
	(9)检测器或其输出电缆绝缘不良	检查电缆绝缘层、检测器底座或外壳是否干净，否则就应用无残留物的溶剂清洗之，但不能用手指接触清洗过的绝缘体
	(10)热导池检测器不干净或热敏元件已损坏	清洗检测器或更换热敏元件，必要时更换检测器
	(11)热导池检测器的电桥或电源部分有故障	检修电桥或更换电源
	(12)氢火焰离子化检测器中的氢气或空气流速过高或过低	适当调节氢气或空气的流速
	(13)氢火焰离子化检测器中的空气或氢气被沾污	将空气或氢气的净化系统再生或更换
	(14)氢火焰离子化检测器中的水凝结	将检测器的温度升高到100℃以上，以消除水蒸气的冷凝
	(15)氢火焰离子化检测器火焰附近有漏孔	紧固接头并消除漏孔
	(16)记录仪滑线电阻不干净（此时不论衰减挡在何位置，噪声的大小均不变）	可用毛刷或绸布蘸乙醚等溶剂清洗滑线电阻
	(17)记录仪有故障	先让记录仪输入端短路，如仍有噪声，则可按前面所介绍的有关记录仪的修理方法进行检修
22. 基线周期性地出现毛刺	(1)载气管路中有凝聚物并起泡	加热管路，将色谱柱出口管道中的凝聚物吹去，必要时可拆下清洗
	(2)载气出口处皂沫流量计液面过高，不断有气泡出现	将皂沫流量计从出口处移开
	(3)当使用电解氢发生器供氢焰离子化检测器使用时，管路中有水溶液并鼓泡	更换氢气过滤器，并将管道中水滴除去
	(4)电源不稳	电源处加接稳压电源
	(5)热导池检测器电源有故障	检修该检测器的电源（当用蓄电池作电源时，如液面降低，应添加蒸馏水并重新充电）

故障现象	可能原因	排除方法
23. 等温时,基线不规则漂移	(1)仪器的放置位置不适宜(如附近有热源或通风等温度变化较大的设备,或出口处遇到大风等)	改变仪器和出口处的位置,使之远离热源或通风设备
	(2)载气不稳定或有漏气	检查钢瓶是否漏气,其压力是否足够大;调节阀是否良好,必要时应更换钢瓶和调节阀;再检查气路系统是否漏气,并将漏气处排除
	(3)色谱柱固定相流失(这在使用高灵敏检测器时尤其明显)	将色谱柱的出口与检测器分开,在高于原柱温和低于最高使用温度下老化色谱柱
	(4)色谱柱被高沸点物质所沾污	重新老化色谱柱,必要时更换色谱柱
	(5)仪器接地不良	检查并接好主机、记录仪、积分仪和静电计等处地线
	(6)色谱柱出口与检测器连接的管道不干净	可卸下检查并清洗这段管道
	(7)热导池检测器池内不干净(此时如降低检测器的温度,基线漂移会减小)	清洗检测器
	(8)离子化检测器的底座不干净	清洗底座
	(9)检测器恒温箱温度不稳	检查恒温箱门是否关严、离子化检测器移去后的空洞是否堵上
	(10)氢火焰离子化检测器中的氢气和空气的比例不稳定	检查氢气和空气钢瓶压力,并调节其比例至稳定
	(11)热导池检测器的热敏元件已损坏	更换热敏元件或检测器
	(12)离子化检测器的静电计预热时间不够或已损坏	先让静电计开启一段时间后(必要时开24h),看基线是否恢复稳定。若仍如此,可对静电计进行修理以排除故障
	(13)热导池检测器电桥部分有故障	检查电桥电路的故障并排除之
	(14)热导池检测器的电源有故障	更换干电池;如电源用蓄电池则要加水或充电;或检修稳压电源
	(15)记录仪已损坏	将记录仪输入端短路或用电位差计输入一个恒定信号,若仍有漂移,则确证是记录仪出故障,可参考表4-3修理记录仪
24. 等温时,基线朝一个方向漂移 或	(1)检测器恒温箱温度有变动,未达到平衡(使用热导池检测器时,常遇此种基线漂移情况)	增加温度平衡时间
	(2)色谱柱温有变化	检查色谱柱恒温箱的保温及温度控制情况,并将其故障排除
	(3)载气流速不稳或气路系统漏气	检查进样口的橡胶垫和柱入口处的接头是否漏气。如漏气可紧固接头部分或用更换橡胶垫等办法排除。检查钢瓶压力是否太低,柱出口与热导池检测器的接头是否有微量漏气,并按具体情况分别加以处置
	(4)热导池检测器热敏元件已损坏	修理检测器或更换热敏元件
	(5)热导检测器的电源不足	更换电源,或给蓄电池充电
	(6)离子化检测器的静电计不稳	先将静电计的输入端短路,若仍有此现象,则应修理静电计或记录仪
	(7)氢火焰离子化检测器中,氢气的流速不稳	检查氢气钢瓶压力是否足够,流速控制部分是否失效,必要时应更换钢瓶或流速控制部件

故 障 现 象	可 能 原 因	排 除 方 法
25. 基线波浪状波动	(1)检测器恒温箱绝热不良	改善保温条件,增加保温层
	(2)检测器恒温箱温度控制不良	检查检测器恒温箱的控制器及探头,必要时更换
	(3)检测器恒温箱温度在选择盘上给定的温度过低	升高检测器恒温箱的温度
	(4)色谱柱恒温箱的温度控制不良	检查色谱柱的热敏元件和温度控制情况,必要时加以更换
	(5)载气钢瓶内压力过低或载气控制不严	若钢瓶压力过低,应更换钢瓶;若是载气压力调节阀的故障则应更换压力调节阀
	(6)双柱色谱仪的补偿不良	检查两色谱柱的流速并加以调节,使之互相补偿
26. 基线不能从记录仪的一端调到另一端	(1)记录仪的零点调节得不合适或记录仪已损坏	将记录仪输入端短路,若不能回零,则应按说明书重新调整零点,若这样仍不能调至零点,则应进行修理
	(2)记录仪接线有错	检查记录仪接线并加以纠正
	(3)热导池检测器的热敏元件不匹配	更换选择好的匹配的热敏元件,必要时更换热导池检测器
	(4)热导池检测器的电桥有开路、匹配不良或电源有故障	检查电桥电路,排除电桥开路或电源故障,必要时应更换
	(5)氢火焰离子化检测器或电子俘获检测器不干净	清洗检测器
	(6)电子俘获检测器基流补偿电压不够大	增加基流补偿电压
	(7)静电计有故障	修理静电计
	(8)固定相消失并产生信号(特别是在使用氢焰离子化检测器等灵敏度很高的检测器时)	另选一种流失少的固定相作色谱柱,或降低柱温
27. 基线不规则地出现尖刺 或	(1)载气出口压力变化太快	检查载气出口处是否刮风或有异物进入出口管道处,并采取适当措施排除影响因素
	(2)载气不干净	直接将载气(不通过色谱柱)与检测器相连,若色谱峰基线仍如此,则应进一步更换载气
	(3)色谱柱填充物松动	将色谱柱填充紧密
	(4)电子部件有接触不良处	轻轻拍敲各电子部件,以确定接触不良处的位置,然后加以修复
	(5)受机械振动的影响	将仪器远离振动源或排除振动干扰
	(6)灰尘或异物进入检测器	用清洁的气体吹出检测器中的异物
	(7)电路部分接线柱绝缘物不干净	清洁接线柱及绝缘物,保证绝缘良好
	(8)电源波动	检查电源或加接稳压电源,必要时应更换电源
	(9)热导池检测器电源有故障	参考前面所述的热导池检测器修理,检查电源,必要时应更换有关部件
	(10)离子化检测器静电计有故障	修理静电计
	(11)调零电路有故障	按照使用说明书进行检修

思考题

1. 气相色谱仪在运行时,主机可能会出现哪些常见故障?产生的可能原因有哪些?如何排除?

2. 记录仪常见的故障有哪些?如何排除?

3. 温度控制和程序升温系统常会出现哪些故障?其产生原因是什么?如何排除?

4. 通过对各种不正常色谱图的分析，怎样判断仪器的故障？

七、技能训练——气相色谱仪定量重复性及检测器灵敏度（检测限）的检定
（JJG 700）

1. 技术要求

本法适用于新制造、使用中和修理后的以热导池（TCD）、氢火焰（FID）、电子俘获（ECD）、火焰光度（FPD）为检测器的实验室通用气相色谱仪的检定。其中，新制造仪器的检定应符合其说明书的要求，使用中和修理后仪器的检定结果应符合表 4-6 要求。

表 4-6 气相色谱仪的检定结果

技术指标 / 检测器名称 检定项目	TCD	FID	ECD	FPD
定量重复性	3％	3％	3％	3％
灵敏度（检测限）	$\geqslant 800 \text{mV} \cdot \text{mL/mg}$（苯）	$\leqslant 5 \times 10^{-10} \text{g/s}$	$\leqslant 5 \times 10^{-12} \text{g/mL}$	$\leqslant 5 \times 10^{-10} \text{g/s}$（硫） $\leqslant 1 \times 10^{-10} \text{g/s}$（磷）

仪器的检定周期为两年。

2. 检定步骤

（1）定量重复性检定 定量重复性以溶质峰面积测量的相对标准偏差 CV 表示。依下式计算：

$$CV = \sqrt{\frac{\sum_{i=1}^{n}(X_i - \overline{X})^2}{n-1}} \times \frac{1}{\overline{X}} \times 100\%$$

式中 　CV——相对标准偏差，％；

　　　　n——测量次数；

　　　　X_i——第 i 次测量的峰面积；

　　　　$\overline{X}$——n 次进样的峰面积算术平均值；

　　　　i——进样序号。

（2）检测器灵敏度（检测限）的检定

① TCD 灵敏度检定。

a. 检定条件。色谱柱：5％OV-101，80～100 目上试 101 白色硅烷化载体（或性能相似的载体），内径 2～3mm，长 1～2m 的不锈钢柱。

载气：氢气（纯度不低于 99.99％），流速 30～60mL/min。

温度：柱恒温箱 70℃左右，检测室 100℃，汽化室 120℃（对苯）。

桥流或热丝温度：选择最佳值。

b. 检定步骤。按上述检定条件下，使仪器处于最佳运行状态，待基线稳定后，用校准的微量注射器，注入 2μL 浓度为 5mg/mL 的苯-甲苯（或正十六烷-异辛烷）溶液连续进样 6 次。计算苯（或正十六烷）峰面积的算术平均值。

c. 计算

$$S_{\text{TCD}} = \frac{AF_c}{W}$$

式中　S_{TCD}——TCD 灵敏度，$mV \cdot mL/mg$；

　　　A——苯的峰面积，$mV \cdot min$；

　　　W——苯的进样量，mg；

　　　F_c——校正后的载气流速，mL/min。

用记录仪记录峰面积时，溶质峰的半峰宽应不小于 5mm，峰高不低于记录仪满量程的 60%。上式中的苯的峰面积 A 按下式计算。

$$A = 1.065 C_1 C_2 A_0 K$$

式中　A——苯的峰面积，$mV \cdot min$；

　　　C_1——记录仪灵敏度，mV/cm；

　　　C_2——记录仪纸速的倒数，min/cm；

　　　A_0——实测峰面积，cm^2；

　　　K——衰减倍数。

② FID 检测限检定。

a. 检定条件。色谱柱：5%OV-101，80～100 目上试 101 白色硅烷化载体（或性能相似的载体），内径 2～3mm，长 1～2m 的不锈钢柱。

载气：氮气（纯度不低于 99.99%），流速 50mL/min 左右。

燃气：氢气（纯度不低于 99.99%），流速选择适当值。

助燃气：空气不得含有影响仪器正常工作的灰尘、烃类、水分及腐蚀性物质。流速选择适当值。

温度：柱恒温箱 160℃左右，检测室 200℃左右，汽化室 230℃左右。

量程：选择最佳值。

b. 检定步骤。在上述检定条件下，使仪器处于最佳运行状态。待基线稳定后，用微量注射器注入 $2\mu L$ 浓度为 $100ng/\mu L$ 的正十六烷-异辛烷溶液，连续进样 6 次，计算正十六烷峰面积的算术平均值。

c. 计算

$$D_{FID} = \frac{2NW}{A}$$

式中　D_{FID}——FID 检测限，g/s；

　　　N——基线噪声，A；

　　　W——正十六烷的进样量，g；

　　　A——正十六烷的峰面积，$A \cdot s$。

③ ECD 检测限检定。

a. 检定条件。色谱柱：5%OV-101，80～100 目上试 101 白色硅烷化载体（或性能相似的载体），内径 2～3mm，长 1～2m 的不锈钢柱。

载气：氮气（纯度不低于 99.99%），流速 30～60mL/min。

温度：柱恒温箱 210℃左右，检测室及汽化室 230℃（对 ^{63}Ni）。

放大器灵敏度：可适当选择。

b. 检定步骤。在上述检定条件下，使仪器处于最佳运行状态，待基线稳定后，用微量注射器注入浓度为 $0.1ng/\mu L$ 的丙体六六六-正己烷溶液。进样 $2\mu L$，连续进样 6 次。计算丙体六六六峰面积的算术平均值。

c. 计算

$$D_{ECD} = \frac{2NW}{AF_c}$$

式中　D_{ECD}——ECD 检测限，g/mL；

　　　N——基线噪声，mV；

　　　W——丙体六六六的进样量，g；

　　　A——丙体六六六的峰面积，mV·min；

　　　F_c——校正后的载气流速，mL/min。

④ FPD 检测限检定

a. 检定条件。色谱柱：5%OV-101，80～100 目上试 101 白色硅烷化载体（或性能相似的载体），内径 2～3mm；长 1～2m 的不锈钢柱。

载气：氮气（纯度不低于 99.99%），流速 50mL/min 左右。

燃气：氢气（纯度不低于 99.99%），流速选择适当值。

助燃气：空气（质量要求与 FID 用的空气相同），流速选择适当值。

温度：柱恒温箱 210℃左右，检测室和汽化室 230℃。

量程：选择最佳值。

b. 检定步骤。在上述检定条件下，使仪器处于最佳运行状态，待基线稳定后，用微量注射器注入浓度为 10ng/μL 的甲基对硫磷-无水乙醇溶液（或噻吩-丙酮溶液）。进样 2μL，连续进样 6 次。计算硫或磷的峰面积的算术平均值。

c. 计算

硫：
$$D_{FPD} = \sqrt{\frac{2N(WnS)^2}{h(W_{1/4})^2}}$$

$$n_S = \frac{\text{甲基对硫磷分子中硫原子的个数} \times \text{硫的相对原子质量}}{\text{甲基对硫磷的相对分子质量}} = \frac{32}{263.2}$$

磷：
$$D_{FPD} = \frac{2NWnP}{A}$$

$$n_P = \frac{\text{甲基对硫磷分子中磷原子的个数} \times \text{磷的相对原子质量}}{\text{甲基对硫磷的相对分子质量}} = \frac{31}{263.2}$$

式中　D_{FPD}——FPD 对硫或磷的检测限，g/s；

　　　N——基线噪声，mV；

　　　A——磷的峰面积，mV·s；

WnS，WnP——硫、磷的进样量，g；

　　　h——硫的峰高，mV；

　　　$W_{1/4}$——硫的峰高 1/4 处的峰宽，s。

3. 检定结果

定量重复性＿＿＿＿＿＿＿＿＿＿＿

灵敏度（或检测限）＿＿＿＿＿＿＿＿

附 1　微量注射器的校准

微量注射器应有良好的气密性，校准前应清洗、干燥。校准用的水银应洁净。

校准方法：室温下，抽取一定容量的水银，用硅橡胶垫堵住针头。在感量为 0.0001g 的分析天平上称量。然后打出水银，再称量一次，用差减法可得水银的质量。然后按下式计算体积。

$$V=\frac{m_1-m_2}{\rho_{水银}}$$

式中　　V——实际体积，mL；

m_1——第一次称量的质量，g；

m_2——第二次称量的质量，g；

$\rho_{水银}$——该室温下水银的密度，g/mL。

每个体积点校正 6 次，取算术平均值。其相对标准偏差应在 1% 以内。

附2　载气流速的校正

检测器出口测得的载气流速需按下式校正。

$$F_c=jF_0\frac{T_c}{T_r}\left(1-\frac{p_w}{p_0}\right)$$

$$j=\frac{3}{2}\times\frac{\left(\dfrac{p_i}{p_0}\right)^2-1}{\left(\dfrac{p_i}{p_0}\right)^3-1}$$

式中　　F_c——校正后的载气流速，mL/min；

F_0——室温下用皂膜流量计测得的检测器出口的流速，mL/min；

T_c——柱温，K；

T_r——室温，K；

p_w——室温下水的饱和蒸气压，MPa；

j——压力梯度校正因子；

p_i——柱入口压强，MPa；

p_0——大气压强，MPa。

思考题

1. 检定气相色谱仪定量重复性、检测器灵敏度（检测限）等技术指标的条件及方法是怎样的？

2. 为什么要对微量注射器进行校准？如何校准？

3. 载气流速为什么要校正？如何进行校正？

技能鉴定表（六）

项　　目	鉴定范围	鉴定内容	鉴定比重	备　　注
		知识要求	100	
基本知识	气相色谱仪相关基本知识	1. 无线电、电子学知识 2. 机械常识及识图知识 3. 分光及光电转换知识 4. 放射及化学电离、电负性等知识 5. 电子计算机知识 6. 气体流速的测量及控制知识 7. 传导传热知识 8. 热电偶测温知识	30	

续表

项　　目	鉴定范围	鉴定内容	鉴定比重	备　　注
专业知识	气相色谱仪的维护保养	1. 气相色谱实验室的要求 2. 气相色谱仪各使用单元的维护 3. 仪器的整机维护	30	
	气相色谱仪的维修	1. 无线电、电子学及元器件知识 2. 无线电线路分析知识 3. 热敏元件及加热元件的知识 4. 温度测量及控制原理知识 5. 相关机械原理、常识	30	
相关知识	仪器的维护、维修相关知识	1. 气体及气体钢瓶的安全使用知识 2. 机械常识	10	
技能要求			100	
操作技能	安装与调试	1. 实验室建设及仪器安装 2. 仪器的调试	20	
	仪器维修操作技能	主机、记录仪、温度控制与程序升温系统常见故障的排除	40	
	仪器性能检定	气相色谱仪定量重复性及检测器灵敏度(检测限)的检定	20	
工具的使用	工具的正确使用	正确使用万用表、电烙铁、电位差计及各种相关工具，并做好维护、保管这些工具的工作	10	
安全及其他	安全操作	安全用电、相关部件及元件的保护 灭火器具的选择及使用 可燃性气体的安全使用	10	

第二节　液相色谱仪

高效液相色谱是一种以液体作为流动相的新颖、快速的色谱分离技术。近年来，随着这一技术的迅猛发展，高效液相色谱分析已逐渐进入"成熟"阶段。在生命科学、能源科学、环境保护、有机和无机新型材料等前沿科学领域以及传统的成分分析中，高效液相色谱法的应用占有重要的地位。高效液相色谱的仪器和装备也日趋完善和"现代化"，可以预期，在不远的将来，高效液相色谱仪必将和气相色谱仪一起，成为用得最多的分析仪器。

一、液相色谱仪的结构、原理及流程

高效液相色谱仪的基本组件包括四个部分，即溶剂输送系统、进样系统、色谱分离系统和检测记录及数据处理系统。其工作流程如图 4-30 所示。

储液槽中的溶剂经脱气、过滤后，用高压泵以恒定的流量输送至色谱柱的入口（如采用梯度洗脱则需用双泵系统输送溶剂，流动相中各溶剂所占比例由梯度装置控制），欲分析样品由进样装置注入，在洗脱液（流动相）携带下在色谱柱内进行分离，分离后的组分从色谱柱流出，进入检测器，产生的电信号被记录仪记录或经数据处理系统进行数据处理，借以定性和定量。废液罐收集所有流出的液体。

思考题

1. 高效液相色谱仪主要由哪些部分组成？
2. 高效液相色谱仪的工作流程是怎样的？

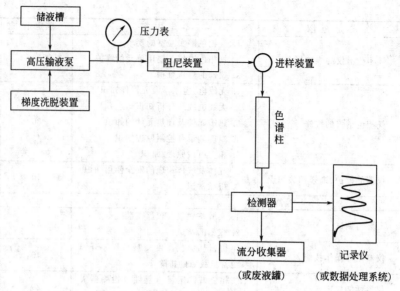

图 4-30　高效液相色谱仪工作流程示意图

二、液相色谱系统

高效液相色谱仪的基本组件已如上述，其中最重要的工作单元是高压泵、色谱柱、检测器和数据处理系统。

1. 液相色谱系统简介

（1）高压泵　高压泵是高效液相色谱仪中最重要的部件之一。在气相色谱中，是利用高压钢瓶来提供一定压力和流速的载气；而在高效液相色谱中，则是利用高压泵来获得一定压力和流速的载液。因为在高效液相色谱中，所用色谱柱较细（1～7mm），固定相颗粒又很小（粒度只有几至几十微米），因此色谱柱对流动相的阻力很大。为了使洗脱液能较快地流过色谱柱，达到快速、高效分离的目的，就需要用高压泵提供较高的柱前压力，以输送洗脱液。

高压泵通常应满足下列要求。

a. 提供高压。一般为 $1.47 \times 10^4 \sim 3.43 \times 10^4 kPa$。

b. 压力平稳，无脉冲波动。

c. 流速稳定，有一定的可调范围。

d. 能连续输液，适于进行梯度洗脱操作。

e. 密封性能好，死空间小，易于清洗，能抗溶剂的腐蚀。

高压泵的种类很多，分类方法也不相同。通常按照输送洗脱液的性质可分为恒流泵和恒压泵两类。

① 恒流泵。这种泵能使输送的液体流量始终保持恒定，而与外界色谱柱等的阻力无关，即洗脱液的流速与柱压力无关。因此，能满足高精度分析和梯度洗脱的要求。常用的恒流泵是往复式柱塞泵，它是目前高效液相色谱仪中使用最广泛的一种恒流泵。

往复式柱塞泵的构造与一般工业用高压供液泵相似，只是体积较小，主要组成包括电机传动机构、液腔、柱塞和单向阀等，如图 4-31 所示。由电机带动的小柱塞（$\phi 3mm$ 左右），在密封环密封的小液腔内以每分钟数十次到一百多次的频率做往复运动。当小柱塞抽出时，

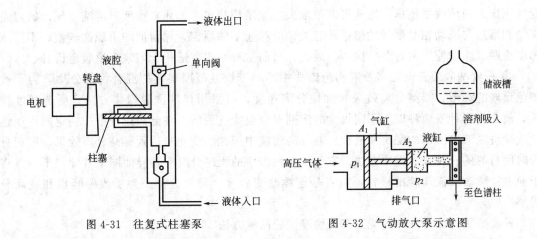

图 4-31 往复式柱塞泵   图 4-32 气动放大泵示意图

液体自入口单向阀吸进液腔；当柱塞推入时，入口单向阀受压关死，液体自出口单向阀输出。当柱塞再次抽出时，管路中液体的外压力迫使出口单向阀关闭，同时液体又自入口单向阀吸入液腔内。如此周而复始，压力渐渐上升，输出液体的流量可借柱塞的冲程或电机的转速来控制。

往复式柱塞泵的优点是泵的液腔体积小（约 1/3～1/2mL），输液连续，输送液体的量不受限制，因此，十分适合于梯度洗脱；而且泵的液腔清洗方便，更换溶剂非常容易。缺点是随柱塞的往复运动而有明显的压力脉动，因此液流不稳定，易引起基线噪声。克服的方法是外加压力阻滞器，使液流平稳。

② 恒压泵。与恒流泵不同，恒压泵保持输出压力恒定，液流的流速不仅取决于泵的输出压力，还取决于色谱柱的长度、固定相的粒度、填充情况以及流动相的黏度等。因此，恒压泵的流速不如恒流泵精确，适用于对流动相流速要求不高的场合。这种泵通常具有结构简单、价格低廉的特点。其中较为重要的是气动放大泵。

气动放大泵是最常用的恒压泵，它以高压气瓶为动力源，由气缸和液缸两部分组成，其结构原理如图 4-32 所示。

气缸内装有一个可以做往复运动的活塞，在活塞轴心上连有一液缸活塞，气缸活塞的面积 A_1 大于液缸的面积 A_2。设气缸压强为 p_1，液缸压强为 p_2，因为 $F_1 = F_2$，则

$$p_2 = p_1 \frac{A_1}{A_2}$$

气缸活塞与液缸活塞的面积比大约为（30∶1）～（50∶1），通常采用（45∶1）。当以98kPa（1kg/cm²）压力的气体推活塞时，液缸活塞端面即有 4.4×10^3 kPa 的压力（不计摩擦力），将液缸内液体排出，调节气体压力即可改变输出液体的压力。工作时，在恒定气压的作用下，推动气缸活塞使液缸中液体被液缸活塞推出，经出口单向阀输出，当活塞到达行程终点时，启动微型开关，使电磁阀工作带动气体切换装置反向，使气流方向倒转（即气体进、出口互易），驱动活塞按相反方向运动。此时出口单向阀因外部高压液流的反压力而关闭，洗脱液便通过入口单向阀被吸入液缸。当液缸吸满液体后，气体切换装置再次使气流方向倒转，推动活塞正向前进，液体又被从出口单向阀推出，而入口单向阀受压关闭。如此周而复始地进行输液和吸液。气动放大泵重装液体的动作很快，通常在数秒内即可完成。

气动放大泵的优点是容易获得高压，能输出无脉动的流动相，对检测器噪声低，通过改

变气源压力即可改变流速，流速可调范围大，泵结构简单，操作和换液、清洗方便。缺点是流动相流速与流动相黏度及柱渗透性有关，故流速不够稳定，保留值的重现性较差，不适于梯度洗脱（除非使用两台泵）操作。因此，目前这种泵主要适用于匀浆法填装色谱柱。

③ 梯度洗脱装置。在高效液相色谱法中，对于极性范围很宽的混合物的分离，为了改善色谱峰的峰形，提高分离效果和加快分离速度，可采用梯度洗脱操作方法。所谓梯度洗脱，就是将两种或两种以上不同极性的溶剂混合组成洗脱液，在分离过程中按一定的程序连续改变洗脱液中溶剂的配比和极性，通过洗脱液中极性的变化来达到提高分离效果，缩短分析时间目的的一种分离操作方法。它与气相色谱中的程序升温有着异曲同工之处，不同点在于前者连续改变流动相的极性，后者是连续改变温度，其目的都是为了改善峰形和提高分辨率。

梯度洗脱可分为外梯度洗脱和内梯度洗脱两种方法。

a. 外梯度洗脱。将溶剂在常压下，通过程序控制器使之按一定的比例混合后，再由高压泵输入色谱柱的洗脱方式叫外梯度洗脱。图 4-33 所示是一种较简单的外梯度洗脱装置。

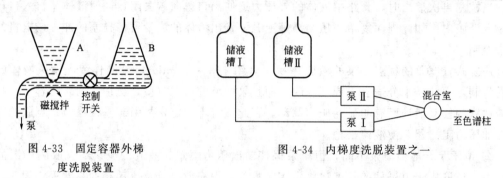

图 4-33　固定容器外梯度洗脱装置

图 4-34　内梯度洗脱装置之一

容器 A、B 中装有两种不同极性的溶剂，利用两容器中液体重力的不同和通过控制开关的大小来调节 B 容器中溶剂进入 A 容器的数量，再经不断搅拌混合后输入到高压泵中去。

当洗脱液需用多种溶剂混合而成时，可在各储液槽中，装入不同极性的溶剂，通过一个自动程序切换阀，使按一定的时间间隔，依次接通各储液槽通路。然后由一个可变容量的混合器进行充分混合，输入到高压泵。

该系统由于溶剂是在常压下混合，然后用泵输送至色谱柱内，所以又叫做低压梯度洗脱系统。

为了保证溶剂混合的比例，外梯度洗脱装置都采用液腔体积小的往复式柱塞泵或隔膜泵。

外梯度洗脱的优点是结构较简单，只需要一台泵。采用自动程序切换装置的外梯度洗脱系统还可以克服自动化程度较低，更换溶剂不方便，耗费溶剂量大的缺点。

b. 内梯度洗脱。内梯度洗脱又叫高压梯度洗脱，它是将溶剂经高压泵加压以后输入混合室，在高压下混合，然后进入色谱柱的洗脱方式。常见的一种内梯度洗脱装置如图 4-34 所示。

这种装置采用两台高压泵，当控制两泵的不同流速使各溶剂按不同的流速变化，再经充分混合后，即可得到不同极性的洗脱液。这种方法的优点是只要程序控制每台泵的输液速度，就可以得到任何形式的梯度。其缺点是需要两台高压泵，价格较昂贵，而且只能混合两种溶剂。

另一种梯度洗脱装置是将溶剂 A 装在一个容器内，使之直接抽入泵内，溶剂 B 装于另一个容器内，需要时可由阀门 c、e 注入螺旋储液管内，如图 4-35 所示。阀门 a、b 为高压液体电磁阀。梯度开始时，阀门 c、d 处于关闭，打开阀门 e，由控制电路控制电磁阀 a、b 的相互交替的开启时间，使溶剂 A 由高压泵经阀 a 压出，或者由高压泵压出的 A 溶剂来顶出螺旋储液管中的 B 溶剂，这样按一定的时间间隔交替进行，两种溶剂在混合器中充分混合后进入色谱柱。不同的梯度方式只需控制电磁阀 a、b 的开启时间长短便可得到。这种装置的优点是只需一台高压泵，但仍需两只高压电磁阀门。

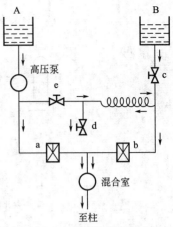

图 4-35 内梯度洗脱装置之二

（2）色谱柱 色谱分离系统包括色谱柱、恒温器和连接管等部分，其中色谱柱是高效液相色谱仪的心脏部件。因为如果没有一根高分离效能的色谱柱，则性能良好的高压泵、高灵敏度的检测器和梯度洗脱装置的应用都将失去意义。

高效液相色谱法中最常用的色谱柱是由不锈钢合金材料制成的，当压力低于 6.9×10^3 kPa（70kg/cm²），也可采用厚壁玻璃管。一根好的色谱柱应能耐高压，管径均匀，特别是内壁应抛光为镜面。但由于不锈钢柱管不易加工，所以也有改用不锈钢管内壁涂衬一层玻璃或聚四氟乙烯以达到上述目的。

为了使固定相易于填充，色谱柱的形状多采用直型柱，柱长通常为 $10 \sim 50$cm，内径为 $1 \sim 7$mm。

（3）检测器 检测器是测量流动相中不同组分及其含量的一个敏感器。其作用是将经色谱柱分离后的组分随洗脱液流出的浓度变化转变为可测量的电信号（电流或电压），以便自动记录下来进行定性和定量分析。它与色谱柱是高效液相色谱仪的两个主要组成部分。

对液相色谱检测器的一般要求是：灵敏度高、噪声低、对温度和流速的变化不敏感、线性范围宽、死体积小及适用范围广等。到目前为止，还没有一种很理想的高效液相色谱检测器，检测器尚是高效液相色谱仪中较为薄弱的环节。

检测器通常分成两类：通用型检测器和选择性检测器。前者如示差折光检测器等；后者如紫外吸收检测器、荧光检测器、电导检测器等。目前应用范围最广和最常用的两种检测器是紫外吸收检测器和示差折光检测器。

① 紫外吸收检测器。紫外吸收检测器是目前高效液相色谱中应用最广泛的检测器。其检测原理是利用样品中被测组分对一定波长的紫外光的选择性吸收，吸光度与组分浓度成正比关系，而流动相在所使用的波长范围内无吸收，因此可以定量检出待测组分。一种双光路结构的紫外吸收检测器的光路图如图 4-36 所示。

光源通常采用低压汞灯。由低压汞灯 H 发出的光线经过透镜 L_1 聚焦为平行光，通过遮光板 W 后被分成一对细小的平行光束，分别通过透镜 L_2、L_3 到达样品池 C_1 和参比池 C_2，当样品自色谱柱分离后流入样品池时，由于样品对紫外光的吸收，使样品光路与参比光路之间的光强产生差异。两束强度不同的光分别经滤光片 F_1、F_2 除掉不需要的其他波长的非单色光后照射于两个配对的光电管，转换为电信号，其差值经放大后即可检测。为了减小色谱峰的扩张，检测池的体积应该小一些，目前标准的紫外吸收检测器的检测池长 10mm，直径 1mm，池体积 8μL。其结构常采用 H 形或 Z 形，如图 4-37 所示，而以 H 形结构更为合理。

根据所使用的波长可调与否，紫外吸收检测器又可分为固定波长式和可调波长式两种。

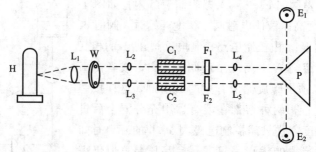

图 4-36 紫外吸收检测器光路图

H—低压汞灯；L₁～L₅—透镜；W—遮光板；C₁—样品池；
C₂—参比池；F₁, F₂—滤光片；P—棱镜；E₁, E₂—光电管

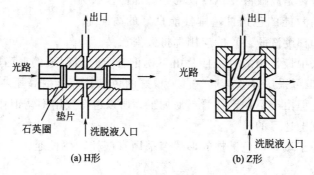

图 4-37 样品池结构示意图

固定波长紫外吸收检测器：这种检测器采用固定的波长，测定波长一般有 254nm 和 280nm，多数的仪器只能在这两种波长中的某一种波长下进行工作。最常用的是 254nm，这种检测器一般都采用低压汞灯作光源，因为低压汞灯在紫外区谱线简单，其中 254nm 的谱线强度最大。

可调波长紫外吸收检测器：这种检测器与固定波长紫外吸收检测器的主要差别在于使用一个连续光源（如氙灯）以及光栅（或滤光片），它实际上相当于一台紫外-可见分光光度计，其波长范围一般为 210～800nm。更为先进的仪器可在色谱分析过程中随时将流动相暂时停下来对某个感兴趣的色谱峰相应的组分进行波长扫描，从而得到这个峰组分的紫外-可见吸收光谱，以获得最大吸收波长数据，这种方法称作"停流扫描"。

紫外吸收检测器的优点是灵敏度高，最小检测浓度可达 10^{-9}g/mL，因而即使是那些对紫外光吸收较弱的物质，也可用这种检测器进行检测。此外，这种检测器结构简单、使用方便，对温度和流速的变化不敏感，是用于梯度洗脱的一种理想的检测器。缺点是只能用于对紫外光有吸收组分的检测，不能用于在测定波长下不吸收紫外光样品的测定。另外，对测定波长的紫外光有吸收的溶剂（如苯等）不能用，因而给溶剂的选用带来限制。

单波长或可变波长紫外吸收检测器几乎是高效液相色谱仪必备的检测器。

② 示差折光检测器。示差折光检测器是以测量含有待测组分的流动相相对于纯流动相的折射率的变化为基础的。因为在理想情况下，溶液的折射率等于纯溶剂（流动相）和纯溶质（组分）的折射率乘以各物质的物质的量浓度之和，即

$$n_{溶液} = c_1 n_1 + c_2 n_2$$

式中，c_1、c_2 为溶剂和溶质的浓度；n_1、n_2 为溶剂和溶质的折射率。

由上式可知，如果温度一定，溶液的浓度与含有待测组分的流动相和纯流动相的折射率差值成正比。因此，只要溶剂与样品的折射率有一定的差值，即可进行检测。

示差折光检测器按其工作原理可以分成两种类型。一种是偏转式的，这种检测器的原理是：如果一束光通过充有折射率不同的两种液体的检测池，则光束的偏转正比于折射率的差值。另一种是反射式的，这种检测器的检测基础是菲涅尔反射定律。一般说来，高效液相色谱仪较多地采用后者。因此，下面仅介绍反射式示差折光检测器。

反射式示差折光检测器是以菲涅尔反射定律为基础来测量的，其内容是：光线在两种不同介质的分界面处反射的百分率与入射角及两种介质的折射率成正比。当入射角固定后，光线反射百分率仅与这两种介质的折射率有关。当以一定强度的光通过参比池（仅有流动相通过）时，由于流动相组成不变，故其折射率是固定的。而样品池中由于组分的存在，使流动相的折射率发生改变，从而引起光强度的变化，测量反射光强度的变化，即可测出该组分的含量。

图 4-38 是反射式示差折光检测器的光学系统图。由钨丝灯光源 W 发出的光经狭缝 S_1、滤热玻璃 F 和平行狭缝 S_2 及透镜 L_1，被准直成两束平行的光线，这两束光进入池棱镜 P 分别照射于样品池和参比池的玻璃-液体分界面上。检测池是由直角棱镜的底面和不锈钢板，其间衬一定厚度（25μm）的中间挖有两个六角长方形的聚四氟乙烯薄膜垫片夹紧而组成。透过样品池和参比池的光线，通过一层液膜，在背面的不锈钢板表面漫反射。反射回来的光线，经透镜聚焦在检测器中两只配对的光敏电阻 D 上。如果两检测池中流过液体的折射率相等，则两光敏电阻上接受到的光强相等；当有样品流过样品池时，由于两检测池的折射率不同，光强产生差异，两光敏电阻受光后阻值发生变化，在电桥桥路中产生的不平衡电信号，经放大后输入记录仪记录。

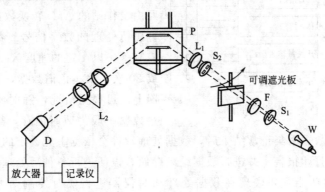

图 4-38　反射式示差折光检测器光学系统图

W—光源；S_1，S_2—狭缝；F—滤热玻璃；L_1，L_2—透镜；

P—池棱镜；D—光敏电阻

示差折光检测器的优点是应用范围广。任何物质，只要其折射率与流动相之间有足够的差别，都可以用示差折光检测器检测，因此，它与气相色谱中的热导池检测器一样，是一种通用型的浓度检测器，常用于对紫外光没有吸收的组分的检测。其缺点是灵敏度较低（10^{-7}g/mL），不宜作痕量分析；对温度的变化非常敏感，需要严格控制温度，精度应优于±0.001℃；此外，这种检测器不适用于梯度洗脱操作。

（4）**数据处理系统**　目前，计算机化的商品色谱仪器已很普遍，国内外生产的色谱仪几乎均可配带微数据处理机或计算机系统，特别是液相色谱仪，微数据处理机或计算机色谱工作站已成为标准配置，使仪器的性能、自动化程度等方面都有很大的提高。

① 微数据处理机。微数据处理机又称积分仪，其原理是用一个模数转换器（A/D 转换器）或电压–频率转换器（V/f 转换器）把色谱仪检测器输出的微分信号转变成对时间的数学积分，得到若干数据切片值，然后再通过斜率检测与逻辑控制电路进一步得到色谱峰的面积。商品型号如 19S 型、BFS7510 型等色谱数据处理机，通常具有如下功能：峰形处理、拖尾峰判断、删除不需要的峰。定性分析可采用绝对保留时间法和相对保留时间法、时间带法和时间窗法对峰进行鉴别，定量分析可采用面积归一法、校正面积归一法、带比例系数的校正面积归一法、内标法、外标法、指数计算法（FPD）以及分组、复合计算等多项功能。

② 色谱工作站。计算机在色谱仪中的使用，经历了从脱机到联机，从使用的小型计算机到使用专用的色谱数据处理机直至目前高度计算机化的色谱工作站系统。色谱工作站是由一台微型计算机来实时控制色谱仪，并进行数据采集和处理的一个系统。它已不再局限于结果处理与分析，而可以控制色谱仪的各种程序动作，可以自动调整各种工作参数，实现基线的自动补偿和自动衰减。对异常的工作参数自动报警，超过设定的限额即停止工作。

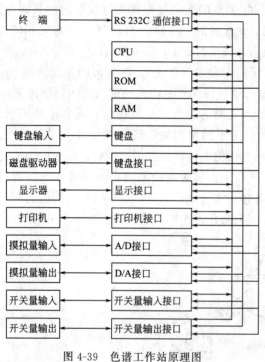

图 4-39　色谱工作站原理图

色谱工作站由数据采集板、色谱仪控制板和计算机软件组成。其原理如图 4-39 所示。首先是把色谱仪检测器输出的模拟信号经由工作站的 A/D 转换数据采集卡转化为计算机可处理的数字信号。数据采集卡在时钟控制下，以一定的速度（一般为每秒钟 10 次或 20 次）采集色谱数据，并实时显示在显示器上。可根据情况，随时终止数据采集。这些数据一般为暂时内存，故废弃的数据不会占据磁盘空间。当数据采集正常结束后，数据处理软件会依据事先设定的实验参数对数据进行自动处理，然后打印报告，并进行数据结果存储，以便进行各种后处理。

色谱工作站的功能主要表现在数据处理和对仪器进行实时控制两大方面。数据处理方面的功能除具有微数据处理机的全部功能外，还有谱图再处理功能，包括对已存储的谱图整体或局部的调出、检查；色谱峰的加入、删除；调整谱图放大、缩小；谱图叠加或加减运算；人工调整起落点等。有的工作站还具有色谱柱效评价功能，并具有后台处理能力，在不间断数据采集的情况下，运行其他的应用软件。色谱工作站对色谱仪的实时控制功能主要由控制接口卡和相应的软件完成。目前能完成的控制功能主要包括一般操作条件的控制、程序控制、自动进样控制、流路切换及阀门切换控制以及自动调零、衰减、基线补偿等的控制。

2. 常见液相色谱仪

（1）Waters 515 型液相色谱仪　该仪器是专业液相色谱仪器制造厂家，美国 Waters 公司的产品，其外形如图 4-40 所示。它由 515 型泵系统及 2487 型紫外检测器等部分组成，该仪器具有如下特点。

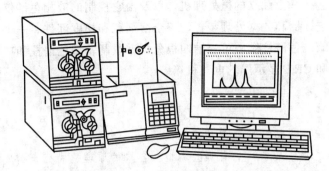

图 4-40　Waters 515 型液相色谱仪

① 高精度（0.1%RSD）、宽流速范围（0.001～10mL/min）的泵系统，采用非圆齿轮传动，流速平稳精确。

② 配置灵活，既可单泵使用，也可多泵组成梯度色谱系统。

③ 采用液晶（LCD）屏幕控制，操作简便容易。

④ 系统可调整，从微柱到半制备实验均可很方便地实现。

⑤ 采用高灵敏、宽线性范围及测量范围的紫外可见光检测器，并具有先进的编程及双通道检测能力。

（2）BFS5300A 型液相色谱仪　该仪器（见图 4-41）由 BFS5301A 型输液泵、BFS5102 型电动波长扫描 UV 检测器及 BFS5103 型柱箱及进样装置等部分组成。仪器具有如下主要特点。

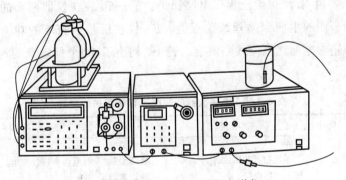

图 4-41　BFS5300A 型液相色谱仪

① 采用模块式结构，积木式拼搭方式，体积小，重量轻。

② LIGHT TOUCH 键盘操作，背景光 LCD 显示。

③ 仪器可存储九个完整分析方法，并可随意调动任意衔接。

④ 单柱塞往复多元（三元）梯度泵，软件控制实现流量脉动最小，可实现多种类型溶剂梯度曲线。

⑤ 溶剂不需脱气。

⑥ 具有自诊断功能，可断电保护，存储完整的分析程序可达半年。

⑦ 柱箱温度采用数字式设置，可容纳多种不同长度的柱子。

⑧ 波长可变，电动扫描。

（3）SY5000 型液相色谱仪　SY5000 型液相色谱仪系北京分析仪器厂从美国 Varian 公

司引进的产品，它包括一个独立的微处理机，以及由它控制的液相色谱仪的所有部件。同时它还可以配接自动进样器和数据处理装置、三个溶剂瓶和梯度部件、一个输液系统、一个进样器及一个色谱柱箱。色谱柱箱中可容纳四根分析型或制备型色谱柱和柱加热器，另外还有一个装有控制键盘和 CRT 显示屏的电气机箱。

思考题

1. 液相色谱仪主要包括哪些色谱系统？
2. 高压泵应满足哪些要求？它有哪些类型？各自的原理、特点怎样？
3. 什么是梯度洗脱？其装置有哪些类型？
4. 对液相色谱检测器的要求有哪些？它有哪些类型？各自的原理、特点是怎样的？
5. 色谱工作站与微数据处理机有何异同？
6. 常见液相色谱仪有哪些？各有何特点？

三、液相色谱仪的安装与调试

下面以 SY5000 型液相色谱仪为例介绍仪器的安装及调试方法。

1. 电源

仪器在出厂前，其电源线路均已接好，它要求电压为 220V±10％，频率为 50Hz，功率为 1000VA 的单相电源，电源线带有三脚插头，接线或更换插头时应注意各线的颜色标记，不可接错。中线与地线之间的电位差不应超过 3V。

SY5000 型仪器由 12 个保险丝提供电路保护：$F_1 \sim F_4$ 装在仪器前面的箱门下方；$F_5 \sim F_{10}$ 装在电源后面板内的电源保险丝线路板上；F_{11} 装在机箱顶盖下的功率控制印刷线路板上；F_{12} 装在电器箱内电池充电器线路板上。表 4-7 列出了 12 个保险丝的规格及其所保护电路的说明。

表 4-7　12 个保险丝的规格及其所保护的电路

保险丝规格	保护电路	断后结果
F_1　4A(220V_{ac})	电源	全部关断
F_2　3A 慢熔(220V_{ac})	变压器初级线圈	全部关断(只有电池尚继续充电)
F_3　1.5A(220V_{ac})	柱加热器电路	柱加热器不工作
F_4　1.5A	外部附件 3 和 4	附件 3 和 4 不工作,柱加热器不工作
F_5　1A　慢熔	15V 模拟电路	压力和温度显示反常,压力读数 51MPa,而温度读数
F_6　1A　慢熔		0℃时,F_5 和 F_6 同时更换
F_7　4A	微处理机及 CRT 电路	CRT 屏幕无显示且泵和比例阀失控
F_8	逻辑电路	全部关断
F_9　20A	泵和比例阀电路	泵停-CRT 仍然显示"泵运转"
F_{10}　3A　慢熔	微处理机和 CRT 电路	CRT 显示和系统运转均不正常
F_{11}　3A　慢熔	比例阀电路	阀不工作
F_{12}　1A　慢熔	MAR 电源	RAM 无电源,电池不充电,记忆丧失
F_{13}　3A/8A　慢熔	RAM 电源	同 F_{12}

当仪器通电前，应接好 RAM 电池。因电池寿命仅 10h，所以当电池接好后应尽快把仪器与电源接通；若仪器断电超过 8h，电池接线也应断开，以免电池全部放掉。由于电源电网能对电池不断充电，因此，即使在仪器断电时也能保持记忆。

2. 液路安装

从溶剂瓶到比例阀的输液管路的安装方法如图 4-42 所示。每条液路均应按下述步骤进行安装。

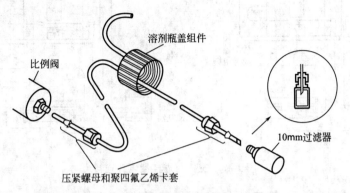

比例阀

溶剂瓶盖组件

10mm过滤器

压紧螺母和聚四氟乙烯卡套

图 4-42 进液管路和 10μm 过滤器的安装

① 卸下比例阀底部的不锈钢压紧螺母和聚四氟乙烯卡套。

② 将溶剂瓶盖子上的液路管的一端先后套上螺母和聚四氟乙烯卡套（平端在前），使卡套的锥端对着比例阀上的接头。

③ 将液路管插入比例阀底部的接头，把螺母用手拧紧在接头上，然后，用一个扳手卡住进液阀头底部的六角螺母，用另一个扳手套在压紧螺母上，将它再拧紧 1/4 圈即可（过分拧紧会阻塞液路）。

④ 卸下 10μm 过滤器组件上的压紧螺母和聚四氟乙烯卡套，把它们套在管子的另一端。

⑤ 将管子插入过滤器内部，使管端稍微伸进一点（见图 4-42）。然后，用手拧紧后，再用扳手拧紧十圈。

3. 电气连接

电气连接不仅取决于仪器上所装的可选择附件，而且还取决于所使用的外围设备。这里主要介绍 5000 型仪器配备的 254nmUV 检测器和 CDS111C（或 111L）色谱数据系统、8050 型自动进样器以及 9176 型长图记录仪之间的连接，以及其他后面板信号输出接头的使用。

（1）信号输出线的连接 信号输出板上包括三个 1mV 输出插头（"温度输出"、"模拟输出"和"UV 检测器输出"）和一个电压稍高的输出插头（"UV 检测器数据系统"）。"温度输出"插头只是在具有温度控制器的仪器上才起作用。UV 检测器输出插头也只是在具有内装 254nmUV 检测器的仪器上才起作用。每个 1mV 输出接头都可用一根标准检测器信号电缆与一个长图记录仪相连。屏蔽接头不应在记录仪上接地，如果记录仪上没有采取保护连接，电缆上的屏蔽接头就应该用绝缘胶布包上。如果使用 UV 检测器数据系统输出接头，就应该用另一条检测器信号电缆把它与 CDS111（或其他数据系统）连接起来，而屏蔽线则不能接在 CDS111 上。

（2）自动进样和 CDS111C（无自动化装置）连接 图 4-43（a）所示为 5000 型液相色谱仪（装有 254nmUV 检测器）与 8050 型自动进样器的连接图，图 4-43（b）所示为 5000 型仪器与 CDS111C 和自动进样器的连接方法。

这两种连接方法可以通过启动附件或输入一个"程序已完成"的信号把 5000 型

167

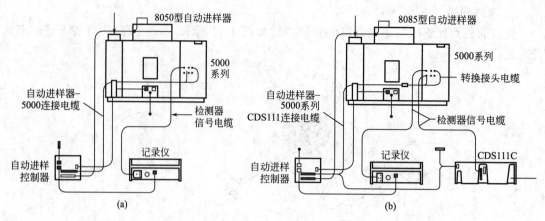

图 4-43　主机与进样器电气连接

仪器与自动进样器联系起来。UV 检测器数据系统输出接头把检测器信号送到 CDS111C。

如果 CDS111C 单独使用，只能手动操作。并且，它只能通过从"UV 检测器数据系统"引出的信号电缆与 5000 型仪器相连。

（3）自动进样器和 CDS111L（有自动化装置）连接　图 4-44 所示为 5000 型仪器上装有自动化接口时，5000 型仪器（装有 254nmUV 检测器）与 8050 型自动进样器和 CDS111L 的连接方法。这套自动化附件包括液相色谱专用的 CDS111L 装置和一块 CDS111L 接口印刷线路板（装在仪器内）。这块印刷线路板通过带状电缆把仪器和 CDS111L 直接联系起来。

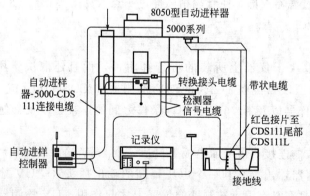

图 4-44　自动化接口的电气连接

安装时，电缆上有红线的那一边靠近 CDS111L 的上端，并且，使用接地片把内衬屏蔽金属箔片与 CDS111L 机箱连接接地。该电缆与 5000 型仪器连接过程如下（注意：因下列步骤中有高电压裸露，所以必须关闭仪器总电源）。

卸掉 CRT 屏幕右上方的螺丝和 UV 检测器控制器前面板（若无 UV 检测器即为空白面板）后面的螺钉，取下电器机箱的箱盖，卸下螺丝后，将箱盖小心向上推，然后把它从仪器中提取出来。把电缆与 CDS111L 接口印刷电路板连接时，要注意红色带必须朝向机箱外边。

最后将电缆屏蔽层折起来，露出内衬箔片，然后将屏蔽线固定在 5000 型仪器框架上，使屏蔽电缆松弛接地，再将电器机箱箱盖装上即可。

4. 安装进样器

（1）手动进样阀的安装　进样阀须安装在柱箱上方，其方法如图4-45所示，图中，除了阀体及连接管路需要临时安装外，多数零件已安装固定好。安装时一定要按图中所示方法进行，阀体凸缘上的缺口要向着左上方。当安装阀上的管子时，切记不可弯扭，连接时宜先将卡套抵住阀口，然后适当拧紧螺帽，但不可用力过大。

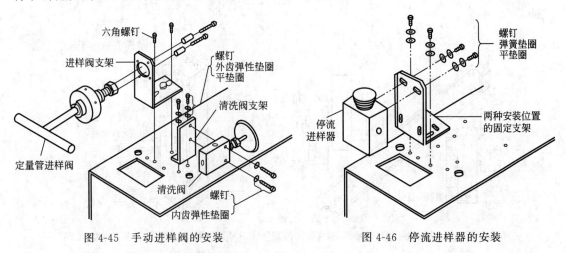

图 4-45　手动进样阀的安装　　　　　　图 4-46　停流进样器的安装

（2）停流进样器的安装　停留进样器的安装位置与安装架有关，如图4-46所示。停留进样器的安装架决定着进样器的位置，当进样器安装在较长的支架上（如图中所示），它就在高位置上；当它装在短支架上时，就处于低的位置。如果需要安装进样器上的不锈钢管，一定要把它紧顶在进样器体上，然后适当拧紧螺母，但切勿用力过大。还要注意，连接进样器和色谱柱的管件应让有锥孔的一端（作为导针管）与进样器连接。

5. 色谱柱和加热块的安装

（1）加热块和UV检测器的安装位置　图4-47示出了30cm加热块和UV检测器的安装位置。检测器内为不同的布局提供有32个螺孔，每个检测器位置和柱加热块使用一对螺孔。

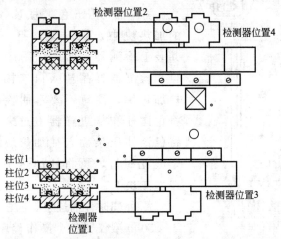

图 4-47　30cm 加热块和 UV 检测器的安装位置

当色谱柱在 2、3、4 位置时，可以装一个或两个柱加热块。关于 50cm 加热块和 UV 检测器的安装位置如图 4-48 示。

（2）加热块的连接　加热块的连接可参考加热块在柱箱中的安装图（图 4-49）进行。当进行加热块连接时，因有高电压敞露，故操作之前，必须切断总电源。每个加热块上装有一个对加热块温度敏感的铂电阻和一对加热器元件。用两个螺钉把加热块固定在柱箱内，把铂电阻的接线放在上部，其位置由所采用的色谱柱安装形式决定。

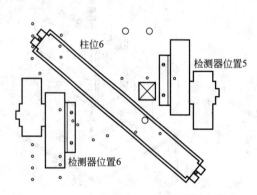

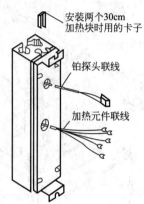

图 4-48　50cm 加热块和 UV 检测器的安装位置　　图 4-49　加热块在柱箱中的安装

把铂电阻和加热器元件的连接线引到 5000 型仪器电源箱，并用柱箱内的线夹子将它们卡紧（见图 4-49）。安装步骤是卸掉机箱门内的两个螺钉，然后把顶盖往前拉，向上提并取下。将铂电阻组件上的插头插入功率控制印刷线路板上的插座中，最后再装上顶盖。

卸掉仪器后面板十个螺钉，连接从加热块元件引出的五根引线，两根棕色线和两根棕红线按照接线板上所标记的颜色连接在接线板上，并将绿线接地，最后装上后面板。

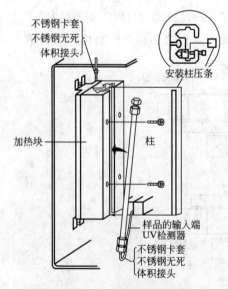

图 4-50　色谱柱的安装

6. 色谱柱的安装

色谱柱的安装如图 4-50 所示。

将一根 30cm 色谱柱装入 5000 型仪器柱箱内的加热块中，其步骤如下：先关断仪器总电源，并装上检测器，然后如图所示用接头将色谱柱出口和检测器样品池入口连接起来。将色谱柱装入柱加热块，注意不要弯曲检测器进口管，用接头将色谱柱和从进样器引过来的管子连接起来。再将色谱柱压条插入柱加热块的槽内，用手拧紧两个滚花螺钉，再将柱加热块罩（图中未标出）盖在加热块上。

7. 外部附件的连接

5000 型仪器各个操作程序可以根据操作者的意图去驱动任何四个外部附件。附件 1 和 2 为信号输出板上各插件的插脚间提供接点闭合，连接线可以采用标准检测器信号电缆。附件3和4仅作为可选附件提供，并且，当由一个操作程序驱动时，提供220V电源，后面板上两输出接头加上这些可选外部附件额定最大总功率为0.15kVA。

8. 检测器与记录仪的电气连接

5000型仪器带有可变波长检测器、荧光检测器、示差折光检测器和254nmUV检测器，每种检测器都应尽可能靠近仪器柱箱，并用不锈钢管与柱出口连接，还要使用无死体积的接头。除了示差折光检测器外，在其他各种检测器样品池出口处都应装上可调反压器。

9. 可调反压器

可调反压器属于附件箱内的一种标准附件，配备有与检测器出口和3.175mm聚四氟乙烯排液管连接所需的管路连接件。除了示差折光检测器外，反压器应该和其他各种检测器配套使用，以避免样品流通池内产生气泡。反压器与检测器输出管和排液管的连接方式如图4-51所示。先把接头装在反压器两端，然后把它与检测器连接并装上排液管，适当拧紧不锈钢接头，对于聚四氟乙烯排液管上的接头则只能用手指拧紧。反压器出厂时调到0.4MPa左右，但是，如果反压器失控或需要调节到不同的压力时，就应按下述步骤进行。

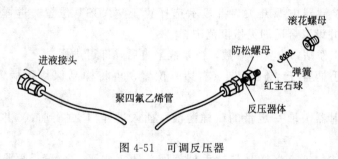

图 4-51　可调反压器

① 把反压器从检测器出口拆下，并拆去反压器出口的所有液路接头。

② 拆掉柱箱侧板，再卸下压力传感器出口的管子，然后用一个不锈钢卡套和一个无死体积螺母把一段短的1.588mm不锈钢管接在压力传感器上。

③ 将流量调到2.0mL/min，然后开泵，注意要用一个废液瓶接收从传感器流出的溶剂，检查CRT屏幕上显示的压力值，达到规定值后停泵。

④ 再用一个卡套和一个螺母，将反压器和压力传感器出口管连接起来。

⑤ 反压器出口内有两个螺母，外面一个为锁紧螺母，里面一个为反压调节螺母，用一个扳手，将外面一个螺母旋松1/3圈，最后开泵。

⑥ 用4mm扳手卡住两个螺母仔细调整反压，直到CRT屏幕上读数为0.5MPa（±0.1MPa）为止，然后停泵。旋转反压器内外面的锁紧螺母，再按2.0mL/min流量，检查反压。要注意，反压不能超过0.6MPa。

⑦ 将压力传感器液路连接复原，重新将反压器与检测器连接起来（见图4-50）。

思考题

1. 如何安装液相色谱仪？SY5000型液相色谱仪中各保险丝的作用是什么？

2. 反压器的作用是什么？

四、高效液相色谱仪的使用

Waters515 型高效液相色谱仪是一种性能较好、使用广泛的高效液相色谱仪，采用积木式结构，配置灵活，既可单泵使用，也可多泵组成梯度色谱系统；使用高精度、宽流速范围的恒流泵，结合非圆齿轮传动方式，流速平稳精确；配置先进的 Waters2487UV 检测器，使得波长范围达 $190\sim700nm$、测量范围为 $0.0001\sim4.0AUFS$、基线噪声 $<\pm0.35\times10^{-5}$ AU；采用功能齐全、运用灵活的色谱工作站，可方便地对色谱数据进行处理。这里以它为例介绍高效液相色谱仪的一般使用方法，仪器操作步骤如下。

① 按合适的比例配制好作为流动相的溶剂，经超声波脱气后装入贮液瓶中，然后将恒流泵上末端带有过滤器的输液管插入。

② 打开仪器电源开关，仪器自动进入自检过程。待自检结束显示正常，仪器即处于待机状态。此时泵内电机工作，按分析要求设置流量于适当值（接通电源前，应先用专用注射器从排液阀抽去泵前管路中可能存在的气泡）。

③ 分析样品之前应设定压力上限，以保护色谱柱。一般 15cm 长的色谱柱其压力上限可设为 2×10^4kPa，这样当液路堵塞，压力超过上限值时，泵即自动停止工作。若发生这种情况，应分析其原因并排除故障，然后再按"Reset（复位）"按钮，泵重新工作。

④ 开启紫外检测器电源开关，将显示选择置于"ABS"位置。进样前先将背景信号（基线）调为零，并设置合适的灵敏度范围。

⑤ 开启色谱工作站，设置各参数，待基线平直后，即可进样。

⑥ 将进样阀手柄置于"Load"（右边）位置，再将样品保持手柄置于开启（垂直）位置。

⑦ 用微量注射器吸取一定量的试样溶液，插入进样口（插到底）并将试样溶液缓慢推入。

⑧ 拔出微量注射器，将样品保持手柄旋回关闭（水平）位置，再将进样阀手柄置于"Inject（进样）"位置。

⑨记录色谱图，用色谱工作站对数据进行处理。

⑩ 测定结束，依次关闭计算机、检测器及高压泵等电源开关，做好整理、清洁等结束工作，盖好仪器罩。

五、液相色谱仪及柱的维护与保养

按适合的方法加强对仪器的日常保养与维护可适当延长仪器（包括泵体内与溶剂相接触的部件）的使用寿命，同时也可保证仪器的正常使用。

1. 液相色谱仪的维护保养

① 对高压泵应定期（如每月）进行润滑，从而减轻泵的运动部件的磨损。

② 仪器连续使用时，泵较容易启动，但在更换储液槽或者泵长期不用时，则开始分析前要采用注液启动。

③ 更换溶剂时，必须小心。在更换不混溶的溶剂时，应先用与原溶剂和欲更换溶剂都相溶的溶剂对系统冲洗两遍，然后再用新溶剂冲洗两遍。

④ 不锈钢制成的零件易受卤盐和强氧化剂（其中包括含锰、铬、镍、铜、铁和钼的水溶液）的浸蚀，这些溶液不能作为流动相。如果一定要用腐蚀性的盐类作流动相，需事先用

硝酸对不锈钢零件进行钝化处理，以提高其耐腐蚀的能力。

⑤ 当仪器不使用时，为安全起见，通常需要切断主电源开关，但电源仍将继续向 RAM 电池充电，因此，不管仪器断电多久，所有的程序均可被存储下来。然而，如果使用水溶性缓冲剂（特别是含有诸如卤化物之类的腐蚀性盐类）时，泵在仪器停置的期间内应保持运转。如果腐蚀性盐在系统内保持不动，则会严重减少不锈钢元件的寿命。

2. 柱子的维护

由于高效液相色谱柱制作困难，价格昂贵，因此，为了延长柱子的使用寿命，应注意以下几点。

① 应满足固定相对流动相的要求，如溶剂的化学性质、溶液的 pH 值等。

② 在使用缓冲溶液时，盐的浓度不应过高，并且在工作结束后要及时用纯溶剂清洗柱子，不可过夜。

③ 样品量不应过载，被沾污的样品应预处理，最好使用预柱以保护分析柱。

④ 当柱前压力增加或基线不稳时，往往是柱子被沾污所致，可通过改变溶剂的办法使不溶物溶解，从而使柱子再生。正相柱使用水、甲醇等极性溶剂；反相柱使用氯仿或氯仿与异丙醇的混合溶剂。

⑤ 流动相流速应缓慢调节，不可一次改变过大，以使填料呈最佳分布，从而保证色谱柱的柱效。

⑥ 柱子应该永远保存在溶剂中，键合相最好的溶剂是乙腈。水和醇或它们的混合溶剂都不是最好的选择。

思考题

1. 如何对液相色谱仪进行维护保养？

2. 色谱柱在使用时应注意哪些方面？

六、液相色谱仪常见故障的排除

1. 泵及色谱过程的常见故障及排除方法（表 4-8）

表 4-8　泵及色谱过程常见故障及排除方法

故　　障	故　障　原　因	排　除　方　法
1. 泵不能启动或难启动	(1) 放泄阀堵塞	疏通放泄阀门
	(2) 溶剂水平面太低	增加溶剂，提高溶剂水平面
	(3) 溶剂瓶选择不当	选择适当的溶剂瓶
	(4) $10\mu m$ 微粒过滤器有空气漏入	当过滤器从挥发性溶剂中取出时，在过滤器的空隙中会形成气泡。这样，当把过滤器再放入溶剂中，有时就很难启动泵。此时需要在超声波振荡池中除掉气泡，并将过滤器保持在液面下
	(5) 管子在比例阀处受挤压	更换比例阀的溶剂连接管路
	(6) 保险丝断	更换保险丝
	(7) 比例阀线圈不良	重绕线圈或更换比例阀
	(8) 比例阀阀芯被污染	用乙醇清洗比例阀阀芯
	(9) 溶剂不流动或流动不畅	管子在过滤器处受挤压，此时应更换过滤器液路连接部分
	(10) 过滤器堵塞	更换过滤器

续表

故　　障	故障原因	排除方法
2. 泵启动不良	(1)溶剂水平面太低 (2)溶剂中有气泡析出	增加溶剂,提高溶剂水平面 对溶剂进行脱气
3. 泵中途停止或失控	(1)泵失控,压力超过了35MPa (2)压力控制器堵塞或失调 (3)压力低于35MPa,单向阀组件过滤片堵塞 (4)压力传感器上游液路堵塞	将压力控制在35MPa以下 重新调整压力控制器,必要时更换密封圈或针阀座 更换过滤片 清洗不锈钢管,排除传感器挤压和弯曲的地方
4. 温度控制器无响应	(1)温度控制开关调节不当 (2)保险线断	将温度控制开关拨至所需位置 更换同规格保险丝
5. 柱压为零或移动相流量为零	(1)泵冲程为零 (2)泵泄漏 (3)色谱柱前管路接头处泄漏 (4)泵内有气体 (5)泵进液口进气 (6)泵进液或排液单向阀之一失灵或全部失灵	调节泵冲程 找出泄漏处,排除之。必要时对泵检修 找出泄漏处,重新接好 打开泵出口分流阀(排废阀),将泵冲程置于最大,至排出液无气泡为止 检查泵进口过滤器、管道与泵连接处,找出漏气处,排除之 拆开单向阀,清除脏物或更换阀座、球等
6. 柱前压力表脉动变大	(1)泵单向阀上有异物 (2)柱前管路接头有泄漏 (3)泵内有气泡	切断泵进出口连接,用注射器通过泵进口端注入约25mL干净溶剂。若无效应当拆开单向阀,清洗之 找出泄漏处,重新接好 打开泵出口分流阀(排废阀),将泵冲程置于最大,至排出液无气泡为止
7. 虽然有柱前压,但流量为零	(1)系统有液体泄漏 (2)柱进口堵塞	检查进样隔膜(胶皮垫),进样阀及柱接头是否有液体泄漏,并排除之 清洗柱进口的不锈钢多孔过滤片,必要时更换色谱柱
8. 柱前压上升,流量下降或为零	(1)柱上端不锈钢多孔过滤片被胶皮碎屑堵塞(对隔膜进样) (2)柱下端不锈钢多孔过滤片被填料细颗粒堵塞 (3)柱子阻力增大,由于以水作为移动相的体系,柱子内微生物生长而使柱子堵塞 (4)检测池或连接色谱柱与检测池的管道发生堵塞 (5)进样阀转子处于不合适的位置(置于装样与进样之间)	拆开,用干净溶剂清洗 小心拆开柱接头,取下过滤片置于6mol/L HNO₃中,超声波浴上清洗除去沉淀物(若过滤片不能取出,则将柱接头接在高压泵出口,用干净溶剂反向冲洗之),清洗后,在过滤片上铺一层分析滤纸,重新接好。若无效,则要更换过滤片或柱接头 更换柱填料。以水作为流动相的分离结束后,用甲醇或乙醇清洗柱子后保存 拆开,清除杂物 将其转至装样位置

续表

故　　障	故　障　原　因	排　除　方　法
9. 没有色谱峰出现	(1)无流动相流过色谱柱	按"柱压为零或流动相流量为零"情况处理
	(2)进样器发生泄漏或堵塞,造成无样品注入	检查进样器故障,修理之
	(3)注射器发生故障,无样品注入色谱柱	修理或更换好的注射器
	(4)色谱柱发生故障	在已知条件下检查柱子,若有问题,可能是选择的体系不合适
	(5)检测器发生故障	找出故障,排除之
	(6)记录仪发生故障	找出故障,排除之
10. 峰形不好,出现平头峰或拖尾峰	(1)色谱柱超负荷	减小进样量
	(2)色谱体系不合适	重新选择合适的固定相和流动相
	(3)离子交换树脂上吸附样品	升高温度或增强溶剂强度
	(4)柱子填充特性不良	用标准试验混合物检查柱子特性,确证无误后更换柱子
	(5)柱外效应	使用体积小、响应快的检测器,体积大的柱子,体积小的柱接头及细内径的连接管,以减小柱外效应
	(6)非缓冲流动相使酸性或碱性样品的色谱峰发生拖尾	使用缓冲流动相或往流动相中加入甲酸、三乙胺等,以抑制离子化
11. 分离度下降	(1)柱子超负荷	减小进样量或进样体积
	(2)样品组分在柱子上积聚,柱子沾污,柱效变坏	用强度高的溶剂清洗,使柱子再生,若无效,则要更换
	(3)离子交换柱上有强保留组分	柱子再生(使用强度高的盐溶液)
	(4)缓冲溶液的 pH 不合适,pH≤2,使键合相"剥落",pH>8,使硅胶溶解	更换柱子,控制 pH 值为 2~8
	(5)固定相流失	更换柱子,并采取防止固定相流失措施(对涂敷柱)
	(6)柱填料与流动相未完全达到平衡	用流动相彻底清洗,平衡柱子
12. 保留时间减小	(1)柱被沾污,柱效下降	清洗柱子,装设保护柱
	(2)固定相流失	更换柱子,采取防止固定相流失的措施
	(3)梯度系统对色谱柱(固定相)不合适	更换合适的柱子或改变梯度
	(4)流动相流速过大	调节至合适流速
	(5)柱温过高	调节至合适柱温
	(6)流动相强度太高	重新配制强度合适的流动相,平衡色谱柱
13. 保留时间变长	(1)流动相流速太小	增大流速
	(2)柱温过低	升高柱温至合适
	(3)梯度系统不合适	选择有效的梯度系统,加大溶剂强度,增加溶剂强度变化的速度
	(4)溶剂带走柱上的水,使吸附柱活性变大	将溶剂用水进行预处理
	(5)固定相流失	改用别的溶剂或变换柱子
	(6)流动相配制不准确,溶剂强度太小	配制溶剂组成准确的流动相,重新平衡柱子

续表

故　障	故障原因	排除方法
14. 色谱图重现性不好(保留时间忽长忽短)	(1)温度不稳定	控制柱温
	(2)温度是稳定的,可能是比例阀工作不正常	分别使用两个溶剂瓶作几个具有多种组分的样品的色谱图,查出发生在哪一个液路,不正常的比例阀应该产生不重现的结果,然后,交换两比例阀上的线圈
	(3)比例阀阀芯粘住	清洗阀芯
	(4)泵启动不良	参考泵启动不良部分修理
	(5)比例阀线圈工作不正常或线圈不良	更换线圈
	(6)溶剂中有气泡	将溶剂进行脱气
15. 有明显漏液	(1)放泄阀漏液	更换放泄阀针阀头
	(2)接头漏液	重新连接接头,必要时进行更换
	(3)进样器漏液	更换进样器
	(4)流量控制器密封圈漏液	更换密封圈
	(5)进样阀口漏液	堵塞阀口漏液处
	(6)柱塞密封圈漏液	更换密封圈
16. 基线噪声大或有毛刺	(1)溶剂中有气泡	当以低流量用挥发性溶剂,需对溶剂进行脱气,以除去气泡
	(2)$10\mu m$ 过滤片堵塞	更换过滤片
	(3)进液阀头漏液	更换进液阀头
	(4)阀芯粘住	清洗阀芯
	(5)比例阀线圈不良	更换线圈
	(6)电器故障	修理电器部分
	(7)流通池失调	清洗流通池
	(8)进液密封圈漏液	更换密封圈
	(9)UV 灯不良	更换 UV 灯
17. 基线漂移	(1)长时间的基线漂移可能由于室温波动所引起	待室温稳定后再使用仪器
	(2)池座垫圈漏液	更换池座垫圈
	(3)流通池污染	清洗流通池
	(4)UV 灯不亮	更换 UV 灯
18. 基线成阶梯形;基线不能回到零,不断地降低;峰成平头形或阶梯形	(1)记录仪增益或阻尼调节得不合适	按说明书要求,调节记录仪增益和阻尼
	(2)仪器或记录仪接地不良	改善检测器或记录仪接地状况,并保证良好
	(3)输入记录仪的直流信号电平低	检查检测器的输出信号电平,若正常,检查记录仪的输入回路和放大电路
19. 出现假峰	(1)样品阀,进样垫或注射器被沾污	清洗之
	(2)溶解样品溶剂的洗脱峰	将样品溶解在流动相中
	(3)样品溶液中有气泡	将样品溶液脱气
	(4)梯度洗脱溶剂不纯(特别是水)	使用纯度足够高的溶剂

2. 紫外吸收检测器的常见故障及排除方法（表4-9）

表4-9　紫外吸收检测器常见故障及其排除方法

故　障	故障原因	排除方法
1. 紫外灯不亮	(1)电源线内部折断 (2)灯启动器有毛病 (3)UV灯泡有毛病 (4)保险丝断开	更换电源线 更换灯启动器 更换紫外灯泡 找出保险丝断开的原因,故障排除后更换保险丝
2. 记录笔不能指到零点	(1)样品池或参考池有气泡 (2)检测池的垫圈阻挡了样品池或参考池的光路 (3)样品池或参考池被沾污 (4)柱子被沾污 (5)检测池有泄漏 (6)柱填料中有空气 (7)固定相流失过多 (8)流动相过分吸收紫外光	提高流动相流量,以驱逐气泡,或用注射器将25mL溶剂注入检测池中,排出气泡 更换新垫圈,并重新装配检测池 用注射器将25mL溶剂注入检测池中进行清洗,若无效,则需拆开清洗,然后重新装配 用合适的溶剂清洗,再生柱子或更换柱子 更换垫圈,并重新装配检测池 用大的流动相流速排除之 使用不同的色谱体系,更换柱子 改用吸光度低的合适溶剂
3. 记录仪基线噪声大	(1)记录仪或仪器接地不良 (2)样品池或参考池被沾污 (3)紫外灯输出能量低 (4)检测器的洗脱液输入和输出端接反 (5)泵系统性能不良,溶剂流量脉动大 (6)进样器隔膜垫发生泄漏 (7)小颗粒物质进入检测池 (8)隔膜垫溶解于流动相中	改善接地状况 用注射器将25mL溶剂注入检测池进行清洗,若无效,则需拆开清洗 更换新灯 恢复正确接法 对泵检修 更换隔膜垫或使用进样阀 清洗检测池,检查柱子下端的多孔过滤片处是否使填料颗粒泄漏 使用对流动相合适的隔膜垫,最好用阀进样
4. 记录仪基线漂移	(1)样品池或参考池被沾污 (2)色谱柱子被沾污 (3)样品池与参考池之间有泄漏 (4)室温起变化 (5)样品池或参考池中有气泡 (6)溶剂的分层 (7)流动相流速的缓慢变化	用注射器将25mL溶剂注入检测池进行清洗,若无效,则需拆开清洗 将柱子再生或更换新的柱子 更换垫圈,重新安装检测池 排除引起室温快速波动的原因 突然加大流量去除气泡,亦可用注射器注入溶剂或在检测器出口加一反压,然后突然取消以驱逐气泡 使用合适的混合溶剂 检查泵冲程调节器(柱塞泵)是否缓慢地变化
5. 出现反峰	(1)记录仪输入信号的极性接反 (2)光电池在检测池上装反 (3)使用纯度不好的流动相	改变信号输入极性或变换极性开关 反接光电池或记录仪,或者变换极性开关 改用纯度足够高的流动相
6. 有规则地出现一系列相似的峰	检测池中有气泡	加大流动相流速,赶出气泡,或暂时堵住检测池出口,使池中有一定压力,然后突然降低压力,常可驱除难以排除的气泡。溶剂应良好脱气
7. 基线突然起变化	(1)样品池中有气泡 (2)流动相脱气不好,在池中产生气泡 (3)保留强的溶质,缓慢地从柱中流出	同上"检测池中有气泡"项 将流动相重新脱气 提高流动相流速,冲洗柱子或改用强度高的溶剂冲洗
8. 出现有规则的基线阶梯	紫外灯的弧光不稳定	将紫外灯快速开关数次,或将灯关闭,待稍冷后再点燃,若无效,则需更换新灯

3. 示差折光检测器的常见故障及排除（表 4-10）

表 4-10　示差折光检测器常见故障及其排除方法

故　障	故障原因	排除方法
1. 记录仪基线出现棒状信号	气泡在检测池中逸出	对溶剂很好脱气，溶剂系统使用不锈钢管道连接
2. 基线出现短周期的漂移和杂乱的噪声	(1)室内通风的影响 (2)检测池有气泡 (3)检测池内有杂质	将仪器与通风口隔离 提高流动相流量赶走气泡 用脱气的溶剂清洗检测池，必要时拆开池子清洗
3. 基线的噪声大	(1)样品池或参考池被沾污 (2)样品池或参考池中有气泡 (3)记录仪或仪器接地不良	用 25mL 干净溶剂清洗池子，若无效，则拆开清洗 提高流动相流速以排除气泡，或者用注射器注射干净溶剂以清除气泡 检查记录仪或仪器的接地线，使其安全可靠
4. 长时间的基线漂移	(1)室温起变化 (2)检测池被污染 (3)棱镜和光学元件被污染 (4)给定的参考值起变化	对室内或仪器装设恒温调节器 用干净溶剂清洗池子，或依次用 6mol/L HNO_3 和水清洗池子，必要时拆开池子清洗 用无棉花毛的擦镜纸擦拭棱镜和光学元件，用无碱皂液和热水洗擦 用新鲜的溶剂冲洗参考池

思考题

1. 泵及色谱过程的常见故障有哪些？产生的原因有哪些？如何排除？

2. 紫外吸收检测器的常见故障有哪些？产生的原因是什么？如何排除？

3. 示差折光检测器的常见故障有哪些？产生的原因是什么？如何排除？

七、技能训练——液相色谱仪的检定

1. 泵流量设定值误差及流量稳定性误差的检定

(1) 技术要求　本法适用于新制造、使用中和修理后的带有紫外-可见光（固定波长或可调波长）等检测器的液相色谱仪的检定。检定结果：泵流量设定值误差 S_S 应小于±(2%～5%)；流量稳定性误差 S_R 应小于±(2%～3%)；紫外-可见光检测器的线性范围应大于或等于 10^3。

仪器的检定周期为两年，若更换部件或对仪器性能有所怀疑时，应随时检定。

(2) 检定步骤　泵流量设定值误差 S_S、流量稳定性误差 S_R 的检定。将仪器的输液系统、进样器、色谱柱和检测器连接好，按表 4-11 设定流动相流量（流动相可采用甲醇等，但目前国家计量行政部门尚未批准颁布标准物质，一经颁布，即应采用规定的标准物质作为流动相）。待流速稳定后，在流动相排出口用事先清洗称重过的容量瓶收集流动相，同时用秒表计时，准确地收集 10～25min，称重。按以下式子计算 S_S 和 S_R。

表 4-11　流动相流量的设定

流量设定值/(mL/min)		0.5	1.0	2.0
测量次数		3	3	3
收集流动相时间/min		25	15	10
允许误差	S_S	5%	3%	2%
	S_R	3%	2%	2%

$$S_S = (F_m - F_S)/F_s \times 100\%$$

$$F_m = (W_2 - W_1)/\rho_t t$$

$$S_R = (F_{max} - F_{min})/\overline{F} \times 100\%$$

式中　S_S——流量设定值误差，%；

　　　F_S——流量设定值，mL/min；

　　　F_m——流量实测值，mL/min；

　　　W_2——容量瓶加流动相的质量，g；

　　　W_1——容量瓶的质量，g；

　　　ρ_t——实验温度下流动相的密度，g/cm³；

　　　t——收集流动相的时间，min；

　　　S_R——流量稳定性误差，%；

　　F_{max}——同一组测量中流量最大值，mL/min；

　　F_{min}——同一组测量中流量最小值，mL/min；

　　　$\overline{F}$——同一组测量值的算术平均值，mL/min。

2. 紫外-可见光检测器线性范围的检定（JJG 705）

将检测器和记录仪连接好，接通电源，以 2%异丙醇水溶液为甲溶液，丙酮-2%异丙醇系列水溶液为乙溶液，紫外吸收波长为 254nm，在静态下用甲溶液冲洗吸收池若干次，待记录仪指示稳定后，将记录笔调到零，依次将 0.1%、0.2%、…、1.0%丙酮-2%异丙醇注入并充满吸收池，同时记下各溶液的记录仪读数。重复三次，取算术平均值，作丙酮含量-读数平均值图。找出曲线拐点（读数值较理论值低 5%处），此为线性范围的上限 c_h，按下式算出丙酮的 c_1 值，由 c_h/c_1（丙酮）算出检测器的线性范围。

$$c_1 = 2H_N c/H$$

式中　c_1——最小检测浓度，g/mL；

　　　H_N——噪声峰高（记录仪格数或实测高度，cm）；

　　　c——样品浓度，g/mL；

　　　H——样品峰高（记录仪格数或实测高度，cm）。

3. 数据记录及检定结果

（1）泵流量设定值误差及流量稳定性误差的检定

耐压/MPa	流　动　相		密　　度			
F_S	$F_{s1}=$	$t_1=$	$F_{s2}=$	$t_2=$	$F_{s3}=$	$t_3=$
W_1						
W_2						
W_2-W_1						
$(W_2-W_1)/\rho$						
F_m						
$\overline{F}$						
S_S						
S_R						

泵流量设定值误差 $S_S=$

泵流量稳定性误差 $S_R=$

（2）紫外-可见光检测器线性范围的检定

线性范围	丙酮/%	0.1	0.2	0.3	0.4	0.5	0.6	0.7	0.8	0.9	1.0	c_h
	读数											

紫外-可见光检测器线性范围 c_h/c_l（丙酮）＝ _____

思考题

1. 如何检定液相色谱仪高压泵的流量设定值误差及流量稳定性误差？
2. 如何检定液相色谱仪中紫外-可见光检测器的线性范围？

技能鉴定表（七）

项　　目	鉴定范围	鉴定内容	鉴定比重	备　注
	知识要求		100	
基本知识	液相色谱仪相关基本知识	1. 无线电电子学知识 2. 泵的原理及相关机械知识 3. 电子计算机知识 4. 光的吸收、折射及光电转换知识	30	
专业知识	液相色谱仪的维护保养	1. 相色谱仪的维护保养 2. 液相色谱柱的维护保养	25	
	液相色谱仪的维修	1. 无线电电子学及元器件知识 2. 高压输液泵的结构、原理及机械基础 3. 温度测量及控制原理知识 4. 色谱柱的制备知识	30	
相关知识	仪器维护维修相关知识	1. 污垢的清洗 2. 管路泄漏的检查 3. 管路堵塞的疏通 4. 接地的原理及安装	15	
	技能要求		100	
操作技能	安装与调试	1. 实验室建设及仪器安装 2. 仪器的调试	20	
	仪器维修操作技能	1. 泵及色谱过程常见故障的排除 2. 紫外吸收检测器常见故障的排除 3. 示差折光检测器常见故障的排除	40	
	仪器性能鉴定	1. 液相色谱仪泵流量设定值误差及流量稳定性误差的检定 2. 液相色谱仪中紫外-可见光检测器线性范围的检定	20	
工具的使用	工具的正确使用	正确使用钳子、扳手、万用表、电烙铁等相关工具，并做好维护、保管这些工具的工作	10	
安全及其他	安全操作	安全用电，相关部件及元件的保护 安全使用各种工具	10	

第五章　称量仪器的维护

　　各种分析测试工作中，对物质的质量进行准确称量是十分重要的。本章着重介绍分析天平的分类、结构和原理，培养对称量仪器进行安装、调修的能力，在此基础上学会对称量仪器一般故障的产生原因进行分析并进而将故障排除的方法。通过本章的学习，应达到如下要求。

　　1. 详细了解分析天平的组成、结构，能够对称量仪器进行安装、调修。

　　2. 学会对分析天平修理工具的使用，能够排除分析天平的一般常见故障。

　　3. 对使用中和维修后的分析天平能按照有关国家标准对其性能进行检定。

　　在人们的日常生活和工作中，质量是物质的一种重要的物理量。尤其在科学技术日益发达的今天，在化学成分分析、物理性能测试、生物化学检验、环境保护和监测等各种分析测试工作中，能否准确称量物质的质量就显得十分的重要。要达到这样的目的就需要各种称量仪器，特别是在分析实验室中，试样质量的称量允许的误差常常不超过被测数据的千分之几。显然，要达到这样的准确度，使用一般的称量仪器（如台秤）是不行的，而只有使用分析天平。因此，分析天平是分析实验室中重要而且常用的称量仪器。

第一节　分析天平的分类、原理和结构

一、分析天平的分类、原理

　　天平的种类很多，按所采用的平衡原理不同，可分为机械天平和电子天平两大类。按结构形式的不同，机械天平一般又可分为杠杆式天平、扭力天平及特种天平。杠杆式天平是利用杠杆原理称量物体质量的称量仪器，实验室用分析天平即属于此类；扭力天平是根据虎克定律，利用弹性元件变形来进行称量，称得的结果为物质的重量而不是质量；特种天平是利用液压原理、电磁作用原理、压电效应、石英振荡原理制成的特种用途的天平。电子天平又可分为上皿式和下皿式两种。

　　分析天平习惯上是指具有较高灵敏度、全载量不大于 200g 的天平，按其结构的不同可分为以下几种形式。

$$
\text{分析天平}
\begin{cases}
\text{机械天平}
\begin{cases}
\text{等臂天平}
\begin{cases}
\text{双盘}
\begin{cases}
\text{摆幅天平（普通分度标牌）} \\
\text{阻尼天平（普通分度标牌）} \\
\text{电光阻尼天平（微分标牌）}
\begin{cases}
\text{半自动} \\
\text{全自动}
\end{cases}
\end{cases} \\
\text{单盘——电光阻尼天平（微分标牌）}
\end{cases} \\
\text{不等臂天平——单盘（减码式）}
\end{cases} \\
\text{电子天平}
\end{cases}
$$

二、分析天平的结构

　　分析天平的形式虽多，但其基本构造均由横梁系统、立柱和制动系统、承重悬挂系统、

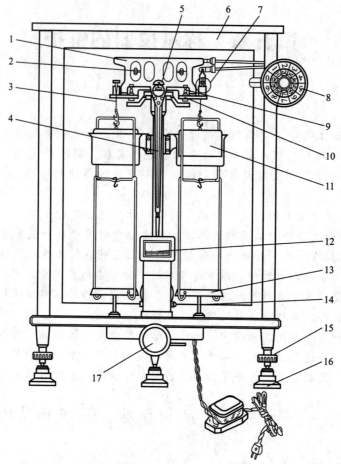

图 5-1　TG328B 型分析天平总图

1—横梁；2—平衡铊；3—吊耳；4—指针；5—支点刀；6—框罩；7—圈形砝码；

8—指数盘；9—支力销；10—折叶；11—阻尼内筒；12—投影屏；

13—秤盘；14—托盘；15—螺旋脚；16—垫脚；17—旋钮

读数指示系统和框罩及砝码系统组成。下面以国产 TG328B 型半自动电光分析天平（如图 5-1 所示）为例逐项加以介绍。

1. 横梁系统

横梁系统包括横梁、平衡铊、刀子、指针和重心铊。

（1）横梁　横梁是天平的重要部件，有人称之为天平的"心脏"，是用来平衡重物的杠杆。制作横梁的材料为铜合金或其他刚度好、质地轻、耐腐蚀的材料，为了减轻横梁质量，提高天平灵敏度，在保证横梁强度的前提下，一般在横梁上制成各种不同形状的对称孔。如图 5-2 所示。

（2）平衡铊（平衡调节螺钉）　在横梁两端的对称孔内各有一个平衡调节螺钉，即平衡铊，用于调节天平空载时的零点之用。

（3）刀子　横梁装有一把中刀和两把边刀，起着承受和传递载荷的作用，均为高硬度的玛瑙质地。

中刀（又称支点刀）安装在横梁的中间，锐边向下，立于天平立柱的一个小玛瑙台（刀承）上，它是横梁的支点，中刀需用中刀盒加以固定，见图 5-3。其方法是将中刀用 502 胶或其他黏合剂黏合在刀盒的刀巢里，由两颗螺钉穿过孔 1、2 与垫板连接，固定在横梁上。

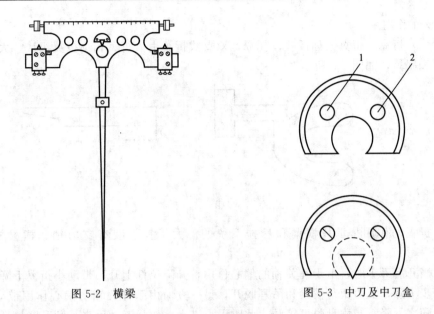

图 5-2　横梁　　　　　　　　图 5-3　中刀及中刀盒

横梁的两边各有一个锐边向上的边刀，它们是梁的力点，以边刀盒固定，如图 5-4 所示。用三对对称的刀盒螺钉将刀盒固紧在横梁上。刀盒螺钉位置排列成"⌐"或"└"形。螺钉 5 起定位作用，称为定位螺钉；螺钉 6 供调整边刀水平用，称为水平螺钉；螺钉 1 用以调整刀子的平行性，称为平行螺钉。刀盒下方的螺钉 2、4 是升刀螺钉（穿过横梁），螺钉 3 是降刀螺钉（不穿过横梁）。若螺钉 2、4 不穿过横梁，其作用就相反，即为降刀螺钉；若螺钉 3 是穿过横梁的，其作用也相反，即为升刀螺钉。

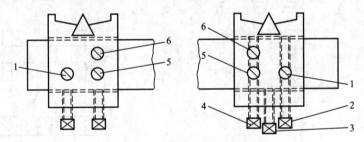

图 5-4　边刀及边刀盒

横梁上的三把刀子应互相平行并位于同一个水平面上。

（4）指针　横梁中间的下端有一个长而垂直的指针，指针下端装有透明的刻度标尺。称量时，通过观察指针在标尺上指示的位置，可以了解横梁倾斜情况。

（5）重心铊　重心铊又名感量铊，安装在横梁中刀盒的上面。通过重心铊上下移动可以改变横梁的重心位置，以调整感量的高低。

2. 立柱和制动系统

该系统由立柱、土字头、中刀承、折翼、支力销、横档柱子座、压翼弹簧、升降拉杆及开关轴等组成。

（1）立柱　立柱是空心柱体，垂直固定在底板上，是横梁的起落基架。天平制动器的升降拉杆穿过立柱空心孔，带动大小折翼上下运动。

（2）土字头　土字头安装在立柱顶端，用以固定中刀承、大折翼和压翼弹簧。

（3）中刀承　中刀承又名支点刀承，用 502 胶或其他黏合剂黏合在土字头凹槽内，起支撑横梁中刀的作用。

（4）折翼 折翼又称折叶、托翼，双翼式折翼由大折翼和小折翼组成，大，小折翼又称主翼和副翼，如图 5-5 所示。

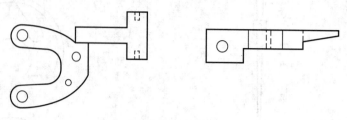

图 5-5 折翼

折翼的作用是承托横梁和悬挂系统的。大折翼上装有支力销、横梁柱子座及压翼弹簧。

当开启天平时，由于开关轴的偏心作用，升降拉杆上升，带动小折翼下降，大折翼也随之同步下降，支力销与横梁和吊耳脱开，另一方面由于开关轴的偏心作用带动托盘板下降，托盘随之下降，与称盘脱离接触，此时天平进入工作状态。反之，则升降拉杆下降，大、小折翼上升，天平横梁托起，支点刀被架空，此时天平关闭，即天平进入休止状态。

（5）支力销 支力销由上、下两个螺母固定在大折翼上，它的顶部有一个圆弧半径，与横梁和吊耳上的定位槽、孔配合，支撑着横梁和吊耳，其结构如图 5-6 所示。

（6）横档柱子座 横档柱子座上有两个高低螺钉，用以支撑横梁和调整支点刀间隙，其结构如图 5-7 所示。

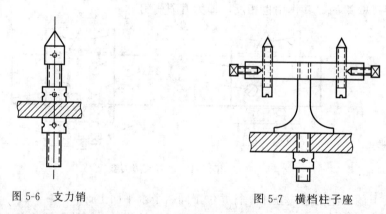

图 5-6 支力销　　　　　　　　图 5-7 横档柱子座

（7）压翼弹簧 压翼弹簧的两端压在大折翼后侧销子上，其作用是使大、小折翼能同时平稳地上、下运动。

（8）升降拉杆 升降拉杆的结构如图 5-8 所示，其上端与小折翼连接，下端通过连接杆与开关轴销连接，当开关轴转动时，升降拉杆上、下运动，带动折翼上升或下降。

图 5-8 升降拉杆

（9）开关轴 开关轴连接升降拉杆下端的连接杆销孔，转动时，使天平开启或关闭。其结构见图 5-9。

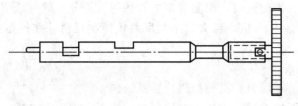

图 5-9　开关轴

3. 承重悬挂系统

承重悬挂系统包括吊耳、阻尼器、秤盘等。

（1）吊耳　两把边刀通过吊耳承受称盘、砝码和被衡量物体。TG-328B 型电光分析天平采用补偿吊耳，其结构如图 5-10 所示。

补偿吊耳承重板的背面有一个玛瑙槽和一个玛瑙锥孔，是供十字头支撑螺钉定位用的。通过十字头支撑螺钉在承重板上的玛瑙槽和玛瑙锥孔的活动使吊耳能够前后摆动，从而起到力的补偿作用。这种吊耳的优点是，不论它所承受的载荷力的方向如何，由于可以前后摆动，使力均匀地分布在整个刀刃线上。

（2）阻尼器　常见的阻尼器有空气阻尼、液体阻尼和磁阻尼三种形式，在现代天平中以空气阻尼方式应用最普遍。

空气阻尼器由两个内外互相罩合而不接触的金属圆筒组成。外筒固定在立柱上，内筒倒复悬挂在吊耳下层挂钩上，利用筒内的空气阻力产生阻尼作用，减少横梁摆动时间，从而达到迅速静止，提高工作效率的目的。

空气阻尼器内筒应有与吊耳相同的左、右标记，以免搞错。

（3）秤盘　秤盘的作用是供放置被称物体和砝码之用。秤盘在两边刀的下方，悬挂在吊耳的上层挂钩上，秤盘应与吊耳、空气阻尼器内筒的左、右标记相一致。

4. 读数指示系统

TG-328B 型电光分析天平的读数指示系统采用光学投影读数装置。如图 5-11 所示。

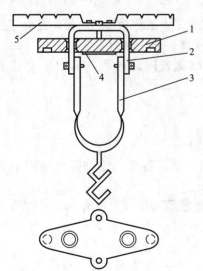

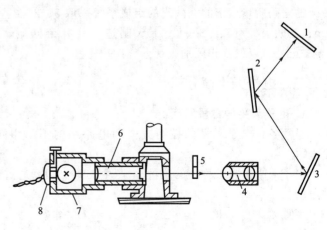

图 5-10　吊耳

1—承重板；2—十字头；3—吊钩；

4—刀承；5—加码承受片

图 5-11　光学投影读数装置示意图

1—投影屏；2,3—反射镜；4—物镜筒；5—透明刻度

标尺；6—聚光管；7—照明筒；8—灯头座

灯头座上的灯泡发出的光线，先通过聚光管照射至微分标牌（透明刻度标尺）上，再经过物镜筒使刻度放大 10～20 倍，经大、小两反射镜两次反射，在投影屏上即可读出刻度标尺上的读数。

5. 框罩及砝码系统

该系统包括天平框罩部分、机械加码装置及砝码。

（1）框罩　为了保护天平，避免外界的灰尘、热源、潮湿、气流等因素的影响，故采用不易变形的木材制成框罩。框罩固定在大理石制成的底板上，罩前有一扇可供启闭及随意停止在上下位置的玻璃移门，两侧各有一扇玻璃移门，便于取放称物。大理石底板上设有气泡式水准器用以观测天平是否呈水平状态，如不在水平，则调节底板下的螺旋脚（水平脚），使水准器的水泡恰好移到圆圈中央。三只用于调整天平水平位置的螺旋脚呈三角形配置在底板下面，前面两只是可调的，后面一只是固定的，这种三角形位置的摆布可保证天平安放平稳。螺旋脚下面设有胶木垫脚。

（2）机械加码装置　为了简化操作，缩短称量时间，同时也为了减少由于多次取放砝码造成的砝码磨损和多次开关天平门造成的气流影响，在天平的右上方设有机械加码装置，这种装置可代替人工自动取放 10～990mg 的砝码（圈形砝码），而 1g 以上的砝码仍需用镊子取放。机械加码装置中的加码盘及圈形砝码排列次序见图 5-12。

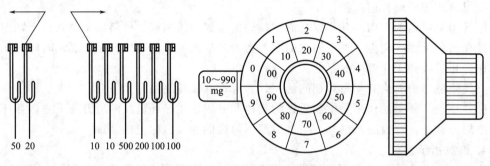

图 5-12　加码盘及圈形砝码

（3）砝码　砝码是天平的质量组成部分，对于杠杆式天平，被称物体的质量均是由与之平衡的砝码质量读出的。砝码的组成系统采取 5、2、2、1 制，即砝码的质量按 100g、50g、20g、20g、10g、5g、2g、2g、1g 制造，共九个砝码，质量相同的砝码，其中一个打上"∗"记号，以便互相区别。

三、电子天平简介

1. 电子天平的称量原理

虽然各种电子天平的控制方式和电路结构不尽相同，但其称量依据都是电磁力平衡原理。

电子天平是将被称物的质量 m 产生的重力 G，通过传感器转换成电信号来表示物质的质量的。

因重力 $$G = mg$$
则 $$m = G/g$$

式中　g——重力加速度，在同一地点为定值。

电子天平就是根据这一原理设计、进行称量的。当把通电导线置于磁场中时，电线将产生电磁力，力的方向可用左手定则来判断，力的大小与磁场强度、流过导线的电流强度有关。当磁场强度恒定不变时，力的大小与电流强度成正比。因为被称物体的重力 G 方向是垂直向下指向地心的，设计时使电磁力 F 的方向向上。当 $G=F$ 时，则通过导线的电流与被称物的质量成正比。因此，可以通过导线的电流大小衡量被称物的质量。

秤盘通过支架连杆与线圈相连，线圈置于磁场中。秤盘及被称物体的重力通过连杆支架作用于线圈上，方向向下。线圈内有电流通过时，产生一个向上作用的电磁力，与秤盘重力方向相反，大小相等。位移传感器处于设定的中心位置，当秤盘上的物体质量改变时，位移传感器检出位移信号，经调节器和放大器改变线圈的电流大小，直至线圈回到原中心位置为止。电流变化信号经转化后以数字方式显示出物体的质量。

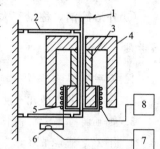

2. 电子天平的结构

电子天平的基本结构包括机械和电子两部分。机械部分由扰性轴承、秤盘、两对三角形的导向装置组成，机械部分的作用是将力传递给压力传感器。电子部分由磁轭、磁铁、极靴、补偿线圈、温度补偿、示位器及有关电路组成。

电子天平结构（MD 系列）如图 5-13 所示。

图 5-13　MD 系列电子
天平结构示意图

1—秤盘；2—簧片；3—磁铁；
4—磁回路体；5—线圈及线圈架；
6—位移传感器；7—放大器；
8—电流控制电路

3. 常见电子分析天平

（1）BP210S 型电子分析天平　BP210S 型电子分析天平外形如图 5-14 所示。该天平具有如下特点。

① 采用超级单体传感器技术，获得更快速、准确、可靠的称量结果。

② 全自动校准，精确度高，操作轻松自如。

③ 采用四级防振，使示值读数更稳定可靠。

④ 具有自动故障检查功能，便于故障诊断和维修。

⑤ 内置 RS232 标准接口，方便连接周边设备。

⑥ 五面玻璃防风罩，使称量一目了然。

（2）AG204 型电子分析天平　AG204 型电子分析天平外形如图 5-15 所示。

图 5-14　BP210S 型电子分析天平外形图

图 5-15　AG204 型电子分析天平外形图

该天平具有如下特点。

① 操作方便、快捷，在天平的任意一侧可以自如开关两侧的防风门。

② 具有新型的双向 LocalCAN 运用数据接口，并兼容 RS232 数据接口，同时可连接五

个周边设备。

③ 配以相对密度附件及软件包，可方便准确地测出液体或固体的相对密度。

④ 连接 LC-P45 打印机，可实现校验、统计、求和等功能，并可打印时间、日期、样品号等。

⑤ 具有加减称重、百分比称量、动态称量、计件等各种功能。

⑥ 外形简洁，称量室大。

思考题

1. 天平有哪些类型？其原理是什么？
2. 分析天平有哪几个主要的组成部分？
3. 如何调整感量的高低？
4. 什么是补偿吊耳，它有什么特点？

第二节　分析天平的维护与保养

分析天平的维护保养应注意如下方面。

① 天平应放置在牢固没有振动的台上；室内温度最好保持在 $17\sim23℃$，应避免阳光直射及涡流侵袭或单面受热；天平框罩内应放置干燥剂，以避免天平受潮，干燥剂以变色硅胶为最好，严禁用浓硫酸、氯化钙等具有腐蚀性的物质作干燥剂，干燥剂需经常烘干，否则会失去吸湿作用。

② 要注意保持天平内部的清洁。经常用软毛刷清除框罩内外及零件上的灰尘，必要时可用绸布蘸少量无水乙醇或乙醚，将刀刃、刀承及其他玛瑙件擦拭干净，反射镜镜面需用擦镜纸轻轻擦拭，其他零部件可用麂皮或绸布擦净。在清洁工作过程中，要注意避免零件相互碰撞，要特别注意保护好刀刃。

③ 不要将热的或过冷的物体放在秤盘上称量；吸湿性或挥发性强的物体，应放在密闭的容器内进行称量；称取具有腐蚀性的物体时，必须注意不要将被称物洒落在秤盘或底板上，以免腐蚀天平的零部件。

④ 尽可能少的开启天平的前门，取放砝码及样品时，可以通过左、右侧门进行，关闭窗门时务必要轻缓。

⑤ 当天平处于开启状态时，绝对不可在秤盘上取放物品或砝码，或关开天平门，或作其他会引起天平振动的动作，以免损坏刀刃。

⑥ 被称物及砝码应尽可能地放在秤盘中央，否则当天平开启时，秤盘将要动荡，这样既不易观察停点，也易使玛瑙刀刃磨损，同时被称物质量不得超过天平的最大载荷。

⑦ 开启和关闭天平时用力要均匀，绝不可用力过猛，即旋动开关旋钮时，要连续、缓慢、均匀，过快会使刀刃急触而损坏，同时由于剧烈晃动，造成计量误差；在天平未达平衡状态时，不应将开关旋钮全部打开，只能谨慎地部分开启，否则将使天平严重倾斜而对刀刃造成损坏。

⑧ 取用砝码应用专用镊子夹取，砝码只能放在砝码盒中或称盘上，而不应随意放在其他地方；取放圈砝码时动作要轻缓，不要过快转动指数盘，否则可能会使圈砝码跳落或变位。

⑨ 天平应设专人保管，负责维护保养，应设立天平和砝码的使用、维修和保养档案，

如发现天平有损坏或不正常现象，应立即停止使用，送交有关修理部门，经检查合格后，方可继续使用。

⑩ 要经常检查天平的计量性能（如分度值、示值变动性等）是否合格，如达不到要求，应进行调修，使其合乎要求。

思考题

1. 分析天平应在怎样的环境中使用？
2. 应从哪些方面对分析天平进行维护保养？

第三节　分析天平常见故障的排除

天平经过一段时间的使用，由于零部件的磨损、松动和锈蚀等原因，会产生一些故障，甚至会造成天平计量性能的失准，以致不能正常使用或达不到正常使用的精度要求，这时必须进行调整与修理。

一、天平修理工具

调整天平时，需要有一套得心应手的工具。天平修理工具可分为通用工具和专用工具两大类。

1. 通用工具

通用工具包括酒精灯、钟表铳子、放大镜、钟表起子、小胶柄起子、4in（1in＝25.4mm，下同）木柄起子、小毛刷、洗耳球、75W电烙铁、什锦锉、镊子、剪刀、钢锯、钢丝钳、尖嘴钳、油石（方的、三角形的、扁的、圆的等）、4in小虎钳、4in活络扳手、钟表榔头、小铁砧、试电笔、平口钳和小水平仪等。

2. 专用工具

（1）平面卡板　平面卡板又叫插板，结构如图 5-16 所示，可用不锈钢、铝合金或钛合金制造，用于检查三刀刃的平面性。

图 5-16　平面卡板

（2）桥形尺　结构如图 5-17 所示。可用有机玻璃、铝合金板等材料制成，也用于检查调整三刀刃的平面性。

（3）曲尺　曲尺又称曲形尺或刀距尺，其结构如图 5-18 所示。可用有机玻璃、铝合金或钛合金制造，用于检查刀刃之间是否等距。

（4）中刀卡　结构如图 5-19 所示。一般用不锈钢制成，用于检查中刀刃对横梁平面的垂直性。

（5）专用小扳手　如图 5-20 所示。一般用不锈钢制成，用于紧固或旋松方头小螺钉。

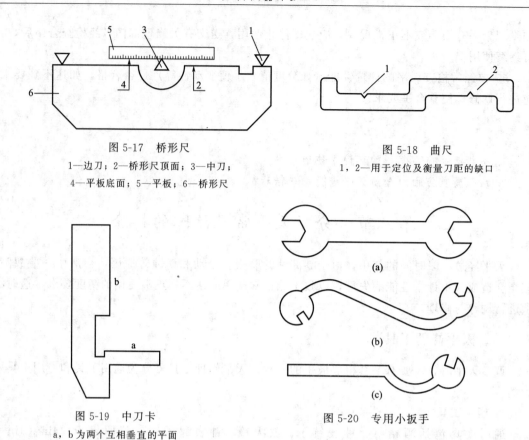

图 5-17　桥形尺

1—边刀；2—桥形尺顶面；3—中刀；
4—平板底面；5—平板；6—桥形尺

图 5-18　曲尺

1，2—用于定位及衡量刀距的缺口

图 5-19　中刀卡

a，b 为两个互相垂直的平面

图 5-20　专用小扳手

（6）拨棍　又叫拨针，一般用弹簧钢丝或自行车辐条制作成不同的规格和形状，供紧固和松开头上带有小孔的螺钉之用。如图 5-21 所示。

（7）特殊四眼扳手　如图 5-22 所示。一般用不锈钢制成，用于调整带有四孔的小螺母。

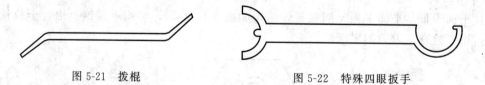

图 5-21　拨棍

图 5-22　特殊四眼扳手

（8）特殊四眼螺母钳子　如图 5-23 所示。作用与特殊四眼扳手相同。

（9）多用途尖嘴钳　如图 5-24 所示。其作用为①把切削刃部一端锉成一带刃的 $\phi 1mm$ 圆孔，适宜剥去电线外皮；②把平口部锉成 $2mm \times 2mm$ 方洞，可卡住圆柱体或方形物；③把尖部锉成 $\phi 2mm \times 5mm$，可作为托盘衬套扳手等用。

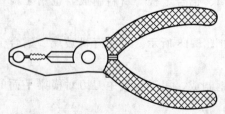

图 5-23　特殊四眼螺母钳子

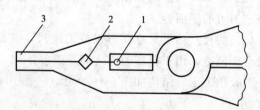

图 5-24　多用途尖嘴钳

1—电线剥线用；2—卡住圆、方形物；3—作托盘衬套扳手等用

（10）拉子　如图 5-25 所示，用于调修吊耳倾侧等。

（11）中刀承水准器　如图 5-26 所示。用于检查中刀承是否水平。中刀承水准器一般是把十万分之一天平上用的水准器，通过固定螺钉与弹簧安装在与水准器外壳底座一样大的铝合金板上，在铝合金板底部正中间装有一块比中刀承小的玛瑙平板而制成的。螺钉与弹簧是用来调整中刀承水准器自身水平的，其方法为：先用方框水平仪将平板调好水平，然后把中刀承水准器放在平板上，通过调整螺钉使水准器的气泡处于圆圈中央。

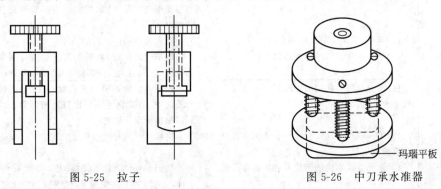

图 5-25　拉子　　　　　　　　　　　图 5-26　中刀承水准器

使用中刀承水准器检查中刀承水平度时，先按上述方法将中刀承水准器调至水平，然后再把中刀承水准器底部的玛瑙平板纵放在中刀承上。如果中刀承水准器的气泡停在圆圈正中心，说明中刀承水平，否则应重新安装中刀承。当中刀承水准器的气泡停在圆圈中央，而此时天平自身水准器的气泡不在圆圈中央，则应该对天平上的水准器进行调整，使气泡居中，然后重新检查中刀承水平度。

上述修理工具均有成套的天平专用修理工具商品出售，这无疑给天平的调整和修理工作带来很大的便利。

二、常见故障的排除

根据天平故障的现象、产生的原因和排除方法，可分为一般故障的排除和计量性能的调修。下面分类叙述。

1. 一般故障的排除

（1）半自动电光分析天平的故障排除　半自动电光分析天平一般故障的现象、产生原因及排除的方法见表 5-1。

表 5-1　半自动电光分析天平一般故障的排除

故　　障	故　障　原　因	排　除　方　法
1. 开启天平，灯光不亮	（1）未通电或电源插头线接错	接通电源或重新正确接好电源插头接线
	（2）插头或导线接触不良	视具体情况加以排除
	（3）变压器或灯泡烧坏	更换变压器或灯泡
	（4）灯座弹片与灯泡尾部接触不良	将灯座弹片撬起一些，使之与灯泡尾部紧密接触
	（5）由于电极触点氧化、沾污或导线焊头脱落，造成电路不通	用金相砂纸打磨触点，除去氧化物和污物；或重新焊好导线
2. 关闭天平，灯光不熄	开关触点间隙过小	调整开关触点间隙，但应保证天平关闭时灯光能熄，开启时灯光能亮
3. 开启天平，灯光时亮时灭	由于插头、导线接头或电源开关的电极触点接触不良引起	对相关部分进行检查、修理

故　　障	故障原因	排除方法
4. 开启天平灯光亮,但投影屏上无光或明暗不均	(1)灯泡位置不正或聚光管位置不适当	拔掉天平底板下电源插头,使电路直接接通,使灯长明。然后取下横梁,用一白纸条放在立柱通光孔前,拧松灯光座定位螺钉,前后移动和转动灯头座,必要时,拧松聚光管定位螺钉,转动并前后移动聚光管,直至在白纸条上见到一个圆的亮点。当亮点达到最亮时,拧紧灯头座和聚光管的定位螺钉
	(2)第一、二次反射镜片安装角度不对	适当转动第一次反射镜片
	(3)第一次反射镜的定位螺钉太松	取下投影屏架,将第一次反射镜片调整在正确位置,然后拧紧定位螺钉,装上投影屏架
5. 微分标牌影像模糊	(1)微分标牌与物镜筒之间距离不适宜	松开固定物镜筒的定位螺钉,前后缓慢移动物镜筒,直至微分标牌影像最清晰时为止。重新紧固物镜筒定位螺钉
	(2)第一或第二次反射镜片的镀膜或微分标牌被腐蚀或氧化	更换反射镜片或微分标牌
	(3)聚光管及物镜的镜片不清洁或有霉点	松开内套螺钉,取出镜片,用镜头纸擦拭干净,必要时可加少量乙醚擦拭,然后重新安装好。对于固定式,如镜面内侧不清洁,则必须更换聚光管
6. 微分标牌影像一边模糊一边清晰	微分标牌与物镜筒端面不平行	取下横梁,扳扭指针,使微分标牌与物镜筒端面平行,同时前后移动物镜筒,使影像清晰
7. 微分标牌影像出现重影、弯曲等现象	物镜镜片松动	拧紧物镜筒的内套螺丝,或转动物镜筒和前后移动聚光管至影像清晰
8. 微分标牌影像左、右高低不一致	(1)微分标牌安装不正确	调整微分标牌的左、右高度至合适
	(2)投影屏座位置发生移动,或二次反射镜与投影屏不平行,一端偏前,另一端偏后	调整投影屏至适当位置或调节二次反射镜的调节螺钉至影像正常
9. 投影屏上满光,但看不见微分标牌影像	(1)一次反射镜的倾角不对	将一次反射镜转动一定角度
	(2)物镜筒距微分标牌太近或太远	前后移动物镜筒至标牌影像出现
	(3)微分标牌装得过高或过低	升降微分标牌至合适位置,有时还需将一次反射镜稍作转动
	(4)聚光管或物镜筒内镜片破损或因内套螺钉松动,使镜片倾斜	更换镜片,或把位置变动了的镜片摆正,并拧紧内套螺钉
10. 投影屏上出现各种彩色带	灯泡位置不当	前后移动灯头座或灯罩
11. 指数盘示值与圈码名义值不符	(1)指数盘定位螺钉松动,使指数盘位置不固定,造成指数盘相对于转动轴的错动	转动指数盘,使圈码全部处于提起位置,然后拧松指数盘定位螺钉,将指数盘转到指零位置,再紧固定位螺钉
	(2)凸轮定位螺钉松动,造成凸轮位置的随时变动,引起示值不符	松开有关凸轮的定位螺钉,将凸轮转动至合适位置,然后拧紧定位螺钉
	(3)圈码挂错位置	将挂错了的圈码取下,改挂在正确位置上
12. 加码杆不下落	加码杆与挡板孔壁间隙过小,引起擦靠	松开挡板上的定位螺钉,稍微前后移动挡板,使加码杆两侧与挡板孔壁之间有一定间隙,重新紧固定位螺钉,或锉削擦靠部位使其不再擦靠;或扳扭加码杆,使其与挡板孔壁留有合适间隙
13. 圈码不落在槽口中间	圈码变形或加码承受片变形	对圈码或加码承受片整形

故　　障	故障原因	排除方法
14. 圈码与加码钩碰撞或加码钩与加码承受片擦靠	加码钩安装位置不适当或加码承受片变形	调整加码钩位置至合适或将加码承受片整形
15. 指数盘不能定位	梅花轮压片过松或损坏	改变梅花轮压片的角度,增大对梅花轮的压力或更换梅花轮压片
16. 加、减码时,加码钩有跳动现象	(1)凸轮工作面上的曲线不圆滑 (2)梅花轮压片作用力太大 (3)旋转指数盘时用力过猛	更换凸轮或修磨曲线不圆滑的凸轮 改变梅花轮压片的角度,减小其对梅花轮的压力 操作应轻缓
17. 转动一个指数盘时,另一个指数盘随着转动	(1)两指数盘靠得太紧,相互间摩擦过大 (2)凸轮轴变形或锈蚀	松开指数盘定位螺钉,使两指数盘距离合适,重新固紧定位螺钉 拆下凸轮轴,进行矫直或清除锈迹,然后重新装好
18. 指针不摆动或摆动不正常	(1)天平水平位置未调好 (2)空气阻尼器内外筒相互擦靠 　①阻尼器外筒定位螺钉松动引起的擦靠 　②阻尼器内、外筒安装不水平引起的擦靠 (3)指针与标牌擦靠 　①指针向后弯曲引起擦靠 　②指针摆动平面与标牌不平行引起擦靠 　(ⅰ)横梁不居中 　(ⅱ)标牌与指针的摆动平面不平行 (4)吊耳承重板与刀盒上的保护桩擦靠 　①横梁不居中引起的擦靠 　②如横梁位置正确,吊耳承重板擦靠刀盒保护桩 (5)加码钩、圈码与加码承受片,以及加码钩与圈码之间擦靠 　①加码钩安装位置不当引起的擦靠 　②加码承受片变形引起的擦靠 　③加码杆降不到最低位置而引起的擦靠 　④圈码变形引起的擦靠 (6)开启天平,托盘不下落或下降距离不够,顶住了称盘 　①托盘的升降导孔氧化或锈蚀,托盘轴上下运动受阻 　②托盘板上的横销或销子孔锈蚀,造成托盘板转动不灵活 　③托盘板上的弹簧弹力不够或弹簧脱落 (7)横梁及悬挂系统等部位有纤维或蜘蛛丝牵挂 (8)指针与物镜筒端面擦靠	调整天平的水平位置 松开定位螺钉,使内、外筒之间间隙均匀,重新固紧定位螺钉 改善外筒或内筒的水平状态 矫直指针 移动支持横梁的支力销前后位置,使横梁居中 调整标牌位置使其平正或将指针稍向前扳使两者不再擦碰 移动支撑横梁的支力销或横档柱子座的前后位置来消除擦靠 前、后或左、右调整支持吊耳的支力销位置,直至吊耳承重板处在刀盒四个保护桩的中间位置即可消除擦靠 松开加码钩定位螺钉,左、右拨动加码钩或松开加码头定位螺钉,左、右移动或转动加码头来消除擦靠,擦靠消除后,将所松螺钉重新紧固 将加码承受片整形以消除擦靠 锉削挡板孔壁和扭扳加码杆,使加码杆与挡板间有合适的间隙而能下降至最低位置 将圈码取下整形后重新装上以消除擦靠 用金相砂纸清除导孔内氧化物,必要时可锉削以适当扩大导孔 清除横销上及销子孔内的锈蚀物,并加注润滑油 更换托盘板弹簧 对天平各部位细心检查,并清除可能存在的纤维或蜘蛛丝 卸下横梁,矫直指针

故　障	故　障　原　因	排　除　方　法
19. 跳针	(1)中刀刃与中刀承之间的间隙(即中刀缝)前后宽度不等	调整横档柱子座上高低螺钉的高低位置至适合
	(2)边刀刃与边刀承的间隙(即边刀缝)前后宽度不等	调整支力销的高低位置至适合
20. 带针	(1)两边刀的间隙不相等	调整支持吊耳的支力销高低
	(2)中刀间隙小于边刀间隙	通过升高支持横梁的支力销或横档柱子座上的高低螺钉,以增大中刀间隙,但应注意此时要保证横梁处于水平位置,并且两边刀间隙也应相等
	(3)两边托盘高度失调	调整托盘调节螺杆的高低,使托盘与秤盘稍微接触
	(4)横梁和吊耳的定位锥孔(包括槽珠)及支力销不清洁或接触表面有水膜,产生黏附作用使支力销与横梁或吊耳脱离滞后而带针	用清洁的麂皮或绸布蘸少量无水酒精擦拭支力销,并用削尖的柳木棒蘸少量无水酒精清洁玛瑙定位锥孔与槽珠
	(5)压翼弹簧对两折翼的压力不相等	改变压翼弹簧两边的角度或长度
	(6)横梁不水平	首先检查两大折翼是否处在同一水平面上,若不在同一水平面上,可松开大小折翼之间的高低螺钉的固紧螺母,转动高低螺钉,使之处于同一水平面上,重新拧紧固定高低螺钉的螺母。然后调整支持横梁的支力销或横档柱子座上的高低螺钉的高度,使横梁水平
21. 吊耳倾侧	悬挂系统的合力重心轻微偏离边刀刃的法平面	拧松支力销的紧固螺母,根据吊耳倾侧方向,移动支力销至位置合适,倾侧现象消除,重新紧固固紧螺母;若仍倾侧,则应扩大支力销的定位孔予以解决;若毛病仍未消除,则可通过调整十字头上的支撑螺钉的高低来消除 吊耳倾侧也可用专用工具拉子来调修
22. 脱耳	悬挂系统的合力重心与边刀刃的法平面偏离较大	调修方法与吊耳倾侧排除方法相同 为了提高工效,也可取下吊耳,先用拉子移动支力销,使支力销的顶尖基本上处在通过边刀刃线的铅垂面内,然后挂上吊耳,再按调修吊耳倾侧的方法进行
23. 回径	(1)控制开关轴转动角度的限位装置产生位移	拧松鼓轮定位螺钉3、4,微开天平,将鼓轮2逆时针方向转动少许,然后固紧螺钉3和4,使天平在关闭状态时,偏心装置的偏心点处于最高位置。见图5-27

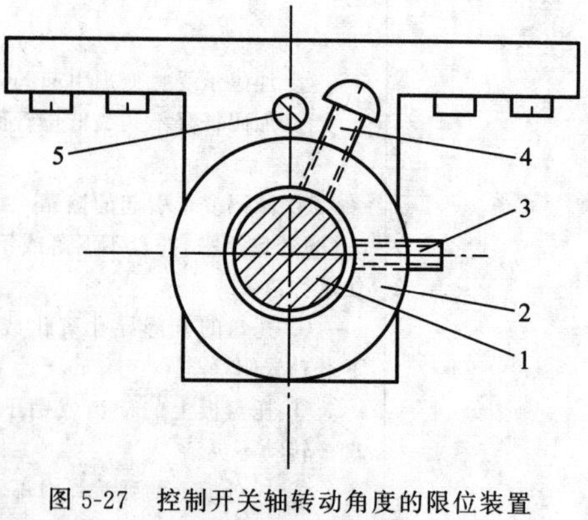

图5-27　控制开关轴转动角度的限位装置
1—开关轴;2—鼓轮;3,4—鼓轮
定位螺钉;5—限位螺钉

故　障	故障原因	排除方法
23. 回径	(2)连接开关轴与升降拉杆的连接片或连接杆由于磨损,孔眼增大,使升降拉杆产生轴向窜动,造成回径	更换或修理连接片或连接杆
	(3)开关轴与制动器座架上的轴孔配合过松,使开关轴产生径向窜动	增大开关轴止动弹片的压力;或将开关轴镀铬,以增加轴的直径;或更换制动器座架
24. 自落	关闭天平时,偏心装置的偏心点未达到最高位置	松开图5-27中螺钉3和4,将鼓轮2按顺时针方向转动某一角度,再拧紧螺钉3、4,使天平在关闭时,偏心装置的偏心点能达到最高位置 应该注意,排除自落现象时要防止出现回径;调修回径时要特别注意防止产生自落,以免损坏刀刃
25. 横梁扭转	(1)中刀刃呈凸弧形,与刀承呈点状接触,形成转动轴,造成横梁扭转	修磨或更换中刀
	(2)指针尖端与标牌擦靠或微分标牌与物镜筒端面擦靠	卸下横梁,矫直指针或调整标牌位置和向外扳指针,使指针与标牌之间有符合规定的间隙。应注意微分标牌应与物镜筒端面平行
	(3)拉杆头与定位压板配合过松	适当增大定位压板对拉杆头的压力,但同时要保证开、闭天平时,拉杆头能升降自如
	(4)折翼上的两个与中刀承座定位销配合的轴孔因磨损变大,使折翼上下运动时产生晃动,造成横梁扭转	更换直径较大的定位销,减小轴孔配合间隙,但同时要保证折翼升降灵活

(2) 电子分析天平的故障排除　电子分析天平一般故障的现象、产生原因及排除的方法见表5-2。

表5-2　电子分析天平一般故障的排除

故　障	故障原因	排除方法
显示器上无任何显示	无工作电压	检查供电线路及仪器
显示不稳定	(1)振动和风的影响 (2)防风罩未完全关闭 (3)秤盘与天平外壳之间有杂物 (4)防风屏蔽环被打开 (5)被称物吸湿或有挥发性,使质量不稳定	(1)改变放置场所,采取相应设置 (2)关闭防风罩 (3)清除杂物 (4)放好防风环 (5)给被称物加盖
测定值漂移	被称物带静电荷	装入金属容器中称量
频繁进入自动量程校正(有的型号)	室温及天平温度变化太大	移至温度变化小的地方
称量结果明显错误	天平未经调校	对天平进行调校

2. 计量性能的调修

(1) 天平的随遇平衡或不稳平衡现象的消除　天平的随遇平衡是指在没有任何擦靠的情况下,天平指针可静止在标牌的任何位置上;天平的不稳平衡是天平指针向一个方向走动且速度越来越快,直至偏出标牌以外,最后秤盘与托盘接触才停止。产生天平的随遇平衡或不稳平衡的原因是重心铊升得过多,使横梁重心偏高或三刀严重吃线。

检查和调整方法如下。

① 天平在空载和全载时,指针均可静止在标牌的任意位置上,说明横梁重心与支点相重合,出现了随遇平衡状态。这时只要适当下降重心铊即可。

② 天平空载时,指针走动加快,或指针可在任意位置上静止,而全载时指针摆动正常,

说明横梁重心偏高，应下降重心铊。

③ 天平空载时指针摆动正常，全载时指针可静止在任意位置或走动加快。说明三刀吃线过大，应下降边刀或上升中刀，使吃线减小。

④ 天平空载和全载时均表现出指针走动加快，应首先下降重心铊。如果毛病消除，说明重心过高。若重心降低后，空载时不正常现象消除，而全载时仍然不正常，说明三刀吃线过大，应降边刀或升中刀。反之，若降重心后，全载正常而空载仍不正常，则说明重心下降得还不够，应进一步降低重心铊的位置。

（2）天平分度值得调修　分度值又称感量，是天平灵敏度的标志，其含义是：使天平平衡位置在读数标牌上位移一个分度所需的质量值，即标牌上每一个分度所体现的质量值。

天平在使用一段时间后由于受到振动或其他原因，使分度值不合格，其调修方法如下。

① 若空载分度值小，全载分度值大，说明三刀离线（天平中刀刃在两边刀刃所连成的直线之上），此时应适当升高边刀直到空载、全载分度值相等时为止，然后通过旋低重心铊至空载、全载分度值合格即可。

② 若空载分度值大，全载分度值小，说明三刀吃线（天平中刀刃在两边刀刃所连成的直线之下），此时应将边刀下降，直到空载、全载分度值相等时为止，然后上升重心铊至空载、全载分度值合格。

③ 在空载、全载分度值相等的情况下，若分度值偏大，可升高重心铊；若分度值偏小，可降低重心铊。直至分度值合格为止。

（3）天平不等臂误差的调修　天平不等臂误差又称为偏差，是衡量天平正确性的标志，它反映横梁两臂是否等长。

天平偏差的调修需视其大小进行，要准确判定天平的偏差是多少，一般是依靠等量砝码来测定。首先使空格平衡位置处于零点，再在两秤盘上分别放置相当于该天平最大载荷的对组砝码 P_1 和 P_2，开启天平，观测平衡点；然后将对组砝码 P_1 和 P_2 交换位置，再观测平衡点，其两次平衡点的平均值（同号相加，异号相减）即为偏差。当偏差超过规定时，就应该进行调修。其方法是：当偏差较小时，通过调整偏差螺钉来消除偏差，拧进螺钉是缩短臂长，退出螺钉则是增加臂长。一般情况下，其原则是调短臂使之变长，而不是调长臂使之变短。但也有例外，则需特殊处理。当偏差较大时（大于天平全载荷的千分之一），就需要通过平行移动边刀盒来消除。调修时应注意：①用力均匀、适当、动作力求准确、不能操之过急；②调整工具要合适；③注意保护刀刃，以免损坏刀子。

（4）天平示值变动性的调修　示值变动性是衡量天平可靠性的标志。它是指在天平状态不改变的情况下，天平空称和全载时，经过反复多次开、闭，天平平衡位置能否重复的性能。

天平具有示值变动性是难免的，但不应该超过规定，否则就需要进行调修。引起示值变动性的原因比较复杂，一般可分为结构原因和环境条件两方面。

① 结构原因引起的示值变动及其排除方法

a. 零部件松动

ⅰ. 平衡铊、重心铊和微分标牌及螺钉松动。

调修方法：如果是平衡铊或重心铊松动可将松动的平衡铊、重心铊用钳口垫以柔软材料的钳子，将其开口部位稍许夹拢，或更换严重磨损的螺杆；如果是螺钉松动，可将螺钉拧紧或更换滑丝和断裂的螺钉。

ⅱ. 折翼前后窜动，或折翼上的支力销以及折翼定位螺钉或定位销松动。

调修方法：用手捏住折翼前后晃动，若有松动感，则应松开折翼定位螺钉的固紧螺母，将螺钉拧进到合适位置，然后将螺母固紧；如果折翼定位螺钉或定位销可用手任意转动，或折翼上的支力销松动，则应将固紧螺母拧紧。

ⅲ．立柱或阻尼器架的固定螺钉松动。

调修方法：将各螺钉拧紧。

ⅳ．横梁上的刀子、承重板上的刀承以及其他黏合零件因黏合剂失效或未粘牢而产生松动。

调修方法：将松动了的零件退下来，对有关部位进行清洁处理，然后重新用黏合剂粘牢。

ⅴ．水平调整螺旋脚与螺母配合过松。

调修方法：在前面两个螺旋脚的垫脚下垫放橡皮或其他物质，同时拧进螺旋脚以缩短其调整高度，减弱天平晃动。必要时可更换螺旋脚的螺母。

ⅵ．投影屏底座的固定螺钉松动。

调修方法：拧紧固定螺钉即可。

b．零件间有轻微擦靠。

调修方法：消除擦靠因素，其方法见一般故障的排除。

c．零件安装不正确。

具体表现在：中刀向一边倾斜；中刀刃线不水平；边刀向内或向外倾斜；三刀刃互相不平行；三刀刃不在同一平面内；中、边刀承不水平；吊耳倾斜；翼子板松紧不合适等方面。

调修方法：重新正确安装相关零件。

d．零部件有缺陷。

零、部件的缺陷具体有：刀刃不锋利、刀刃崩缺、刀刃不直（中间凸起或凹陷）等刀刃的缺陷；刀承工作面有明显划痕或断裂的缺陷；定位锥空破裂；吊耳的十字头支撑螺钉损坏等方面。

调修方法：对有缺陷的零部件进行修磨或更换新件。

e．其他因素。

ⅰ．关闭天平后，刀刃与刀承之间没有间隙，仍保持接触状态。当载荷发生变化时，刀刃与刀承间的接触力发生改变，也使接触状态改变，从而使天平产生示值变动性。调修方法是将支持横梁与吊耳的支力销升高，使刀与刀承间有一合适的间隙。

ⅱ．投影屏座上的纵、横轴杆上的弹力不平衡，在其作用下，投影屏产生位移，造成零点变动。调修方法是更换合适的弹簧，或将弹力大的弹簧稍微剪短一些。

ⅲ．如果托盘托起秤盘过高，关闭天平时，秤盘和盘梁会向一边倾斜。再开启天平时，秤盘、阻尼器内筒和吊耳就会产生晃动，从而造成示值变动性。只要将托盘高度调至适宜就可将其排除。

ⅳ．其他如由于跳针、回劲、横梁自落、前侧门密闭不良或不灵活等因素产生的示值变动性则要根据具体情况加以排除，这里不再赘述。

② 环境条件引起的示值变动性及其排除方法

a．温度的影响。当室内温度变化较大或天平单臂受热，会使横梁伸缩不均匀，引起刀子位置的改变，或臂比发生改变，从而产生示值变动性。因此，分析天平应安放在温度适宜且相对稳定的天平室内，同时应避免天平一侧遭受过高或过低的温度。

b．振动的影响。由于外界振动引起天平支点刀子在刀承上滑动，从而产生示值变动性。因此天平必须安放在牢固没有振动的台上。

c．湿度、气流的影响。由于刀子是由多孔质地的玛瑙制成，湿度如果过大，则易产生吸附造成示值变动性。另外，气流的影响也会使天平静止点发生变动。因此安放天平的室内要干燥，门窗要严密。

由上述可见，造成示值变动性的原因很多。在检修一台天平前，应先排除环境因素，以免将因环境不好造成的示值变动性误认为是结构原因造成的。在排除结构原因产生的示值变动性时，应首先对现象进行分析、判断，在未搞清产生毛病的确切原因之前，不可轻易动手，以免增加新的问题。

天平的示值变动性、偏差和分度值是三个主要的计量参数，但它们并不是各自孤立的，而是有着密切的内在联系，相互矛盾、相互制约。因此在调修天平的计量性能时，应统筹兼顾，不要顾此失彼。天平调修完毕，其各项性能指标应符合国家有关计量标准的规定。对于实验室常用的万分之一分析天平，属于三级天平，各种天平的精度级别及计量性能指标见表5-3和表5-4。

表 5-3　精密天平的分级

精度级别	1	2	3	4	5
名义分度值与最大载荷的比值≤	1×10^{-7}	2×10^{-7}	5×10^{-7}	1×10^{-6}	2×10^{-6}
精度级别	6	7	8	9	10
名义分度值与最大载荷的比值≤	5×10^{-6}	1×10^{-5}	2×10^{-5}	5×10^{-5}	1×10^{-4}

表 5-4　各级天平修理后应符合的计量性能指标

允许误差　计量性能　精度级别	示值变动性/分度	标牌分度值				横梁不等臂性/分度				骑码标尺、链条标尺称量误差/分度
		具有阻尼器的微分标牌天平/分度		普通标牌天平/mg		具有阻尼器的微分标牌天平		普通标牌天平		
		使用中	修理后	空载与全载之差	左盘与右盘之差	使用中	修理后	使用中	修理后	
		空载与全载之差	左盘与右盘之差	空载与全载之差	左盘与右盘之差					
1～3	1	±2	空载时±1　全载时+2，－1	2	$\dfrac{1}{8}$	9	3	6	3	1
4～6					$\dfrac{1}{5}$					
7～10					$\dfrac{1}{3}$					

思考题

1. 常见故障的排除包括哪些方面？

2. 熟悉一般故障的现象、产生原因及故障排除的方法。

3. 天平最主要的计量参数有哪些？为何进行调修？

第四节　技能训练——分析天平标牌分度值、横梁不等臂性误差和示值变动性的测定

一、说明

分析天平经修理后（或使用中）需对其计量性能进行测定，若是使用中的天平则应按使用的频繁程度制定检定周期，并按周期进行检定，但检定周期一般不得超过一年。

二、测定程序

对于1～3级天平，其计量性能按表5-5所列程序进行检定。

表 5-5　天平计量性能的检定程序

检定程序	秤盘上的载荷		平衡位置 L_i	平衡位置读数	备　注
	左盘	右盘			
1	0	0	L_1		
2	r	0	L_2		
3	P_1	P_2	L_3		
4	$P_2(+k)$	$P_1(+k)$	L_4		$P_1,P_2=$
5	$P_2(k)+r$	$P_1(+k)$	L_5		$r=$
6	0	0	L_6		$k=$
7	0	r	L_7		
8	P_1	P_2	L_8		
9	P_1	P_2+r	L_9		

注：1. 测定天平全载示值变动性时，应将一对称量砝码在秤盘上前后移动位置，移动范围约等于秤盘半径的1/3。

2. 测定天平分度值所选用的小砝码（r），应能使标牌自零位移至正式分度的末位。

3. 对于半自动电光分析天平，以一次读数作为天平的平衡位置。

三、数据处理

1. 天平标牌分度值

计算公式如下：

天平空载时在左盘中测得的分度值：

$$S_{01}=\frac{r}{|L_2-L_1|}$$

天平空载时在右盘中测得的分度值：

$$S_{02}=\frac{r}{|L_7-L_6|}$$

天平全载时在左盘中测得的分度值：

$$S_{P_1}=\frac{r}{|L_5-L_4|}$$

天平全载时在右盘中测得的分度值：

$$S_{P_2}=\frac{r}{|L_9-L_8|}$$

天平空载分度值：$\qquad S_0=\frac{S_{01}+S_{02}}{2}$

天平全载分度值：$\qquad S_P=\frac{S_{P_1}+S_{P_2}}{2}$

2. 天平的不等臂性误差（分度）

计算公式如下：

$$r=\pm\frac{k}{2S_P}\pm\left(\frac{L_3+L_4}{2}-\frac{L_1+L_6}{2}\right)$$

$$S_P=\frac{S_{P_1}+S_{P_2}}{2}$$

采用上式测定天平横梁的不等臂性误差时，若小砝码 k 加于右盘时，则在 $\frac{k}{2S_P}$ 前为负号，即左臂较长。如在交换砝码以后不需要增添小砝码 k，那么在该公式括号中的差数为正时，就表示右臂较长；括号中的差数为负时，就表示左臂较长。上述规定适用于标牌的零点位于右面或零点位于中间而左（＋）右（－）指针向下的天平。如果零点在左面或在中间而右（＋）左（－），则括号前采用负号，当结果为正时，表示右臂较长，反之，表示左臂较长。

3. 天平的示值变动性

根据分别测得的天平在空载和全载时平衡位置（1～3级天平为平行测5次），按下列公式计算天平在空载和全载时的示值变动性 Δ_0 和 Δ_P：

$$\Delta_0 = L_{0(最大)} - L_{0(最小)}$$

$$\Delta_P = L_{P(最大)} - L_{P(最小)}$$

应该指出的是，在上述各项测定中，整个过程应连续进行，不得中途停止，否则须重新测定。

四、检定结果

天平检定结果如下：

空载天平分度值_____ mg（分度）

全载天平分度值_____ mg（分度）

空载天平示值变动性_____分度

全载天平示值变动性_____分度

横梁不等臂性误差_____分度

思考题

1. 熟悉天平计量性能的检定程序。

2. 了解天平计量性能检定过程中的注意事项。

技能鉴定表（八）

项　目	鉴定范围	鉴定内容	鉴定比重	备　注
		知识要求	100	
基本知识	天平基本知识	1. 天平的分类及原理 2. 分析天平的主要结构组成	15	
专业知识	天平的维护保养	1. 天平的放置、使用环境要求 2. 天平使用的注意点	20	
	天平的维修	1. 天平的安装	15	
		2. 常见故障的产生原因及排除方法	20	
		3. 天平计量性能的调修方法	15	
相关知识	天平安装、维修相关知识	1. 天平常用修理工具及用途 2. 装配安全知识	15	
		技能要求	100	
操作技能	天平维修操作技能	1. 横梁系统的故障排除 2. 立柱和制动系统的故障排除 3. 承重悬挂系统的故障排除 4. 读数指示系统的故障排除 5. 框罩及砝码系统的故障排除	50	
	天平性能检定技能	1. 分度值 2. 示值变动性 3. 横梁不等臂性	30	
工具的使用	工具的使用与维护	合理使用工具，并做好维护保管工作	10	
安全及其他	安全操作	安全机械操作 安全用电	10	

第六章 其他分析仪器的维护

**学习指南**

本章介绍测爆仪、浊度仪及微库仑仪等三种在特定场合有所应用的分析仪器。通过对这些仪器的结构、原理的介绍，旨在使仪器的维护工作做得更好。通过本章的学习，应能达到如下要求。

1. 了解测爆仪、浊度仪及微库仑仪的结构、原理，熟悉这些仪器的一些常见类型及型号。

2. 能够正确地对仪器进行维护保养。

3. 能够了解仪器常见的故障现象、产生的原因及排除故障的方法。

4. 对维修后和使用中的仪器能按照有关国家标准对其性能进行检定。

第一节 测 爆 仪

一、测爆仪的原理及结构

测爆仪又称可燃气体测定仪、可燃气体检测报警器，常见的型号如 RH-31 型、RH-901 型等，其结构、原理大致相同。以下着重介绍较新型、携带式的 RH-901 型可燃气体测爆仪。

测爆仪是热导式分析仪器的一种，它是利用可燃性气体或蒸气通过检测元件的表面时，在催化作用下产生无焰燃烧而使检测元件的温度上升。热敏的检测元件的阻值随之增大，使惠斯登电桥失去平衡，产生一个电压信号输出。这个电压值的大小与可燃气体的浓度成正比例关系。经过放大，从显示表头上可直接读出可燃气体的爆炸下限值。当被检测的可燃气体浓度超过规定值时，经过放大的信号电压与报警电路设定的电压值比较后，触发报警集成电路工作，并发出断续声光报警信号。

RH-901 型可燃气体测爆仪如图 6-1 所示。主要由采样过滤探头、抽气泵、检测元件、信号放大、报警电路等组成。其中检测元件是仪器的心脏，一般用直径 0.025～0.04mm 的铂丝绕制而成。

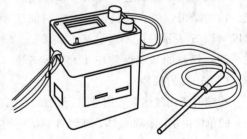

图 6-1 可燃气体测爆仪

二、测爆仪的维护

1. 测爆仪的维护

测爆仪在使用时应注意以下几点。

① 测爆仪在工作和储藏时，要避免与对仪器催化检测元件有毒害作用的物质（如含硅、硫、铅以及其他一些油类物质的气体相接触，否则检测元件容易中毒而失效）。

② 测爆仪采用可反复充电的镉镍电池作为电源，如果仪器长期存放不用，应将其充足电后存放。充电必须在安全场所进行，用专用充电器对其充电 12～16h，但不能超过 30h。

充电时必须将仪器量程选择开关置"OFF"位置，不能一边充电一边使用。

③ 仪器取样探头手柄上的过滤器需保持清洁、干燥，使用前装入干净的脱脂药棉，脱脂药棉的装入量以能保证脱脂棉有效地过滤粉尘而不增加气阻影响采样为宜。

④ 仪器每年需用校准气标定 1~2 次，对于更换新的检测元件，仪器必须重新标定。

⑤ 取用校准气时，所用球胆必须抽真空或用少量校准气清洗，置换 2~3 次，以排除球胆内的其他气体。用球胆取校准气后，可直接通入仪器校准。

2. 测爆仪常见故障的排除

测爆仪的常见故障及其排除方法见表 6-1。

表 6-1　可燃气体测爆仪常见故障及其排除方法

故　障	故　障　原　因	排　除　方　法
1. 仪器不能调零	(1)电池报警电压低	对电池充电，然后使用
	(2)仪器附近有可燃性气体影响调零	去除可燃气体
	(3)元器件损坏	经检查，予以更换
2. 仪器无响应	(1)依次检查仪器进气嘴进气、抽气泵启动是否正常	经检查,排除仪器进气嘴进气故障或抽气泵启动障碍
	(2)漏气	找出漏气处,加以排除
	(3)检测元件失效	更换新的检测元件
3. 充电故障	充电器故障或损坏	修理或更换充电器

思考题

1. 测爆仪由哪几个部分组成？仪器的工作原理是怎样的？

2. 测爆仪的使用要注意哪些？

3. 测爆仪有哪些常见故障？可能原因是什么？如何排除？

三、技能训练——可燃气体测爆仪响应时间及精密度的检定 (JJG 693)

1. 技术要求

本法适用于新制造、使用中和修理后的固定式、可移动式、便携式可燃气体测爆仪的检定。检定结果：吸入式仪器的响应时间应小于 30s，扩散式仪器的响应时间应小于 60s；精密度（以 S 表示）应不超过基本误差的 1/3。

注：仪器的基本误差应不超过 ±5%（F·S）（精度为 5%的仪器）、±10%（F·S）（精度为 10%的仪器）。

检定时所用气体应采用计量行政部门批准、颁布并具有相应标准物质《制造计量器具许可证》的单位提供的标准气体，或经计量认证的标准气体配气装置发生的标准气体。通常应采用与被测气种相同的标准气体。对通用仪器可采用异丁烷标准气体或仪器说明书上规定的气种。

仪器的检定周期不得超过一年。若仪器经过非正常振动或对示值有怀疑以及更换主要元件后，应随时检定。

2. 检定步骤

(1) 响应时间的检定　对使用直流电源的仪器，应先充电，调准机械零点，再以清洁空气清洗气路，调准零点；对直接以交流电供电的仪器，先调准机械零点，通电后再以清洁空气清洗气路，调准零点。

选 40%LEL 的标准气体，测 3 次。第 1 次通入标准气体，读取稳定的示值后，用清洁空气清洗仪器气路，调准零点，再通入标准气体，同时启动秒表，待仪器示值升至第 1 次示值的 90％时止住秒表，此起止时间间隔为响应时间。

以算术平均值作为响应时间。

（2）精密度的检定　检定前仪器零点校准方法同上。

选取 40％LEL 的标准气体，重复做 6 次，即在进气管路不大于 1m，进气时间不小于响应时间的 2 倍，连续进气中读取稳定示值。然后按下式计算，以％F·S 表示精密度的检定结果。

$$S = \sqrt{\frac{\sum\limits_{i=1}^{n}(X_i - \overline{X})^2}{n-1}}$$

式中　S——单次测量的标准偏差；

n——测量次数；

X_i——第 i 次测量值；

$\overline{X}$——测量值的算术平均值。

3. 数据记录及检定结果

测试点 /%LEL	仪器示值/%LEL							响应时间/s			
	1	2	3	4	5	6	平　均	1	2	3	平　均
40											

响应时间_____

精密度_____

思考题

1. 测爆仪的零点如何校准？
2. 怎样检定测爆仪的响应时间和精密度？

技能鉴定表（九）

项　目	鉴定范围	鉴定内容	鉴定比重	备　注
	知识要求		100	
基本知识	测爆仪相关基本知识	1. 惠斯登电桥及电位产生基本知识 2. 可燃气体爆炸极限范围 3. 电阻温度系数	40	
专业知识	测爆仪的维护	测爆仪的维护及使用注意点	30	
	测爆仪的维修	测爆仪的结构组成	30	
	技能要求		100	
操作技能	仪器维修操作技能	测爆仪常见故障的排除	30	
	仪器性能鉴定	测爆仪响应时间及精密度的检定	40	
安全及其他	安全操作	安全用电 现场操作安全	30	

第二节　浊　度　仪

一、浊度仪的构造及原理

浊度仪也称浊度计或浑浊度计，它主要用于水质的监测和管理。以下以国产 WGZ-Ⅲ型浊度仪为例介绍仪器的构造及原理。

WGZ-Ⅲ型是一种数字光电浊度仪，如图 6-2 所示。它主要由光源、第一波长选择器、样品池、第二波长选择器、检测器及读出装置等六部分组成。其结构原理如图 6-3 所示。仪器光源（常选用钨灯）所产生的一束平行光照射样品后，由于丁铎耳效应，样品中的悬浮粒子将产生散射光，在液体浑浊度不大时，其散射光的光强与悬浮微粒的密度（即浑浊度）成正比。即

$$\sigma \propto I$$

式中，σ 为液体浑浊度；I 为散射光光强。

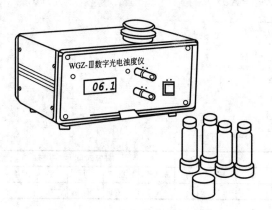

图 6-2　WGZ-Ⅲ型数字光电浊度仪

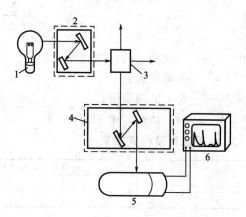

图 6-3　浊度仪结构示意图

1—光源；2—第一波长选择器；3—样品池；4—第二波长选择器；5—检测器；6—读出装置

在与光源出射光束成 90°的方向上用硅光电池接受这种散射光，两只硅光电池将电流转换成电压送至斩波稳压运算放大器放大，再由模数转换器转换为数字电压，最后由数码管显示出浊度数。

二、浊度仪的维护

浊度仪的维护应注意以下几点。

① 浊度仪应放置在干燥、通风及清洁的地方，切勿在高温潮湿环境中使用与存放，应避免强光直接照射测试孔，致使光电池老化。

② 使用前后要检查测试孔内是否有漏水，如有漏水应随时用布擦净。

③ 仪器使用结束，要及时切断电源，放置好备件后置于箱内盖好仪器箱盖。

思考题

1. 浊度仪一般由哪几部分组成？其原理是怎样的？
2. 浊度仪的维护应注意哪些？

三、技能训练——浊度仪测量重复性的检定（JJG 880）

1. 技术要求

本法适用于新制造、使用中和修理后的、用于水或透明液体浊度测量的实验室用光电浊度计和便携式光电浊度计的检定。在仪器测量的重复性检定中，当对同一样品重复进行测量时，测量值的相对标准偏差应不超过±2%。

仪器的检定周期为两年，若仪器经修理，更换电源、光源、光电传感元件，则应及时检定。

2. 检定步骤

在0～20°或常用量程范围，选用标称值在该量程范围，并位于能获得3位或3位以上有效数字测量值的量值区间的浊度标准片。重复测量该标准片8～10次，记录每次测量值，按下式计算平均测量值、标准偏差和相对标准偏差。

$$\overline{T} = \frac{T_1 + T_2 + \cdots + T_n}{n}$$

$$S = \sqrt{\frac{\sum (T_i - \overline{T})^2}{n-1}}$$

$$S_R = \frac{S}{\overline{T}}$$

式中　T_i——第 i 次测量值；

　　　n——测量次数；

　　　$\overline{T}$——测量平均值；

　　　S——单次测量标准偏差；

　　　S_R——测量的相对标准偏差。

3. 数据记录及检定结果

量程范围：

测量顺序	1	2	3	4	5	6	7	8	9	10
仪器测量值										

测量平均值_____　标准偏差_____　相对标准偏差_____

思考题

怎样对浊度仪的测量重复性进行检定？

技能鉴定表（十）

项　目	鉴定范围	鉴定内容	鉴定比重	备　注
知识要求			100	
基本知识	浊度仪相关基本知识	1. 光的透射、反射、散射知识 2. 浊度的概念及表示方式 3. 丁铎耳效应	40	
专业知识	浊度仪的维护	浊度仪的维护注意点	60	
技能要求			100	
操作技能	仪器的使用	浊度仪的使用及注意点	30	
	仪器性能鉴定	浊度仪测量重复性的检定	50	
安全及其他	安全操作	安全用电,仪器使用的安全	20	

第三节　微库仑仪

一、微库仑仪的结构及原理

微库仑仪由于构造简单、维修方便、灵敏度高且易于实现自动控制和连续测量而得到了广泛应用，一些专门用于定硫、定碳及二氧化硫检测的微库仑分析仪也大量涌现。常见的型号有 WK-2 型系列微库仑分析仪、KLT-1 型通用库仑仪、CLS-1 型库仑测硫仪、YS-3 型微库仑仪等，但各种微库仑仪的基本结构和原理均相仿。下面以 CLS-1 型库仑测硫仪为例进行介绍。

1. 仪器的结构

仪器主要由主机、裂解炉、电解池及搅拌器、电磁泵及空气净化系统四部分构成。现分述如下。

（1）主机　包括微处理器、程序存储器、数据存储器、A/D 转换器、I/O 接口、键盘、显示器、程控进样器等。主机面板如图 6-4 所示。

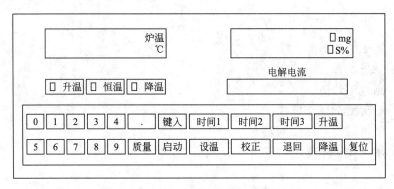

图 6-4　CLS-1 型库仑测硫仪主机面板图

（2）裂解炉　裂解炉以硅碳管作加热元件，用铂铑-铂热电偶测温。带有散热排风扇，以防止壳体过热。微计算机通过固态继电器程序控制升温速率，以防止温度"过冲"，并可延长硅碳管和高温燃烧管的使用寿命。

燃烧管为用石英及陶瓷制成的异径管，水平放置在硅碳管内。

（3）电解池和电磁搅拌器　电解池：电解池由玻璃制成，分为上盖和池体两部分，电解池上盖固定有电解电极对和指示电极对，电解阴极位于上盖圆心处，阳极位于电解池边缘；指示电极对与电解电极对排列在一条直线上。两对电极通过接线柱与主机相连接。上盖还有排气孔和加液孔，用于排放废气和加入电解液。电解池池体为圆柱体，体积约 850mL。在进气口一侧装有玻璃熔板气体过滤器，可使燃烧气体以气雾状进入电解池。在池体底部有排放孔，用于放出电解液，也可经该孔通过负压向电解池内注入电解液。电解池内有搅拌子，可与搅拌器同步搅拌电解液。电解池上盖与池体通过玻璃磨口以蒸馏水密封连接，气密性好。

电磁搅拌器：电磁搅拌器以 1250r/min 的电机带动磁铁通过搅拌子快速搅拌电解液。在使用满量程搅拌时，不会引起搅拌子失步。电解液被快速搅拌，使电解生成的碘和溴及时扩散，定量滴定二氧化硫并准确控制终点。

（4）电磁泵及空气净化系统　该系统由两个电磁泵、三个净化管和一个空气流量计构成。

净化空气的输送：用不含水分和酸性气体的净化空气作载气，以开管燃烧方式进行硫含量的测定，空气的净化由净化管内充填的硅胶和氢氧化钠去除水和酸性氧化物实现；净化空气通过电磁泵以大于 1500mL/min 的流量向进样口输送。

废气的排放：废气的排放通过电磁泵的抽力以 1000mL/min 的流量排出，用流量计及其针形阀指示和控制流量。在流量计与电解池之间，装有内充填硅胶的净化管，使进入流量计的空气不含水，保证流量计正常工作。

2. 仪器工作原理

含硫样品在 1150℃ 高温、有催化剂存在的条件下于净化的空气流中燃烧分解，生成的二氧化硫以电解碘化钾、溴化钾所产生的碘和溴进行滴定，通过双铂指示电极检测和控制滴定过程，用微计算机实时控制燃烧炉温度及试验过程并进行数据处理，根据电解生成碘和溴所消耗的电量，按照法拉第电解定律自动计算并显示样品中硫的百分含量。

仪器采用动态库仑分析法。二氧化硫进入电解池后，消耗一定量的碘和溴，电解液中原有的碘与碘离子、溴与溴离子的相对平衡受到破坏，指示电极间的电流即发生变化，该变化产生的电信号经放大后，控制电解电流的大小，以定量产生碘和溴，滴定二氧化硫。当碘与碘离子、溴与溴离子再次达到平衡时，指示电极间的电信号恢复到终点值，电解终止。

微计算机对电解过程所消耗的电量进行积分，并实时将该电量积分值换算并显示硫的百分含量。

二、微库仑仪的维护

1. 仪器的使用注意事项

① 仪器的放置应避免强磁场或电场干扰，避免振动、阳光直射及温度的急剧变化。

② 仪器的外壳应有良好的接地，避免与大功率设备安装在同一电源线上。

③ 电解池应注意：电解池要确保密封；各电极接法确保无误；干燥管中变色硅胶一旦变色，应及时更换；与石英管连接的硅橡胶管，每次检查要确保不漏气。一旦漏气，应及时更换；烧结熔板及其进气口管道一旦发现黑色沉结物，要及时用洗涤液清洗，以确保安全；切勿用手触摸各电极，以免污染电极；一旦发现流量降低，在排除非电解池或干燥管堵塞的情况下，应检查电磁泵气压是否下降，如是，应检查内部皮碗，如因长期使用发生龟裂，则应予以更换。

④ 电解液的保管应注意：每次做完实验，应放出电解液，保存在阴凉、干燥的地方；如果一天分析样品次数较多，且含硫量较高，电解液的 pH<1，就应重新配制；每次更换电解液或隔了一段时间未用，电解液发黄，在做试样之前，应加烧一废样（50mg），以平衡电解液系统。

2. 仪器常见故障的排除

微库仑仪的常见故障及其排除方法见表6-2。

表 6-2　微库仑仪常见故障及其排除方法

故　障	故 障 原 因	排 除 方 法
1. 进样机构运行受阻或运行行程不够	钢丝绳松弛	调节可动螺栓
2. 进样杆变形	进样杆受热过度	更换进样杆
3. 封堵进气口，流量计转子不能降至零	电解池及气路漏气	检漏,找出漏气处加以排除
4. 开机做样品后,电解电极一直电解(不是跟踪电解)	指示电极部分断路或连接不好	重新接好线路
5. 开机做样品后,电解液一直发白(此时已生成 SO_2),而电解电极未见电解	电解电极断路或接触不好	重新连接好线路

续表

故　　障	故 障 原 因	排 除 方 法
6. 开机做样品后,电解电流是脉冲电解而不是跟踪电解	指示电极的两根电极线接错	予以调换,使接法正确
7. 开机做样品后,电解电极跟踪效果不好	(1)电解产生碘的电极处于电解池边缘 (2)电解电极连接线接触不好或者接错	使位置合适 调换电解电极的两根电极线
8. 开机做样品后,最终显示出错(如显示 0.000 或 55.35),而不显示 S%	校正系数生成部分操作出错	重新按说明书校正系数生成部分操作
9. 开机做样品后,温度显示下跌,并且排风扇也停转	裂解炉保险丝熔断	更换同规格保险丝

思考题

1. 微库仑仪的结构、原理是怎样的?

2. 如何对微库仑仪进行维护?

3. 微库仑仪的常见故障有哪些?如何排除?

三、技能训练——二氧化硫分析仪浓度示值引用误差的检定 (JJG 551)

1. 技术要求

本法适用于新制造、使用中和修理后的三电极库仑法二氧化硫分析仪的检定。仪器浓度示值引用误差检定的结果:每挡量程不大于 $\pm 5\%$。仪器的检定周期不得超过一年。

2. 检定步骤

在仪器的每挡量程选取一点（约 80% 量程）,把相应浓度的二氧化硫标准气渗透管置于 $(25 \pm 0.1) ℃$（或 $30 ℃ \pm 0.1 ℃$）的恒温装置中恒温 24h。

仪器开机 30min 后,开启记录仪,待仪器零气线稳定后,通入二氧化硫标准气,待记录仪记录曲线稳定后,切断二氧化硫气源,再回到零气线。记录通入二氧化硫标准气浓度 c_S 和仪器测得的二氧化硫浓度值,连续重复测量 7 次。取 7 次测量值中 $|c_T - c_S|$ 最大的测量值为 c_T。

浓度示值引用误差 d_R 按下式计算:

$$d_R = \frac{c_T - c_S}{c_m} \times 100\%$$

式中　c_m——每挡测量范围满度值。

3. 据记录及检定结果

测量值/格 测量次数	量程/(mg/m³)	0～0.5	0～1.0	0～2.0	0～4.0
	1				
	2				
	3				
	4				
	5				
	6				
	7				
浓度示值引用误差	$d_R/\%$				
	结论				

思考题

怎样检定二氧化硫分析仪的浓度示值引用误差？

技能鉴定表（十一）

项　　目	鉴 定 范 围	鉴 定 内 容	鉴 定 比 重	备　　注
知识要求			100	
基本知识	微库仑仪相关基本知识	1. 电解及法拉第定律 2. 热电偶与温差电势 3. 电极及特性	20	
专业知识	微库仑仪的维护	微库仑仪的维护注意事项	40	
	微库仑仪的维修	微库仑仪的组成与结构	40	
技能要求			100	
操作技能	仪器维修操作技能	微库仑仪的常见故障及其排除	40	
	仪器性能鉴定	微库仑仪浓度示值引用误差的检定	40	
安全及其他	安全操作	安全用电、仪器使用的安全	20	

第七章　分析仪器附加设备的维护

学习指南

为了能安全、正常地使用，并使其工作性能更好，以便顺利地对样品进行测定，许多分析仪器常使用一些附加设备。本章主要介绍空气压缩机、真空泵、氢气和氮气发生器及稳压电源等分析仪器的附加设备。通过对这些设备的结构、原理、用途及一般维护方法的介绍，从而使分析仪器的正常使用得到保证。

第一节　空气压缩机

空气压缩机和真空泵均属于风机类的设备。风机是用来抽吸、排送气体和用来压缩气体的机械设备的统称。按工作原理的不同，风机可分为叶轮式（如离心式风机）和容积式（如活塞式风机）两大类。按排气压强的不同，风机又可分为：①通风机［出口压力在 14.7kPa（1500mmH_2O）以下］；②鼓风机［出口压力在 14.7～343.2kPa（1500mmH_2O～3.5kgf/cm² 之间］；③压缩机［出口压力大于 343.2kPa（3.5kgf/cm²）］；④真空泵（进气压力低于大气压力，能产生 50kPa 以上的真空度）。可见真空泵与空气压缩机并无本质的区别。

一、空气压缩机的分类、结构和原理

空气压缩机是一种用于压缩气体，借以提高气体压力，使气体具有一定能量的机械，一般简称压缩机。实验室常用的是活塞式空气压缩机（往复式空气压缩机），其工作原理如图 7-1 所示。

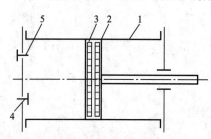

图 7-1　往复式空气压缩机工作原理图
1—气缸；2—活塞；3—活塞环；
4—吸气阀；5—排气阀

当活塞 2 自左端向右端移动时，气缸左端工作室（腔）增大而压力降低，此时吸气阀 4 打开。在大气压力的作用下，空气被压入气缸内，这一过程称为吸气过程。当活塞向反方向移动时，吸入的气体被压缩，称为压缩过程，此时，吸气阀关闭。当气体压力增加到排气管的压力后，排气阀 5 即被打开，压缩气体被排入排气管内，这个过程称为排气过程。至此，完成了一个工作循环。活塞再继续运动，则上述工作循环将周而复始地进行，以完成压缩气体的任务。

在活塞式空压机的后面，都必须装置一个储气筒。它是一个用钢板做成的坚固容器，其容积至少要比空压机汽缸的容积大 20 倍。它的作用主要是减小压缩空气压力的变动。压力的变动是由于空压机排送压缩空气的不连续性引起的。其次，储气筒还能收集压缩空气里所携带的水分和润滑油。

空气压缩机产生的压缩空气主要用作助燃气或载气使用。

二、空气压缩机的维护与保养

1. 空气压缩机的维护保养

① 使用前应检查管路接头是否漏气，电路连接是否良好，润滑油量是否正常，螺栓是

否紧固。

② 空压机所用润滑油应定期更换，进气口空气滤清器应定期清洗。

③ 要注意对气缸、运动机构等部位的润滑。

④ 使用完毕，应立即切断电源。

⑤ 要有良好、可靠的接地。

2. 空气压缩机常见故障的排除

空气压缩机常见故障、产生原因及排除方法见表 7-1。

表 7-1　空气压缩机常见故障及其排除方法

故　障	故 障 原 因	排 除 方 法
1. 压缩机工作，但压力表上不上压或上压慢	(1)进气口的防油外溢橡胶垫未取下	取出防油外溢橡胶垫
	(2)进气口过滤元件堵塞	清洗过滤元件
	(3)管路有漏气现象	检查并排除漏气处
	(4)管接头有漏气现象	拧紧管接头
	(5)压力表有问题	更换压力表
2. 压缩机不起动	(1)气压自动开关接触不良	维修气压自动开关
	(2)启动、热保护接触不良	使插接处接触良好
	(3)气压自动开关失灵	更换气压自动开关
	(4)压缩机损坏	更换压缩机
	(5)电源线插头松动	将插头部分连接牢固
3. 压缩机振动较大,有不正常碰击声	(1)空压机放置不稳	垫平放稳
	(2)高压出气管碰外壁发出碰击声	调整管路,使其离开空压机外壁
	(3)压缩机掉簧	更换压缩机
4. 安全阀放气	(1)气压自动开关失灵	更换气压自动开关
	(2)气压自动开关停车压力高于安全阀开启压力	调节气压自动开关停车压力
	(3)安全阀调节螺丝松动	调节螺丝、拧紧锁紧螺母
5. 漏电	(1)电路接错	检查电路,正确接线
	(2)未接地线	安装良好、可靠的接地线

思考题

1. 空气压缩机有哪些类型？常用的是哪一种？其结构原理是怎样的？

2. 使用空气压缩机时应注意哪些？

3. 空气压缩机有哪些常见故障？其产生的原因是什么？如何排除？

第二节　真　空　泵

一、真空泵的结构及原理

真空泵均为容积式，常见的有活塞式真空泵、液环式真空泵及旋片式（刮板式）真空泵等。下面主要介绍 2X 型旋片式真空泵。其结构如图 7-2 所示。在圆柱形的气缸内偏心地安装着转子 7，转子上有槽，槽中活动地插入两块旋片 6。当转子旋转时，带动旋片 6 旋转并借离心力和旋片弹簧 5 的弹力紧贴缸壁，把进、排气口分隔开来，并使进气腔容积周期性地扩大而吸气，排气腔容积周期性地缩小而压缩气体，借压缩气体的压力和油推开排气阀片 11 而排气，从而获得真空。图 7-2 中气镇阀 15 的作用是向排气腔充入一定量空气，以降低排气压力中的蒸气分压强。当其低于泵温下的饱和蒸气压时，即可随充入空气排出泵外，从而

211

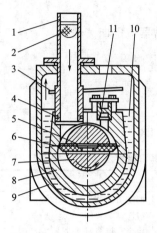
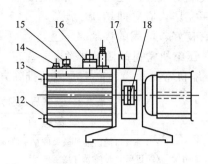

图 7-2　真空泵的结构

1—进气嘴；2—滤网；3—挡油板；4—进气嘴 O 形密封圈；5—旋片弹簧；6—旋片；
7—转子；8—泵身；9—油箱；10—1 号真空泵油；11—排气阀片；12—放油螺塞；
13—油标；14—加油螺塞；15—气镇阀；16—减雾器；17—手柄；18—软接器

避免凝结在泵油中，具有延长泵油使用时间和防止泵油混水的作用，但气镇阀打开时，极限真空将有所下降，温升也有升高。

二、真空泵的维护与保养

真空泵的维护保养应从以下几个方面进行。

（1）添油　长期工作的泵，应经常注意是否有足够的油量，油量不足会影响泵的性能甚至损坏机件，若发现油面低于油标中心，则应加油。

（2）换油　泵经使用，泵油可能掺入灰尘、水分或其他污物，为保证泵的性能，泵应定期换油。换油顺序为：①由放油孔处放尽污油；②从吸气口注少量清洁泵油，然后启动泵运转稍许，再放油，如油仍不清洁，可再重复注入数次，直至泵腔内的油清洁为止。

（3）调整皮带　工作日久，皮带将松弛，影响拖动效果，此时应调整电机位置，使皮带松紧适宜。使用中皮带应避免与油接触，以免打滑和损坏皮带。

（4）更换密封圈　密封圈长期使用磨损，可能使泵漏油，此时应更换。

（5）清洗过滤网　泵长期使用，过滤网会有许多颗粒杂物附着影响抽速，故应经常清洗。

三、真空泵常见故障的排除

真空泵常见故障、产生的原因及排除方法见表 7-2。

表 7-2　真空泵常见故障及其排除方法

故　　障	故　障　原　因	排　除　方　法
	(1)油量不够	增加新油
	(2)油已污染	更换新油
	(3)吸气管接头处密封圈损坏	更换密封圈
1. 真空度不佳	(4)排气阀片损坏	更换阀片
	(5)连接处密封不良	消除漏洞
	(6)泵内污脏严重	拆洗零件
	(7)机件损坏	大修、更换零件

续表

故　　障	故　障　原　因	排　除　方　法
2. 漏油	(1)泵轴处密封圈磨损 (2)油箱胶垫密封不严	更换密封圈 调整或更换
3. 运转不正常	(1)皮带松 (2)电机故障	调整电机位置 检查修理
4. 启动困难	(1)泵返油 (2)长期未工作使泵腔充油 (3)油温太低	用手扳动带轮旋转数周 用手扳动带轮旋转数周 用手扳动带轮旋转数周,再断续接通电源 运转几分钟

思考题

1. 旋片式真空泵的结构、原理是怎样的?

2. 如何维护保养真空泵?

3. 真空泵常见故障有哪些? 其产生原因是什么? 如何排除?

第三节　氢气发生器

气体发生器以其安全性好、性能稳定、使用方便、所得气体纯度高等特点,得到了越来越多的应用。尤其是在气相色谱分析中,逐步取代高压气瓶作为气相色谱仪的气源。同类产品的结构、原理及维护情况基本相同。

一、氢气发生器的结构及原理

常用的是 GCD-300B 型全自动高纯度氢气发生器,该仪器具有如下特点。

(1) 程序控制　仪器的全部工作过程均由程序控制完成,氢气流量可根据用量实现全自动调节,程序控制系统自动显示压力、流量、自动恒压、恒流及故障显示。

(2) 产氢湿度低　采用了膜分离技术及有效的除湿装置,因而降低了原始湿度,提高了氢气的纯度。

(3) 操作方便　使用时只需按动开关,即可产氢,可连续使用,也可间断使用,产气量稳定,不衰减。

(4) 安全可靠　配有安全装置,灵敏可靠。

仪器各部位名称及功能如图 7-3 所示。

仪器的工作原理是以电解法产生氢气,用氢氧化钠水溶液为电解液,以贵金属做电极,采用膜分离技术将氢气和氧气彻底分离,并在电解池中采用了过渡族金属催化技术,使产氢纯度含氧量小于 3×10^{-6}。

仪器程序控制采用了高灵敏度、模糊控制自动跟踪系统,取消了稳压阀,实现了自动恒压、恒流,使压力稳定性小于 0.001MPa,并可根据色谱仪所需氢气用量的大小实现氢气流量的全自动调节。当停止用气时,仪器自动停止产氢,因此杜绝了系统超压的现象,以保证安全。

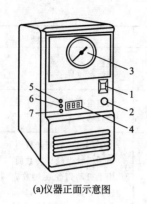

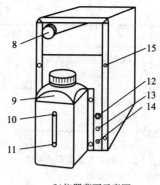

(a)仪器正面示意图　　　　　　　　　(b)仪器背面示意图

图 7-3　GCD-300B 型氢气发生器各部位名称及功能示意图

1—电源开关；2—排空阀；3—工作压力指示表；4—氢气数字流量指示；5—电源指示灯；6—压力指示灯；

7—电解指示灯；8—过滤器盖；9—电解液储液桶；10—电解液上限水位线；11—电解液下限水位线；

12—氢气出口；13—电源线；14—4A 保险管座；15—机箱螺钉

二、氢气发生器的维护及使用注意事项

1. 仪器的维护及使用注意事项

① 仪器使用前的自检、空载时间不宜过长（5～10min）。

② 仪器使用前应检查各部位是否正常并将排空阀（见图 7-3）拧紧。

③ 仪器工作完毕应及时关闭电源开关，打开排空阀，使压力表降至"0"。

④ 定期检查过滤器中的硅胶是否变色，如变色应及时更换或再生。其方法为：拧开过滤器上盖，取出内桶更换硅胶。然后用脱脂棉将内桶口塞紧，将其放入过滤器内，拧紧上盖，并检查是否漏气。

⑤ 仪器使用一段时间后，电解液会逐渐减少，当电解液位接近下限时，应及时补水，每次只需加入二次蒸馏水即可，加液或加水时液位不要超过上限，也不能低于下限。

⑥ 当电解液变浑时应更换电解液。

⑦ 仪器切勿在压力为"0"时空载运行。

⑧ 仪器如需搬运时应将储液桶中的电解液用洗耳球吸出，装好内盖后将上盖拧紧，以免在运输时电解液外溢，对仪器造成损坏。

2. 氢气发生器常见故障的排除

氢气发生器的常见故障、产生原因及排除方法如表 7-3 所示。

表 7-3　氢气发生器常见故障及排除方法

故　障	故障原因	排除方法
1. 仪器不能启动	(1)电路没有接通 (2)保险管熔断	检查、修理电源 更换保险管
2. 仪器可以启动但不产生氢气	(1)线路板松脱 (2)线路板触发电路元件损坏 (3)自动跟踪系统光电偶合损坏	重新插牢线路板 更换损坏的电器元件 检查光电偶合并修理或更换
3. 产氢流量不够,流量指示不能达到最大值	(1)线路板调整电阻数值变化 (2)可控硅有一只损坏	调整线路板上的可调电阻 检查并更换已损坏的可控硅

续表

故　　障	故障原因	排除方法
4. 产氢量达不到预设定的压力	仪器气路系统漏气	用检漏液检测漏气点,更换气路管或拧紧气路接头
5. 产氢压力超过预设定的压力,在0.1MPa左右	(1)自动跟踪装置挡光板脱落或错位 (2)光电偶合损坏	检查自动跟踪装置挡光板是否脱落、错位,并重新定位挡光板 更换损坏的光电偶合元件

思考题

1. 氢气发生器的结构、原理是怎样的?
2. 如何维护氢气发生器?
3. 氢气发生器有哪些常见故障? 其产生原因是什么? 如何排除?

第四节　氮气发生器

一、氮气发生器的结构及原理

常用的是 GCN1300 型全自动氮气发生器,该仪器具有如下特点。

(1)程序控制　仪器的控制系统采用专用芯片,使全部工作过程均由程序控制完成,氮气流量可根据使用量的大小实现 0~300mL/min 全自动调节,仪器可通过程序控制自动恒压、恒流及故障显示。

(2)工艺先进　电解池采用立式单液面双阴极,最新膜分离技术,催化层使用 PCNA 载体及贵金属催化物,使电解池催化能力强、效率高、产气量大、氮气纯度高,电解池经 100h 以上高压、大电流老化试验,使电解池性能和工作状态极为稳定,解决了其他型号氮气发生器间断电解,氮气出口直排空气的现象。

(3)强制循环　电解液强制循环,工作时电解池散热良好,停机后电解液全部回至储液桶内,因此有效地杜绝了过液现象。

(4)操作简单　只需启动电源开关,仪器即可正常工作。

(5)使用方便、寿命长　使用时只需二次蒸馏水即可,免除运输、搬运钢瓶之累;仪器可连续使用,也可间断使用,产气纯度稳定,产气量稳定,不衰减。

(6)安全可靠　配有安全装置,灵敏可靠。

(7)降低湿度　采用了超高式量渗透膜分离技术,有效地降低了原始湿度,并能在停机后自动排出水分。采用了金属聚合物除湿及两极吸附,使氮气纯度大大提高。

(8)三极催化　除电解池中两极催化外另配有第三极催化,催化剂选用新型贵金属,使含氧量低于使用标准。

仪器各部位名称及功能如图 7-4 所示。

仪器的工作原理是以纯净的空气为原料,以氢氧化钾或氢氧化钠溶液为介质,电解池采用 PCNA 载体和贵金属催化物,利用电解水进行脱氧。空气中的氧进入电解池中分离,在阴极经物理化学催化吸附,最后从阳极析出,这样电解池阴极侧剩下的只是

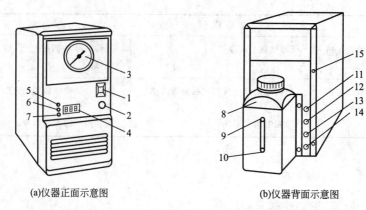

(a)仪器正面示意图　　　　　　　　(b)仪器背面示意图

图 7-4　GCN1300 型氮气发生器各部位名称及功能示意图

1—电源开关；2—排空阀；3—工作压力指示表；4—氮气数字流量指示；5—电源指示灯（红）；6—电解液循环
指示灯（黄）；7—电解指示灯（绿）；8—电解液储液桶；9—电解液上限水位线；10—电解液下限水位线；
11—空气进气口；12—氮气出气口；13—电源线；14—4A 保险管座；15—机箱螺钉

氮气。

　　洁净的空气在电解池阴极侧的物理化学吸附作用下，氧气不断通过分离隔膜进阳极侧，氧气随电解液流入储液桶，并放空。经过两级电解池处理，阴极侧只剩下氮气。氮气从电解池流出后，进入催化器脱除残余氧，在通过超高式量渗透膜、金属聚合物、两极吸附，除去氧气中的杂质、水分等杂质，经氮气出口即可提供纯净、可靠的氮气气源。

　　程序控制系统可根据氮气使用量的大小实现氮气流量的全自动调节，氮气纯度、流量、压力极为稳定。工作结束后，关闭仪器电源开关，电解液全部自动回至储液桶，渗透膜将杂质自动排出，下次工作时只需打开电源开关即可重复以上全部过程。

二、氮气发生器的维护及使用注意事项

1. 仪器的维护及使用注意事项

　　① 仪器使用前应检查各部位是否正常。

　　② 仪器工作完毕应及时关闭电源开关，打开排空阀，使压力表降为"0"。

　　③ 定期检查过滤器中的硅胶是否变色，如变色应及时更换或再生。其方法为：拧开过滤器上盖，取出内桶更换硅胶，然后用脱脂棉将内桶口塞紧，将其放入过滤器内，拧紧上盖，并检查是否漏气。

　　④ 仪器使用一段时间后，电解液会逐渐减少，当电解液接近下限时，应及时补水，每次只需二次蒸馏水即可，加液或加水时液位不要超过上限，也不能低于下限。

　　⑤ 当电解液变浑时应更换电解液。

　　⑥ 仪器切勿在压力为"0"时空载运行。

　　⑦ 仪器如需搬运时应将储液桶中的电解液用洗耳球吸出，装好内盖后将上盖拧紧，以免在运输时电解液外溢，对仪器造成损坏。

2. 氮气发生器常见故障的排除

　　氮气发生器的常见故障、产生原因及排除方法如表 7-4 所示。

表 7-4　氮气发生器常见故障及排除方法

故　　障	故　障　原　因	排　除　方　法
1. 仪器不能启动	(1)电路没有接通 (2)保险管熔断	检查、修理电源 更换保险管
2. 仪器可以启动,但不产生氮气	(1)线路板松脱 (2)线路板触发电路元件损坏	重新插牢线路板 更换损坏的电器元件
3. 产氮流量不够,流量指示不能达到最大值	(1)线路板调整电阻数值变化 (2)可控硅有一支损坏	调整线路板上的可调电阻 检查并更换已损坏的可控硅
4. 产氮量达不到预设定的压力	仪器气路系统漏气	用检漏液检测漏气点,更换气路管或拧紧气路接头

思考题

1. 氮气发生器的结构、原理是怎样的?
2. 使用氮气发生器应注意哪些方面?
3. 氮气发生器的常见故障有哪些? 其产生原因是什么? 如何排除?

第五节　稳 压 电 源

一、稳压电源的分类

在电网电压波动或负载变化时,分析仪器通常要求电源电压的变化要限制在一定范围内,否则会造成仪器性能不稳定,甚至不能正常工作,这时就应当采用稳压电源。

稳压电源的种类繁多,各种稳压电源的电路实例更是不胜枚举。与分析仪器配套使用的稳压电源大多是串联型晶体管直流稳压电源。其典型电路如图 7-5 所示。由图可见,典型的串联型稳压电源中,除整流、滤波电路外,主要由调整环节、比较放大器、基准电压和取样分压器四个基本部分组成。

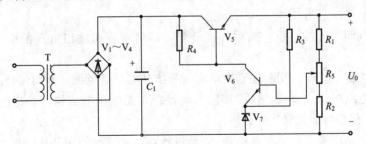

图 7-5　典型的串联型稳压电源

当负载电流 I_L 或输入电压 U_d 变化,使输出电压 U_0 增加时,则取样电压 U_{b_2} 相应增加,U_{b_2} 与基准电压 U_Z 的差值 U_{be_2} 随之相应增加,这个直流信号经放大后使 I_{c_2} 增大,$U_{c_2} = U_{b_1}$ 下降,调整管 T_1 的基极电位 U_{b_1} 下降,使 U_{be_1} 减小,使 I_{b_1} 减小,I_{c_1} 显著减小($\Delta I_{c_1} \approx \beta \Delta I_{b_1}$)而使调整管的管压降 U_{ce_1} 增大,于是输出电压 U_0 下降,从而保持稳定。上述自动调整的稳压过程可简单表示如下:

$$U_0 \uparrow \rightarrow U_{b_2} \uparrow \rightarrow U_{be_2} \uparrow \rightarrow I_{b_2} \uparrow \rightarrow I_{c_2} \uparrow \rightarrow U_{c_2}(=U_{b_1}) \downarrow$$

$$\downarrow U_0 \leftarrow \uparrow U_{ce_1} \leftarrow \downarrow I_{c_1} \leftarrow \downarrow I_{b_1} \leftarrow \downarrow U_{be_1}$$

同理，当 I_L 或 U_d 变化引起 U_0 减小时，通过自动调整将使 U_{ce_1} 减小，从而保持 U_0 稳定。

应该指出，上述电路还不够完善。因为在串联型晶体管稳压电源中，全部负载电流都流过调整管，如果由于使用不慎使输出短路或者过电流时，调整管将流过很大的电流，而且几乎全部整流电压 U_d 都加在调整管 c～e 之间，很容易使管子损坏。为此在许多情况下要考虑过载保护问题。过载保护的原理是：当负载电流超过规定数值时，会自动地限制输出电流的大小或切断电路，使整流管免遭损坏。一旦外电路故障排除，电路又会恢复工作。图 7-6 所示为实验室用某晶体管稳压电源电路，其中 R_6、V_{10}、V_{13} 即组成最简单的保护电路。工作正常时，R_6 两端的压降较低不足以克服 V_8 和 V_{10} 的死区电压，则保护管 V_8 截止，对稳压电源工作没有影响；当负载电流加大到使 $U_{be_6} = U_{V_{10}} - R_6 I_{emax} \approx 0.7V - 2I_{emax} \approx -0.2V$ 时，V_8 管开始导电，使调整管的电流减小，从而起保护调整管的作用。

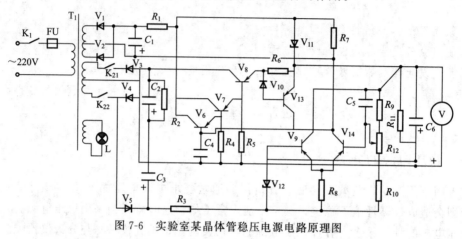

图 7-6　实验室某晶体管稳压电源电路原理图

二、稳压电源的维护及使用注意事项

① 机器应放置在无强光直射、烈日暴晒并且通风良好的位置，环境温度在 35℃ 以下。

② 交流电源电压应为 210～230V。

③ 应先开机调节所需电压，然后再接负载，切勿在不明输出电压的情况下先接负载，盲目开机。

④ 机器在正常工作时，切勿任意拨动电压分挡开关，避免损坏外接仪器。

⑤ 如遇外电路短路或过载，仪器即能自动保护，无电压电流输出，待故障排除后，揿一下恢复按钮，仪器即能正常工作。

⑥ 如需精密稳压输出，须在开机 2min 后进行，一般情况使用开机即可。

⑦ 输出线应粗而短，长度切勿超过 3m，否则将影响精度。

⑧ 主电路板不准任意插拨，如需插拨须在关机 2min 后进行。

⑨ 更换保险丝时，必须先断开电源。

⑩ 仪器长期满负载使用时，应注意保证机箱各散热孔和机内通风良好，以防温升过高。

思考题

1. 实验室常用稳压电源属于哪一类？其稳压原理是怎样的？

2. 稳压电源中为什么要设置过载保护电路？其原理是什么？

3. 稳压电源在使用中应注意哪些方面？

参 考 文 献

［1］ 朱良漪主编. 分析仪器手册. 北京：化学工业出版社，2002.

［2］ 王化正，李玉生编著. 实用分析仪器检修手册. 北京：中国石油出版社，2002.

［3］ 中华人民共和国国家计量检定规程. JJG 178. 可见分光光度计. 国家技术监督局.

［4］ 中华人民共和国国家计量检定规程. JJG 375. 单光束紫外-可见分光光度计. 国家技术监督局.

［5］ 中华人民共和国国家计量检定规程. JJG 694. 原子吸收分光光度计. 国家技术监督局.

［6］ 中华人民共和国国家计量检定规程. JJG 768. 发射光谱仪. 国家技术监督局.

［7］ 中华人民共和国国家计量检定规程. JJG 119. 实验室 pH（酸度）计. 国家技术监督局.

［8］ 中华人民共和国国家计量检定规程. JJG 757. 离子计. 国家技术监督局.

［9］ 中华人民共和国国家计量检定规程. JJG 814. 自动电位滴定仪. 国家技术监督局.

［10］ 中华人民共和国国家计量检定规程. JJG 700. 气相色谱仪. 国家技术监督局.

［11］ 中华人民共和国国家计量检定规程. JJG 705. 实验室液相色谱仪. 国家技术监督局.

［12］ 中华人民共和国国家计量检定规程. JJG 693. 可燃气体检测报警器. 国家技术监督局.

［13］ 中华人民共和国国家计量检定规程. JJG 880. 浊度计. 国家技术监督局.

［14］ 中华人民共和国国家计量检定规程. JJG 551. 二氧化硫分析仪. 国家技术监督局.